大豆制品生产技术

朱建飞　刘　欢　编著

化学工业出版社
·北　京·

内 容 简 介

本书主要介绍大豆制品生产技术，包括豆腐、豆腐干、大豆蛋白干、腐竹、发酵豆制品、大豆饮品和功能性大豆制品。其中，发酵豆制品包括腐乳、豆豉、大豆酱、纳豆和酱油；大豆饮品包括豆乳、豆乳粉和酸豆乳；功能性大豆制品包括大豆低聚糖、大豆异黄酮、大豆皂苷、大豆多肽、大豆磷脂和大豆膳食纤维。本书还对大豆加工的主要副产物——豆渣和黄浆水的综合利用做了较详尽介绍。

本书可作为广大食品加工企业、加工生产者的指导用书，亦可作为相关科研人员、管理人员及食品专业师生的参考书。

图书在版编目(CIP)数据

大豆制品生产技术/朱建飞，刘欢编著.—北京：化学工业出版社，2021.10
ISBN 978-7-122-39670-9

Ⅰ.①大… Ⅱ.①朱… ②刘… Ⅲ.①大豆-豆制食品-食品加工 Ⅳ.①TS214.2

中国版本图书馆CIP数据核字（2021）第157082号

责任编辑：张 彦　　文字编辑：邓 金 师明远
责任校对：宋 夏　　装帧设计：张 辉

出版发行：化学工业出版社（北京市东城区青年湖南街13号 邮政编码100011）
印　　装：北京科印技术咨询服务有限公司数码印刷分部
710mm×1000mm 1/16 印张13 字数230千字 2022年1月北京第1版第1次印刷

购书咨询：010-64518888　　售后服务：010-64518899
网　　址：http://www.cip.com.cn
凡购买本书，如有缺损质量问题，本社销售中心负责调换。

定　　价：68.00元　

前言

大豆制品是以大豆为原料加工而成的食品，我国是豆腐等大豆制品的发源地。随着人们对大豆制品营养认识的不断提高、消费意识的转变和健康意识的提高，国外消费者也越来越多。据不完全统计，世界上含有大豆蛋白的食品达1.2万种以上。

随着食品科技的不断发展，大豆制品生产的理论和技术都有了很大的进步，新产品和新技术不断出现。而原先作坊式的生产技术与生产方式，已经对我国大豆制品的发展形成一定阻碍，传统大豆生产加工呼唤新的技术革命。如何将传统工艺和现代工艺相结合，从传统中升华，实现生产的规模化、工业化和安全化，是我国大豆制品生产发展的关键和趋势。为了适应我国大豆制品生产的发展，将最新的技术介绍给广大读者，我们编写了本书，内容涉及豆腐、豆腐干、大豆蛋白干、腐竹、发酵豆制品、大豆饮品和功能性大豆制品的生产技术以及相关副产品的综合利用。

本书由朱建飞、刘欢编著，研究生陈小梅同学参与了部分资料的收集和整理工作。作者在总结多年研究和实践的基础上，广泛收集和整理了近年有关大豆制品生产技术及研究的大量文献资料和最新成果。本书在编写过程中尽量做到科学理论与实践经验相结合、传统工艺与现代加工技术相结合，内容全面具体、条理清晰、通俗易懂、实用性和可操作性强。

本书在编写过程中，参考了有关大豆制品生产的技术专著和近年来有关研究人员发表的学术论文，在此一并表示衷心感谢。由于编者水平有限，加上编写时间仓促，书中难免有疏漏和不当之处，恳请读者批评指正。

编著者

2021年10月

目录

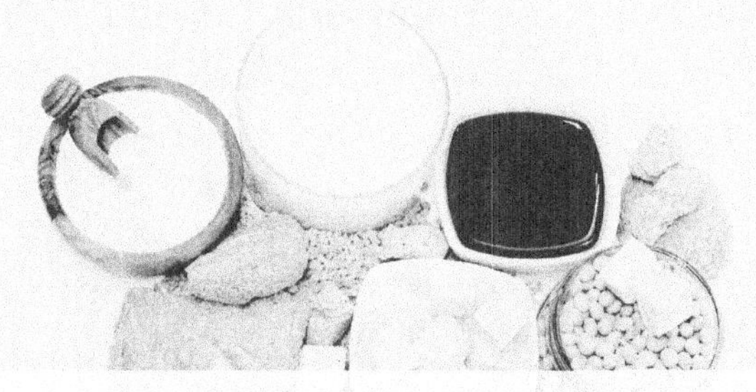

第一章　大豆及其制品概述

大豆［学名：*Glycine max*（Linn.）Merr.］是豆科大豆属的一年生草本，原产于中国，在中国各地均有栽培，亦广泛栽培于世界各地。大豆种子含有丰富的植物蛋白，是我国重要的粮食作物之一。大豆古称菽，而篆文中的“豆”字就像种子在豆荚中的样子。大豆呈椭圆形、球形，颜色有黄色、淡绿色、黑色等，故又有黄豆、青豆、黑豆之称。大豆最常用来做各种豆制品、榨取豆油、酿造酱油和提取蛋白质，豆渣或磨成粗粉的大豆也常用于禽畜饲料。

大豆有不同的形状大小及若干外壳或种皮颜色，包括黑、褐、绿、黄或杂色。成熟大豆的外壳非常坚硬并且防水，可以保护子叶和胚轴（或胚）免于被破坏。如果种皮被破坏，种子将不能发芽。在种皮上可以看得见的瘢痕被称为种脐（颜色包括黑色、褐色、黄色和灰色），种脐的一端是珠孔（或者是种皮里的小孔），它们可以吸收水分。

大豆在我国的栽培历史非常悠久。据考证，5000 年前我国就已有大豆栽培，商代的甲骨文中就有有关大豆的记载，周代已占有相当地位，汉代以后，我国大豆种植面积不断扩大，产量也不断提高。目前，大豆在我国种植广泛，全国有 24 个产区、上千个品种，产地主要集中在东北的松辽平原及华中的黄淮平原。根据我国各地的自然条件和栽培制度，可将大豆产区划分为 5 个大区：北方一年一熟春大豆区、黄淮流域夏大豆区、长江流域夏大豆区、长江以南秋大豆区、南方大豆两熟区。

第一节　大豆的结构和化学组成

一、大豆结构

大豆为一年生草本植物，各地气候和栽培条件不同，品种也不同。大豆籽粒由种皮和胚2部分构成（图1-1），各个组成部分由于细胞组织形态不同，其构成物质也有很大差异。

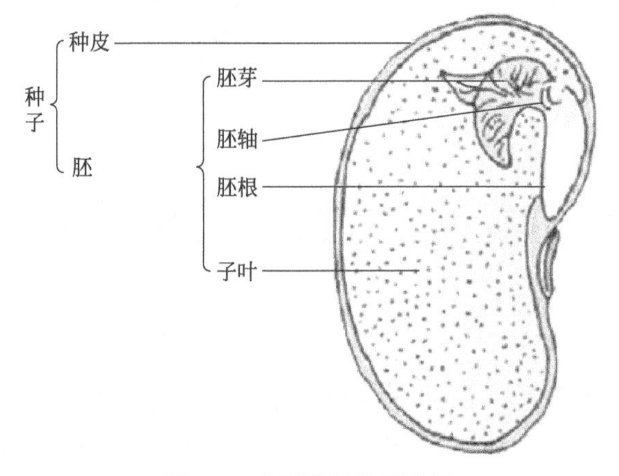

图1-1 大豆的结构示意图

（一）种皮

种皮位于种子的表面，约占整个大豆籽粒质量的8%，对种子起保护作用。大多数大豆的种皮外表面光滑，种皮呈现黄、褐、绿、黑等不同颜色，其上还附有种脐、珠孔和合点等结构。

大豆种皮从外向内由4层形状不同的细胞组织构成。最外层为栅栏细胞，由一层似栅栏状且排列整齐的长条形细胞组成，细胞长40～60μm，外壁很厚，为外皮层。栅栏细胞较坚硬且排列紧密，一般情况下水分比较容易透过，但若栅栏细胞间排列过分紧密时，水分便难以透过，使大豆籽粒成为“石豆”或“死豆”，丧失加工利用价值。靠近栅栏细胞的是圆柱状细胞组织，由两头较宽而中间较窄的细胞组成，长30～50μm，细胞间有间隙。当进行泡豆处理时，这些圆柱状细胞将膨胀，使大豆体积增大。圆柱状细胞组织再向里一层是海绵组织，由有6～8层薄细胞壁的细胞组成，间隙较大，在泡豆处理时吸水剧烈膨胀。最里层是糊粉层，由类似长方形细胞组成，壁厚。大豆种皮除糊粉层含有一定量的蛋白质和脂肪外，其余部分几乎都是由纤维素、半纤维素、果胶质等构成。

（二）胚

胚是由胚芽、胚轴、胚根、子叶4部分构成。其中胚芽、胚轴、胚根约占整个大豆籽粒质量的2%。胚是具有活性的幼小植物体，当外在条件适宜时便可萌发、生长。子叶又称豆瓣，约占整个大豆籽粒质量的90%。子叶表面的第一层是由小型的正方形细胞组成的表皮，其下面是2～3层稍呈长条形的栅栏细胞。栅栏细胞的下面为柔软细胞，是大豆子叶的主体。显微结构测试表明：白色带状的细胞为细胞壁；细胞内白色的细小颗粒为圆球体，内部蓄积有中性脂肪；散在细胞内的黑色团块为蛋白体，其中储存有丰富的蛋白质。

二、基本化学成分

（一）蛋白质

大豆蛋白的含量因品质、栽培时间和栽培地域不同而变化，一般而言，大豆蛋白的含量为35%～45%。大豆及豆制品的蛋白质和脂肪含量与小麦、玉米、水稻相比分别高出3～6倍和6～10倍，比牛奶、鸡蛋和瘦猪肉的蛋白质含量也要高。

根据蛋白质的溶解特性，大豆蛋白可分为非水溶性蛋白质和水溶性蛋白质，水溶性蛋白质占80%～90%。水溶性蛋白质又可分为白蛋白和球蛋白，球蛋白占主要比例，约为90%。

根据生理功能分类法，大豆蛋白可分为储藏蛋白和生物活性蛋白两类。储藏蛋白是主体，约占总蛋白质的70%（如7S大豆球蛋白、11S大豆球蛋白等），它与大豆的加工性能关系密切；生物活性蛋白包括胰蛋白酶抑制剂、β-淀粉酶、红细胞凝集素、脂肪氧化酶等，虽然它们在总蛋白质中所占比例较小，但对大豆制品的质量却非常重要。

大豆蛋白主要由18种氨基酸组成，其中包含人体所需的8种必需氨基酸。在必需氨基酸中赖氨酸含量相对稍高，而甲硫氨酸、半胱氨酸含量略低。因谷物类食品中甲硫氨酸高、赖氨酸低，大豆可看作是谷物类食品最好的互补食品。大豆赖氨酸高、甲硫氨酸低，对于以谷物类食品为主食的人群，常食用大豆及其制品，可使氨基酸的配比更加科学合理，氨基酸的代谢更加平衡。

（二）脂类

大豆脂类总含量为21.3%左右，主要包括脂肪、磷脂、固醇、糖脂和脂蛋白。大豆脂类主要储藏在大豆细胞内的脂肪球中，而脂肪球分布在大豆细胞中蛋白体的空隙间，其直径为0.2～0.5μm。

大豆脂类中脂肪（大豆油）是其主要成分，占脂类总量的88%左右。磷脂和糖脂分别占脂类总含量10%和2%左右。大豆油是优质的食用油，不饱和脂肪酸含量高，61%为多不饱和脂肪酸，24%为单不饱和脂肪酸；约85%的脂肪酸是人体必需的脂肪酸，其中亚油酸含量占总脂肪酸的50%以上，经常食用大豆油有益人体健康。不饱和脂肪酸具有防止胆固醇在血液中沉积及溶解沉积在血液中胆固醇的功能，因此食用豆制品对人体有好处。但是不饱和脂肪酸稳定性较差，容易氧化，不利于豆制品的加工与储藏。另外，大豆脂肪还是决定豆制品营养和风味的重要物质之一。

（三）碳水化合物

大豆中的碳水化合物含量约为34%，可分为可溶性与不可溶性两大类。大豆中含10%的可溶性碳水化合物，主要指大豆低聚糖（其中蔗糖占4.2%～5.7%、水苏糖占2.7%～4.7%、棉籽糖占1.1%～1.3%），此外还含有少量的阿拉伯糖、葡萄糖等。存留于豆腐内的可溶性糖类，因会产生渗透压，可有效提升豆腐的保水性能。大豆中含有24%的不可溶性碳水化合物，主要指纤维素、果胶等多聚糖类，其组成也相当复杂。大豆中的不可溶性碳水化合物——食物纤维，不能被人体所消化吸收，对豆腐的口感有十分重要的影响。磨豆时磨的间隙过小，磨浆的次数过多，由于剪切力的作用，会产生直径较小的纤维素，这些纤维素在过滤压力或过滤离心力过大时会穿过滤网，进入豆浆中，导致豆腐口感变粗，同时影响豆腐的弹性。加热浆渣，然后过滤，可使纤维素在加热条件下通过亲水基团的氢键与水形成水合物，使分子体积增大，从而减少纤维素通过滤网的数量，有效改善豆腐的口感，这也是国内外越来越多生产厂家采用熟浆法生产豆腐的原因之一。

大豆中大部分碳水化合物都难以被人体所消化，它们在豆腐加工过程中大部分会进入豆清液中，其中的水苏糖和棉籽糖是胀气因子，在大豆废水综合利用时要引起高度重视。水苏糖和棉籽糖是可发酵型糖类，乳酸发酵会消耗掉一部分，但其进入体内，一经发酵就会引起胃肠胀气，造成人体有胀气感。所以，大豆在用于食品时，往往要设法除去这些不易消化的碳水化合物，而这些碳水化合物通常也被称为“胃肠胀气因子”。

（四）无机盐

大豆中无机盐总量为5%～6%，其种类及含量较多，其中的钙含量是大米的40倍，铁含量是大米的10倍，钾含量也很高。钙含量不仅较高，而且其生物利用率与牛奶中的钙相近。

（五）维生素

大豆中含有维生素，特别是B族维生素，但大豆中的维生素含量较少，而且种类也不全，以水溶性维生素为主，脂溶性维生素较少。大豆中含有的脂溶性维生素主要有维生素A、维生素E，而水溶性维生素有维生素B_1、维生素B_2、烟酸、

维生素 B_6、泛酸、抗坏血酸等。

三、活性成分

（一）大豆多肽

大豆多肽是大豆蛋白经蛋白酶作用后，再经特殊处理而得到的蛋白质水解产物，是由多种肽混合物所组成的。大豆多肽具有良好的营养特性，易消化吸收，尤其是某些小分子的肽类，不仅能迅速提供机体能量，同时还具有降低胆固醇、降血压和促进脂肪代谢、抗疲劳、增强人体免疫力、调节人体生理功能等功效。

虽然大豆多肽的生产工艺较复杂、成本较高，但其具有独特的加工性能，如无蛋白质变性、无豆腥味、易溶于水、流动性与保水性好、酸性条件下不产生沉淀、加热不凝固、低抗原性等，这些均为以大豆多肽作原料开发功能性保健食品奠定了坚实基础。

（二）大豆低聚糖

低聚糖又称寡糖。低聚糖与单糖相似，易溶于水，部分糖有甜味，一般由3～9个单糖经糖苷键缩聚而成。大豆低聚糖是大豆中可溶性寡糖的总称，主要成分是水苏糖、棉籽糖和蔗糖，占大豆总碳水化合物的7%～10%。在大豆被加工后，大豆低聚糖含量会有不同程度减少。

低聚糖是双歧杆菌生长的必需营养物质，双歧杆菌利用低聚糖产生乙酸、乳酸等代谢产物，这些产物可抑制大肠杆菌等有害菌生长繁殖，从而抑制氨气、吲哚、胺类等物质的生成，促进肠道蠕动，防止便秘。

（三）大豆磷脂

磷脂普遍存在于人体细胞中，是人体细胞膜的组成成分。脑和神经系统、循环系统、血液、肝脏等主要组织、器官的磷脂含量高。因此，磷脂是保证人体正常代谢和健康必不可少的物质。

大豆磷脂是指以大豆为原料所提取的磷脂类物质，是由卵磷脂、脑磷脂、磷脂酰肌醇等成分组成的复杂混合物。大豆中卵磷脂含量非常丰富，占全豆的1.6%～2.0%。卵磷脂是一种类脂，主要成分有磷脂酰胆碱（PC）、磷脂酰乙醇胺（PE）、磷脂酰肌醇（PI）、磷脂酸（PA）等。卵磷脂又是一种乳化剂，具有多种保健功能：能够阻止胆固醇在血管内壁沉积并能清除其沉淀物；还可降低血液黏度，促进血液循环，对预防心血管病有重要作用；能促进大脑活力的提高，增强记忆力，预防阿尔茨海默病，延缓衰老；能预防脂肪肝，防止肝硬化等。

（四）大豆异黄酮

大豆异黄酮是大豆生长过程中形成的一类次生代谢产物，大豆籽粒中含异黄酮0.05%～0.7%，主要分布在大豆子叶和胚轴中，种皮中极少。大豆异黄酮共有12种，可以分为3类：即黄豆苷类、染料木苷类和黄豆黄素苷类。大豆异黄酮与雌激素有相似结构，因此也被称为植物雌激素。大豆异黄酮的雌激素作用可影响到激素分泌、蛋白质合成、生长因子活性，是天然的癌症预防剂。它具有抗癌、抗氧化、降低胆固醇、预防骨质疏松症、改善妇女更年期综合征、预防心血管病等功能。

（五）大豆皂苷

大豆皂苷是由皂苷元与糖（或糖酸）缩合形成的一类化合物，是大豆生长过程中的次生代谢产物，主要存在于大豆胚轴中，较子叶大豆皂苷含量高出5～10倍。大豆皂苷含量还与大豆的品种、生长期以及环境因素的影响有关。早期研究发现，大豆皂苷元有5个种类，分别是大豆皂苷元A、大豆皂苷元B、大豆皂苷元C、大豆皂苷元D、大豆皂苷元E。近年来，随着科学技术的发展，对多种豆类中的大豆皂苷进行分析，发现天然存在的大豆皂苷元只有3种，即大豆皂苷元A、大豆皂苷元B、大豆皂苷元E，其余的大豆皂苷元是在上述3种皂苷元水解下的产物。不同的皂苷元可与糖基形成很多种类的皂苷，大豆皂苷多达十余种，一般分为A族大豆皂苷、B族大豆皂苷、E族大豆皂苷和DDMP族大豆皂苷，其中A族大豆皂苷和B族大豆皂苷含量高，是主要成分。

大豆皂苷具有溶血作用，过去认为其是抗营养因子。此外，大豆皂苷所具有的不良气味导致豆制品中具有苦涩味。因此，在豆制品加工中要求尽可能除去大豆皂苷。但近年来的研究表明，大豆皂苷具有多种有益于人体健康的生物活性，如调节血脂和血糖、抗病毒作用、抗氧化作用、免疫调节作用等。

四、抗营养因子

大豆中存在多种抗营养因子，如胰蛋白酶抑制剂、红细胞凝集素、植酸、致甲状腺肿胀因子、抗维生素因子等，它们的存在会影响到豆制品的质量和营养价值。在这些抗营养因子中，胰蛋白酶抑制剂对豆制品的营养价值影响最大，其本身也是一种蛋白质，能够抑制胰蛋白酶的活性，它有很强的耐热性，若需要较快降低其活性，则要经过100℃以上的温度处理。一般认为，要使大豆中蛋白质的生理价值比较高，至少要钝化80%以上的胰蛋白酶抑制剂。大豆中大多数抗营养因子的耐热性均低于胰蛋白酶抑制剂的耐热性，故在选择加工条件时，以破坏胰蛋白酶抑制剂为参照即可。目前，按照大豆抗营养因子对热敏感性的程度将其分为以下两类：热不稳定性抗营养因子和热稳定性抗营养因子。主要的去除方法包括物理处理法、化学处理法和生物处理法。

（一）热不稳定性抗营养因子

1. 蛋白酶抑制剂

大豆中普遍存在的蛋白酶抑制剂是胰蛋白酶抑制剂和糜蛋白酶抑制剂，前者起主要作用。影响胰蛋白酶抑制剂活性的重要因素包括加热温度、加热时间、水分含量、pH 值等。存在于大豆中的蛋白酶抑制剂会抑制胰脏分泌的胰蛋白酶活性，从而影响人体对蛋白质的吸收。大豆胰蛋白酶抑制剂的热稳定性是大豆加工中最为关注的问题之一。因为胰蛋白酶抑制剂的热稳定性比较高，在 80℃时，脂肪氧化酶已基本丧失活性，而胰蛋白酶抑制剂的残存活性仍在 80%以上，而且增加热处理时间并不能显著降低它的活性。如果要进一步降低胰蛋白酶抑制剂的活性，就必须提高温度。若采用 100℃以上的温度处理时，胰蛋白酶抑制剂的活性则降低很快。100℃处理 20min 抑制剂活力丧失达到 90%以上，120℃处理 3min 也可以达到同样的效果。应该说这样的热失活条件对于大豆食品的加工不算苛求，完全是可以达到的。对于大多数蛋白质食品来说，胰蛋白酶抑制剂是不难克服的，因为它们在蒸汽加热时容易丧失活性，从而使大豆蛋白食品的营养价值达到令人满意的程度。

2. 脂肪氧化酶

脂肪氧化酶可催化具有顺-1,4-戊二烯结构的多元不饱和脂肪酸，生成具有共轭双键的过氧化物。研究发现，生成的过氧化物使维生素 B_{12} 的消耗量增加，出现维生素缺乏症。另外，脂肪氧化酶与脂肪反应生成的乙醛使大豆带上豆腥味，从而影响了大豆的适口性。

为了防止豆腥味的产生，就必须钝化脂肪氧化酶。加热是钝化脂肪氧化酶的基本方法，但由于加热会同时引起蛋白质的变性，因此在实际操作中应处理好加热与钝化的关系。脂肪氧化酶的耐热性差，当加热温度高于 84℃时，酶就失活。若加热温度低于 80℃，脂肪氧化酶的活力就会受到不同程度损害，加热温度越低，酶的残存活力就越高。例如，在制作豆乳时，采用 80℃以上热磨的方法，也是防止豆乳带豆腥味的一个有效措施。

3. 脲酶

脲酶也称尿素酶，属于酰胺酶类。在一定温度和 pH 值条件下，生大豆的脲酶遇水可迅速将含氮化合物分解成氨，引起氨中毒。脲酶活性通常可用来判断大豆受热程度和评估胰蛋白酶抑制剂的活性。

存在于大豆中的脲酶有很高的活性，它可以催化尿素产生二氧化碳和氨。氨会加速肠黏膜细胞的老化，从而影响肠道对营养物质的吸收。脲酶对热较为敏感，受热容易失活。在豆乳生产过程中，脲酶基本上已失活。

此外，脲酶在大豆所含酶中活性最强，与胰蛋白酶抑制剂等其他抗营养因子在热处理中的失活速率基本相同，而且易检测，因此在实际生产中常以脲酶为检测大豆抗营养因子的一种指示酶。如果脲酶已失活，则其他抗营养因子均已失活。

在大豆加工过程中，温度、时间、压力、水分、大豆颗粒大小等因素都会影响脲酶的活性。脲酶活性越小，毒性就越小，但是过度处理，会降低产品的营养价值。

4. 红细胞凝集素

红细胞凝集素是一种能使动物血液中红细胞凝集的物质。用玻璃试管进行实验，发现大豆中至少含有 4 种蛋白质能够使小白兔和小白鼠的红色血液细胞（红细胞）凝集，这些蛋白质即被称为红细胞凝集素。红细胞凝集素能被胃肠道酶消化，对热也不稳定，通过加热处理容易失活。因此，经加热生产的豆制品，红细胞凝集素不会对人体造成不良影响。

（二）热稳定性抗营养因子

1. 致甲状腺肿胀素

大豆中致甲状腺肿胀素的主要成分是硫代葡萄糖苷分解产物（异硫氰酸酯、噁唑烷硫酮）。1934 年国外首次报道大豆膳食可使动物甲状腺肿大。1959 年和 1960 年又报道婴儿食用豆乳发生甲状腺肿大，成人食用大豆膳食可使碘代谢异常。因此，在生产大豆食品（如豆乳）时，可添加适量碘化钾，以改善大豆蛋白营养品质。

2. 植酸

植酸又称肌醇六磷酸，广泛存在于植物性饲料中，大豆中含有 1.36%左右的植酸。植酸的磷酸根部分可与蛋白质分子形成难溶性的复合物，不仅降低了蛋白质的生物效价与消化率，而且影响蛋白质的功能特性，还可抑制猪胰脂肪酶的活性，影响矿物元素的吸收利用，降低磷的利用率。

植酸的存在可降低大豆蛋白的溶解度，并降低大豆蛋白的发泡性。豆制品加工时，磨浆前的浸泡，可以提高植酸酶活性，分解部分植酸。

3. 胃肠胀气因子

大豆中胃肠胀气因子主要成分为低聚糖（包括棉籽糖和水苏糖）。人或动物由

于缺乏 α-半乳糖苷酶，所以不能水解棉籽糖和水苏糖。它们进入大肠后，被肠道微生物发酵产气，引起消化不良、腹胀、肠鸣等症状。

第二节　大豆的加工特性

一、吸水性

大豆吸水性包括吸水速率、吸水量。一般来说，充分吸水后的大豆质量是吸水前干质量的2.0～2.2倍，大豆品种不同，吸水量略有差异。

大豆吸水性与品种、粒度有一定的关系。我们通常把吸水性差的大豆称为石豆，石豆主要是由种植过程中大豆籽粒被冻伤，或者采收后干燥操作时温度过高引起的。影响大豆浸泡时间的主要因素是大豆的品质、水质条件和大豆的储存时间等。在实际生产过程中，受四季温度变化的影响，浸泡时间也应作相应的调整。

泡豆的温度不宜过高，如果水温达30～40℃，大豆的呼吸作用加强，消耗本身的营养成分，相应降低了豆制品的营养成分。理想的水温一般为15～20℃，在此温度下大豆的呼吸作用弱、酶活性低。

水的酸碱度对大豆吸水速率有明显的影响。大豆浸泡水中加入0.1%～0.5%食用碱，可缩短大豆的浸泡时间。

吸水不充分的大豆其加工性能会受到很大的影响。一方面，即使蒸煮很长时间也难以变软；另一方面，粉碎变得困难。

二、蒸煮性

大豆吸水后在高温高压下就会变软。碳水化合物含量高的大豆，煮熟后变得较软；含量低的大豆煮熟后的硬度较高。这可能是由于碳水化合物的吸水性较其他成分高，因而碳水化合物含量高的大豆在蒸煮过程中水分更易侵入内部，使大豆变软。

三、热变性

大豆中存在的胰蛋白酶抑制剂、红细胞凝集素、脂肪氧化酶、脲酶等生物活性蛋白，在热作用下会丧失活性，发生变性。

大豆蛋白加热后，其溶解度会有所降低。降低的程度与加热时间、温度、水蒸气含量有关。在有水蒸气的条件下加热，蛋白质的溶解度就会显著降低。蛋白质的变性程度不用其水溶性含氮物含量的高低来表示。但是，仅用大豆蛋白水溶性含氮物的多少来确定大豆蛋白的变性程度高低有时也是不可靠的。例如，将一定浓度以下的大豆蛋白溶液进行短时间加热煮沸，其水溶性蛋白质含量因变性逐渐降低。但继续加热煮沸，则溶液中水溶性蛋白质含量又会增加。其原因可能是蛋白质分子由原来的卷曲紧密结构舒展开来，其分子结构内部的疏水基因暴露在外部，从而使分子外部的亲水基因相对数量减少，致使其溶解度下降。

当继续加热煮沸时，蛋白质分子发生解离，而成为分子量较小的次级单位，从而使溶解度再度增加。大豆蛋白受热变性时，除溶解度发生改变外，其溶液的黏度也发生变化。如豆腐的生产就是预先用大量的水长时间浸泡大豆，使蛋白质溶解于水后，再加热使溶出的大豆蛋白变性，变性后会发生黏度变化。研究发现，大豆蛋白的黏度变化主要是7S组分起作用，11S组分几乎无影响。

研究证明，大豆蛋白7S和11S组分的热变性温度相差较大。如果加热时间充分，7S组分在70℃左右就会变性，而11S组分的变性温度则高于90℃。

四、凝胶性

凝胶性是蛋白质形成胶体网状立体结构的性能。大豆蛋白分散于水中形成胶体，这种胶体在一定条件下可转变为凝胶。凝胶是大豆蛋白分散在水中形成的分散体系，具有较高的黏度、可塑性和弹性，它或多或少具有固体的性质。蛋白质形成凝胶后，既是水的载体，也是糖、风味剂以及其他配合物的载体，因而对食品制造极为有利。

无论多大浓度的溶液，加热都是凝胶形成的必要条件。在蛋白质溶液中，蛋白质分子通常呈一种卷曲的紧密结构，其表面被水化膜所包围，因而具有相对的稳定性。加热会使蛋白质分子呈舒展状态，使原来包埋在卷曲结构内部的疏水基团相对减少。同时，由于蛋白质分子吸收热能，运动加剧，分子间接触、交联机会增多。随着加热过程的继续，蛋白质分子间通过疏水键和二硫键的结合，形成中间留有空隙的立体网状结构。有研究表明：当蛋白质浓度高于8%时，才有可能在加热之后出现较大范围的交联，形成真正的凝胶状态。当蛋白质浓度低于8%时，加热之后，虽能形成交联，但交联的范围较小，只能形成所谓“前凝胶”。而这种“前凝胶”，只有通过pH值或离子强度的调整，才能进一步形成凝胶。

胶凝作用受多种因素影响，如蛋白质的浓度、蛋白质成分、加热温度和时间、pH值、离子浓度和巯基化合物存在与否有关。其中，蛋白质浓度及其成分是决定凝胶能否形成的关键因素。就大豆蛋白而言，浓度为8%～16%时，加热后冷却即可形成凝胶。当大豆蛋白浓度相同、而成分不同时，其凝胶特性也有差异。在大豆蛋白中，只有 7S 和 11S 大豆蛋白才有凝胶性，而且凝胶硬度的大小主要由 11S 大豆蛋白决定。

五、乳化性

乳化性是指 2 种以上互不相溶的液体，例如油和水，经机械搅拌，形成乳浊液的性能。大豆蛋白用于食品加工时，聚集于油-水界面，使其表面张力降低，促进乳浊液形成一种保护层，从而可以防止油滴的集结和乳化状态被破坏，提高乳化稳定性。

大豆蛋白组成不同以及变性与否，其乳化性相差较大。大豆分离蛋白的乳化性要明显好于大豆浓缩蛋白，特别是好于溶解度较低的浓缩蛋白。分离蛋白的乳化性作用主要取决于其溶解性、pH 值与离子强度等外界环境因素。当盐类质量分数为 0、pH 值为 3.0 时，大豆分离蛋白乳化能力最强；而当盐类质量分数为 1.0%、pH 值为 5.0 时，其乳化能力最差。

六、起泡性

大豆蛋白分子结构中既有疏水基团，又有亲水基团，因而具有较强的表面活性。它既能降低油-水界面的张力，呈现一定程度的乳化性，又能降低水-空气界面的张力，呈现一定程度的起泡性。大豆蛋白分散于水中，可形成具有一定黏度的溶胶体。当这种溶胶体受急速机械搅拌时，会有大量的气体混入，形成大量的水-空气界面。溶胶中的大豆蛋白分子被吸附到这些界面上来，使界面张力降低，形成大量的泡沫，即被一层液态表面活化的可溶性蛋白薄膜包裹着的空气水滴群体。同时，大豆蛋白的部分肽链在界面上伸展开来，并通过分子内和分子间肽链的相互作用，形成了二维保护网络，使界面膜被强化，从而促进了泡沫的形成与稳定。

除蛋白质分子结构的内在因素外，某些外在因素也可影响其起泡性。溶液中蛋白质的浓度较低、黏度较小，则容易搅打，起泡性好，但泡沫稳定性差；反之，蛋白质浓度较高，溶液浓度较大，则不易起泡，但泡沫稳定性好。在实践中发现，单从起泡性看，蛋白质浓度为 9%时，起泡性最好；而以起泡性和稳定性综合考虑，以蛋白质浓度 22%为宜。

pH 值也影响大豆蛋白的起泡性。不同方法水解的蛋白质，其最佳起泡 pH 值也不同。但总体来说，有利于蛋白质溶解的 pH 值，大多也都是有利于起泡的 pH 值，但以偏碱性 pH 值最为有利。

温度主要是通过改变蛋白质在溶液中的分布状态来影响起泡性。温度过高，蛋白质变性，不利于起泡；但温度过低，溶液浓度较大，而且吸附速度缓慢，也不利于泡沫的形成与稳定。一般来说，大豆蛋白溶液最佳起泡温度为30℃左右。

此外，脂肪的存在对起泡性极为不利，甚至有消泡作用，而蔗糖等能提高溶液黏度的物质，有提高泡沫稳定性的作用。

第三节　大豆制品概念与分类

GB 2712—2014《食品安全国家标准 豆制品》中对豆制品的定义为，以大豆或杂豆为主要原料，经加工制成的食品，包括发酵豆制品、非发酵豆制品和大豆蛋白类制品。因而，大豆制品（或大豆食品）的定义与此类似，区别在于主要原料仅为大豆。

由中国食品工业协会豆制品专业委员会组织起草的《大豆食品分类》（SB/T 10687—2012）行业标准已于2012年3月15日正式发布，并于2012年6月1日起正式实施。

《大豆食品分类》作为行业基础性标准，规定了大豆食品的分类、定义及适用范围。根据标准，大豆食品可分为熟制大豆、豆粉、豆浆、豆腐、豆腐脑、豆腐干、腌渍豆腐、腐皮、腐竹、膨化豆制品、发酵豆制品、大豆蛋白、毛豆制品和其他豆制品共14大类，并在此基础上进一步细分了小类（表1-1）。

表1-1　大豆食品分类

<table>
<tr><th>类别</th><th colspan="2">小类名称</th><th>示例</th></tr>
<tr><td rowspan="2">熟制大豆</td><td colspan="2">煮大豆</td><td>焖黄豆、甜蜜豆</td></tr>
<tr><td colspan="2">烘焙大豆</td><td>炒大豆、烤大豆</td></tr>
<tr><td rowspan="5">豆粉</td><td colspan="2">烘焙大豆粉</td><td></td></tr>
<tr><td rowspan="3">大豆粉</td><td>全脂豆粉</td><td></td></tr>
<tr><td>脱脂豆粉</td><td></td></tr>
<tr><td>低脂豆粉</td><td></td></tr>
<tr><td colspan="2">膨化大豆粉</td><td></td></tr>
<tr><td rowspan="4">豆浆</td><td colspan="2">豆浆</td><td></td></tr>
<tr><td colspan="2">调制豆浆</td><td>调味豆浆、营养强化豆浆</td></tr>
<tr><td colspan="2">豆浆饮料</td><td>果汁豆浆饮料、五谷豆浆饮料</td></tr>
<tr><td colspan="2">豆浆粉</td><td></td></tr>
</table>

续表

<table>
<tr><th>类别</th><th colspan="2">小类名称</th><th>示例</th></tr>
<tr><td rowspan="7">豆腐</td><td colspan="2">充填豆腐</td><td>内酯豆腐、韧豆腐</td></tr>
<tr><td colspan="2">嫩豆腐</td><td>南豆腐</td></tr>
<tr><td colspan="2">老豆腐</td><td>北豆腐</td></tr>
<tr><td rowspan="2">油炸豆腐</td><td>炸豆腐</td><td>油方</td></tr>
<tr><td>豆腐泡</td><td>油三角、油茧子</td></tr>
<tr><td colspan="2">冻豆腐</td><td></td></tr>
<tr><td colspan="2">其他豆腐</td><td>果蔬豆腐、无渣豆腐</td></tr>
<tr><td>豆腐脑</td><td colspan="2"></td><td>豆腐花</td></tr>
<tr><td rowspan="7">豆腐干</td><td rowspan="2">白豆腐干</td><td>豆腐皮</td><td>百叶、千张</td></tr>
<tr><td>豆腐丝</td><td>百叶丝</td></tr>
<tr><td colspan="2">油炸豆腐干</td><td>油丝</td></tr>
<tr><td colspan="2">卤制豆腐干</td><td></td></tr>
<tr><td colspan="2">炸卤豆腐干</td><td></td></tr>
<tr><td colspan="2">熏制豆腐干</td><td></td></tr>
<tr><td colspan="2">蒸煮豆腐干</td><td>素鸡</td></tr>
<tr><td rowspan="2">腌渍豆腐</td><td colspan="2">臭豆腐</td><td></td></tr>
<tr><td colspan="2">其他腌渍豆腐</td><td></td></tr>
<tr><td>腐皮</td><td colspan="2"></td><td>油皮、豆腐衣</td></tr>
<tr><td>腐竹</td><td colspan="2"></td><td>枝竹、扁竹</td></tr>
<tr><td>膨化豆制品</td><td colspan="2"></td><td></td></tr>
<tr><td rowspan="10">发酵豆制品</td><td rowspan="5">腐乳</td><td>红腐乳</td><td></td></tr>
<tr><td>白腐乳</td><td></td></tr>
<tr><td>青腐乳</td><td></td></tr>
<tr><td>酱腐乳</td><td></td></tr>
<tr><td>花色腐乳</td><td></td></tr>
<tr><td colspan="2">豆豉</td><td></td></tr>
<tr><td colspan="2">纳豆</td><td></td></tr>
<tr><td colspan="2">大豆酱</td><td></td></tr>
<tr><td colspan="2">发酵豆浆</td><td>酸豆乳</td></tr>
<tr><td colspan="2">其他发酵豆制品</td><td></td></tr>
<tr><td rowspan="4">大豆蛋白</td><td colspan="2">大豆浓缩蛋白</td><td></td></tr>
<tr><td colspan="2">大豆分离蛋白</td><td></td></tr>
<tr><td colspan="2">大豆组织蛋白</td><td></td></tr>
<tr><td colspan="2">其他大豆蛋白</td><td></td></tr>
</table>

续表

类别	小类名称	示例
毛豆制品		煮毛豆、冷冻毛豆
其他豆制品		黄豆芽、豆沙、豆渣、大豆棒、大豆布丁、大豆炼乳、大豆冷冻甜点

SB/T 10687—2012《大豆食品分类》标准的出台与实施，适应了我国大豆食品行业发展与市场管理的需要，从而结束了整个行业分类标准的混乱局面，这给大豆制品的生产管理、产品开发、市场管理等带来了新的机会。本标准以终端产品形态为原则进行分类，既反映出大豆制品产品分类的特点，又符合了大豆食品不断推陈出新的市场和消费趋势。

第二章　豆腐生产技术

第一节　豆腐生产的基本原理

豆腐是大豆经过浸泡、磨浆、煮浆、点浆、蹲脑以及压制成型等工序制成的凝乳块，以大豆蛋白为主要成分。在豆腐的制作过程中，化学工艺起着重要作用，不论是传统豆腐还是营养和口感更好的内酯豆腐，以及在此基础上研发的复合凝固剂配方的豆腐，都和化学有着密切的联系。豆腐制作虽然简单，但是其凝固机理至今还不是特别清楚。

一、豆腐凝乳形成的机理

当向熟豆浆中添加钙盐、镁盐等凝固剂时，大豆蛋白会发生聚集进而形成有序的凝胶网状结构。人们一直认为豆腐凝乳形成的机理和大豆蛋白凝胶的形成一样，认为豆腐也是凝胶的一种。国内外许多学者对豆腐凝固的基本原理进行了多年研究，提出了许多学说，如“阳离子”电荷说、“凝胶”学说、“颗粒蛋白-油滴”学说以及“豆腐凝乳”学说等。“阳离子”电荷说和“凝胶”学说认为豆腐凝固的原理是形成凝胶，“颗粒蛋白-油滴”学说和“豆腐凝乳”学说认为豆腐凝固的原理是形成凝乳。凝乳和凝胶不同，凝乳是大分子物质之间相互紧扣后排除液体剩下的部分。凝胶是高分子物质在一定条件下互相连接，形成的空间网状结构并锁住水分的一种特殊分散体系。凝乳和凝胶的最大区别是，在通常情况下凝乳排除水分不会发生脱水缩合作用，而凝胶常常会发生脱水现象。国外有学者通过高速离心法将豆浆中蛋白质分成浮物蛋白质、可溶性蛋白质和颗粒蛋白质三个部分后，豆腐凝乳形成机理的研究取得了突飞猛进的发展。

（一）“颗粒蛋白-油滴”学说

研究者在做钙离子和 pH 对豆浆中可溶性蛋白质影响的研究中发现，使用低浓度钙离子时，颗粒蛋白质比可溶性蛋白质更容易凝聚，即在加入凝固剂的时候，应该先是豆浆中的颗粒蛋白质凝聚。

蛋白质溶液和豆浆不同的地方是豆浆含有油滴球。向豆浆中加入 $CaCl_2$ 后，跟踪其中油滴球，发现在颗粒蛋白质凝聚的同时，油滴球也在不断参与凝聚。而对于可溶性蛋白质，情形则不同，即使凝固剂浓度达到一定量，可溶性蛋白质和油滴球也不会发生聚集，但是由可溶性蛋白质形成的新的蛋白质颗粒还是会发生聚集。

由此可见，豆腐的形成应该是当向豆浆中添加凝固剂后，首先是颗粒蛋白质和油滴球开始结合，然后再和可溶性蛋白质相结合。

（二）“豆腐凝乳”学说

“豆腐凝乳”学说，是在上述研究的基础上提出的新豆腐形成模型。其要点是：

① 豆浆中的油滴球是其中的油脂与蛋白质复合包裹形成的，是含有油脂和蛋白质两种物质的油体状粒子，其热力学性质比较稳定，不会自动发生聚集。

② 添加凝固剂，凝固剂中的离子解离后，体系会发生离子中和作用，使得油滴球周围的蛋白质颗粒凝结成块，然后这种呈网状的凝乳块被水包裹而相结合，进而形成豆腐圈。

③ 当添加的凝固剂分布均匀时，可溶性蛋白质会形成新的蛋白质颗粒和网状体相结合，生成完整的豆腐凝乳。

由此可见，豆腐中的油滴球是被油质蛋白质、颗粒蛋白质及可溶性蛋白质 3 层蛋白质所包裹，因而表现出不容易酸化且稳定的状态。

二、影响豆腐凝乳形成的因素

（一）蛋白质浓度

蛋白质是豆浆的主要成分。在我国生产豆腐的豆浆蛋白质浓度一般在 8%～9%，若豆浆蛋白质浓度低，点脑后形成的豆腐脑太小，保不住水、出品率低。豆浆蛋白质含量越高，在加热过程中形成的蛋白质颗粒越多，当加入凝固剂时，参与形成凝乳块的脂肪也会相应增加，也就是说，蛋白质颗粒以油滴球为核心叠加形成的凝乳块越多。在制作豆浆的过程中，随着豆浆浓度的增加，其黏度也会增加，豆浆浓度越高制成的豆腐破裂应力就越大，即豆腐越硬。

（二）脂质浓度

脂肪的含量对豆腐的得率和质构都会产生影响。有研究表明，向豆浆中添加大豆油，当油滴量和蛋白质量达到一定比例时，制成的豆腐会变硬，在这个比例之上或之下制成的豆腐硬度都会降低。将豆浆的极性脂肪脱除后，其中的蛋白质颗粒含量会减少，这样可导致凝乳块包裹的中性脂肪含量也减少，从而导致制成的豆腐凝乳硬度降低。油滴量过多，包围它的蛋白质量就会不足，制作出的豆腐中包裹脂肪的蛋白质会很薄很弱；油滴量过少，形成的凝乳块就少，因为由蛋白质组成的部分过多，硬度也会变弱。除了脂肪含量对豆腐质构产生影响外，其对豆腐的得率也有影响，油脂含量在一定范围内会提高豆腐的得率，提高豆腐保水性。因此，脂质和蛋白质的平衡对豆腐品质的形成起到很重要的作用。

（三）11S 蛋白质与 7S 蛋白质的比值

豆浆蛋白质的含量越高，制作出的豆腐就会越硬，但是有研究发现不同品种的大豆制成的豆浆，就算蛋白质浓度一样，生产工艺也一样，制作出的豆腐品质却不一样。

大豆蛋白的主要成分为 11S 组分（主要为大豆球蛋白）和 7S 组分（主要为 β-半球蛋白）。实验证明，当用 7S 蛋白质比例高和 11S 蛋白质比例高的溶液，使用葡萄糖酸-δ-内酯（GDL）作为凝固剂制作凝胶，11S 比例高的溶液制作出的凝胶比较硬，这是由于 11S 蛋白质游离巯基含量较多，在凝胶中形成的二硫键起到了很大的作用。国外许多研究表明，11S 组分越多的豆浆中蛋白质颗粒数量也越多，制成的豆腐硬度也越大，因为蛋白质颗粒的增多加强了蛋白质颗粒之间的交联。实验还发现豆腐硬度不仅与蛋白质颗粒数量有关，而且还与颗粒组成有关，11S 球蛋白含量多的蛋白质颗粒比 7S 球蛋白含量多的蛋白质颗粒形成的豆腐要硬。这说明在现实生产中，对于具有不同 11S/7S 比例的豆浆，要制成具有同样品质的豆腐需要调整凝固剂用量。应说明的一点是，对于不同的大豆制品而言，由于制作工艺和大豆中其他成分的变化，豆腐硬度和 11S/7S 比的相关性很小。

（四）凝固剂浓度

许多研究证明，豆腐的硬度和凝固剂浓度有很大关系。随着 11S/7S 比例的增大，蛋白质颗粒的数量也会增多，豆腐凝乳中包裹的脂肪也会增多，然而，当增大凝固剂浓度时，同样的现象也会发生。蛋白质颗粒含量多和 11S/7S 比例高的豆浆，聚集所需要的凝固剂浓度也会降低。

（五）制浆方法

豆浆制浆方法大致分两种：热过滤法和冷过滤法。我国主要采用冷过滤法制豆浆，即生豆浆先过滤再煮浆。日本制作豆腐主要用热过滤方式，即大豆磨浆后先不过滤，待豆浆和豆渣一起进行煮制后再进行过滤。

国外学者通过对两种制浆方法的比较研究证明，热过滤豆浆中的钙离子、7S碱性蛋白、多糖和蛋白质颗粒含量均比冷过滤多，并认为豆浆中钙离子和蛋白质颗粒的增加是热过滤制成豆腐较硬的原因。另外，对于热过滤法，由于豆浆是和豆渣一起加热的，因此豆渣浸出物与生成豆腐硬度应该是有关系的。我国有研究通过对豆浆热过滤、冷过滤和热滤冷滤相结合的制浆方法对比发现，冷过滤使得蛋白质流失严重，没有使大豆蛋白被最大限度地利用；热过滤使得大豆蛋白在加热过程中形成了部分凝乳块，这部分凝乳块不随着水分的流失而流失。

（六）植酸含量

植酸存在于许多谷物中，大豆含有1%～3%的植酸，随着品种和生长环境的不同，其植酸含量也不同。植酸含有6个磷酸基团，这些磷酸基团能与镁离子和钙离子结合。已有研究报道，植酸可以通过与大豆蛋白连接来影响其物理化学性质，将植酸从大豆蛋白中去除后，大豆蛋白的表面疏水性和乳化性会增加。由此可见，植酸一方面改变了大豆蛋白的性质，另一方面可通过降低豆浆中凝固剂的浓度来影响豆腐的品质。

还有研究表明，植酸会抑制蛋白质聚集凝固，从而使不同植酸含量的豆浆即使使用相同浓度的凝固剂也会导致豆腐品质不一样。在豆腐形成凝乳的早期阶段，植酸是以与颗粒蛋白质相结合的形式存在，然后随着颗粒蛋白质一起进入豆腐凝乳中。豆浆中植酸含量越多，要制成相同硬度的豆腐所需凝固剂的浓度就越大。所以在优化豆腐最佳凝固剂浓度时，应当将植酸含量也考虑进去。

事实上影响豆腐品质的因素有很多，是豆浆中多种成分相互作用的结果，单一的成分说明不了不同品种差异导致的豆腐品质不同，一般可以通过调节凝固剂用量来消除植酸对豆腐品质的影响。

三、大豆蛋白在豆腐制作过程中的变化

大豆种子的主要成分是蛋白质、脂肪和碳水化合物等。以大豆为原料制作豆腐，无论是全脂大豆，还是脱脂的大豆饼粕，其变化过程主要表现在大豆蛋白的变化方面，不同的生产阶段变化不相同。除了生物变化之外，还涉及胶体化学、高分子物理等方面的变化。

（一）浸泡阶段

大豆蛋白存在于大豆子叶的蛋白体之中，蛋白体具有一层膜组织，其主要成分是纤维素、半纤维素及果胶质等。在成熟的大豆种子中，这层膜是比较坚硬的，在

大豆浸泡过程中，蛋白体膜同其他组织一样，开始吸水溶胀，质地由硬变脆最后变软，处于脆性状态下的蛋白体膜，受到机械破坏时很容易破碎。蛋白质分子由于发生有限溶胀作用，成倍地吸收水分导致大豆体积增大，致使一部分蛋白体因膨胀而破裂。

（二）磨浆阶段

浸泡后的大豆经过磨碎、过滤后，蛋白体膜被破碎，蛋白质即可被释放溶解分散于水中，形成蛋白质溶胶，这是一种均匀分散于水中，以固体为分散相、液体为连续相的胶体，即生豆浆。按目前我国的生产方式，大豆蛋白提取率在85%左右，其余15%左右的含氮高分子化合物则残留在豆渣中。

（三）生豆浆

生豆浆即大豆蛋白溶胶，具有相对稳定性，其稳定性是由天然大豆蛋白分子的特定结构所决定的，天然大豆蛋白的疏水性基团处于分子内部，而亲水性基团处于分子表面。亲水性基团中含有大量的氧原子和氮原子，由于它们有未共用的电子对，能吸引水分子中的氢原子并形成氢键，借助氢键把极性的水分子吸附到蛋白质分子周围形成一层水化膜。由于蛋白质的两性电解质性质，在一定的pH溶液里，蛋白质颗粒发生解离后以负离子态存在，与周围电性相反的离子构成稳定的双电层而结成胶团。豆浆的pH值一般为6.5～8.5，高于蛋白质pH 4.3左右的等电点，此时，大豆蛋白可与水中的Na^{+}、K^{+}、Ca^{2+}、Mg^{2+}等形成双电层胶团。分散于水中的大豆蛋白胶粒正是由于水化膜和双电层的保护作用，防止了它们之间的相互聚集，保持了相对稳定性。也就是说这个体系是处于一个亚稳定状态，一旦有外加因素的干扰，这种相对稳定就有可能受到破坏。

（四）熟豆浆

生豆浆加热后，体系内能增加，蛋白质分子热运动加剧，分子内某些基团的振动频率及幅度加大，很多维系蛋白质分子二级、三级、四级结构的次级键断裂，蛋白质的空间结构开始改变，多肽链由卷曲而伸展。展开后的多肽链表面静电荷变稀，胶粒间的吸引力增大，相互靠近，并通过分子间的疏水基和巯基形成分子间的疏水键和二硫键，使胶粒之间发生一定程度的聚结。随着聚结的进行，蛋白质胶粒表面的静电荷密度及亲水性基团再度增加，胶粒间的吸引力相对减小，再加上胶粒热运动的阻力增大（由于胶体的体积在增大）、速度减慢，而豆浆中的蛋白质浓度又较低，使胶粒之间的继续聚结受到限制，形成一种新的相对稳定体系——前凝胶体系，即熟豆浆。

（五）闷浆

闷浆即熟豆浆静置、冷却的过程，豆浆温度由100℃下降到85℃左右。此过程有助于蛋白质多肽链的舒展，使球蛋白疏水性基团（如巯基等）充分暴露在分子表面，疏水性基团倾向于建立牢固的网状组织（如促进巯基形成二硫键），1分子的大豆球蛋白所含的巯基和二硫键约有25个，巯基和二硫键能强化蛋白质分子的网状结构，有利于形成热不可逆凝胶。网状组织和豆浆浓度有关，豆浆浓度大，蛋白质粒子之间接触的概率高，能形成比较均匀细密的网状组织结构，从而提高豆腐的保水性，这便是嫩豆腐含水量较多的一个重要原因。熟豆浆的轻度酸化可能有助于蛋白质的胶凝作用，提高豆腐的保水性。

（六）点脑成型

豆浆的煮沸，即前凝胶的形成，并不是生产的最终目的，如何使前凝胶进一步形成凝胶这也是一个关键。

无机盐、电解质可以促进蛋白质的变性。向煮沸的豆浆中加入凝固剂，由于静电作用破坏了蛋白质胶粒表面的双电层，使蛋白质胶粒进一步聚集，蛋白质分子之间通过—Mg—或—Ca—桥相互连接起来，形成立体网状结构，并将水分子包在网络中，形成豆腐脑。

豆腐脑的形成比较快，但刚刚形成的豆腐脑结构不稳定、不完全，也就是说蛋白质分子间的结合还不够巩固，而且还有部分蛋白质没有形成主体网络，还需有一段完善和巩固的时间，这就是蛋白质凝胶网络形成的第二阶段，工艺上称蹲脑，蹲脑过程要在保温和静止的条件下进行。将经过蹲脑强化的凝胶适当加压，排出一定量的自由水，即可获得具有一定形状、弹性、硬度和保水性的凝胶体——豆制品。

四、豆腐凝固剂的作用原理

（一）盐类凝固剂

熟豆浆加入钙、镁的盐类可促使大豆蛋白发生胶凝作用，关于盐类凝固剂的凝固机理，有以下几种不同的说法。第一种是盐析理论，即盐中的阳离子与热变性大豆蛋白表面带负电荷的氨基酸残基结合，使蛋白质分子间的静电斥力下降形成凝胶。又由于盐的水合能力强于蛋白质，所以加入盐类后，可争夺蛋白质分子的表面水化层导致蛋白质稳定性下降而形成胶状物。第二种为离子桥学说，即豆浆中大豆蛋白的—COOH与盐类凝固剂中的二价阳离子（如Ca^{2+}、Mg^{2+}）结合，产生蛋白质-离子桥而形成蛋白凝胶。第三种是基于国外学者的发现，即豆浆加入中性盐后，pH 下降，在 pH 6 左右，豆浆凝固成豆腐。可见，以上三种学说具有各自的合理性和局限性，还需要进一步的探究。

（二）酸类凝固剂

酸类凝固剂加入熟豆浆，可解离成 H^+ 和酸根离子。弱酸性的蛋白质负离子极易俘获这种 H^+ 而呈现电中性，蛋白质粒子俘获 H^+ 的胶凝作用，主要由氢键以及疏水集团相互作用、偶极相互作用等，将多肽链连接起来。葡萄糖酸-δ-内酯（GDL）是常用的一种酸类凝固剂，在低温时比较稳定，在高温（90℃左右）和碱性条件下可分解为葡萄糖酸，使豆浆的 pH 下降，它在浆液中可释放质子，使变性大豆蛋白表面带负电荷的基团减少，蛋白质分子之间的静电斥力减弱，从而相互结合，起到酸凝固的作用。

（三）酶类凝固剂

各种蛋白酶能将大豆蛋白水解成较短的肽链，短肽链之间可通过非共价键交联形成网络状凝胶。酶类凝固剂中，研究最多而且已进入使用阶段的是谷氨酰胺转氨酶，它有使豆乳胶凝的能力，是一种氨基转移酶，它催化肽链中谷氨酸残基的 γ-羧基酰胺和各种伯胺的氨基反应。当肽链中赖氨酸残基上的 ε-氨基作为酰基受体时就会形成分子间的 ε-（γ-谷氨酸）交联，从而改善蛋白质类食物的功能与品质。

（四）复合凝固剂

复合凝固剂的作用原理是复配用的各种凝固剂作用原理的综合。

第二节　豆腐生产的基本工艺

我国豆腐的种类有很多，但生产工艺基本相同，豆腐生产的基本工艺流程如图 2-1 所示。

选料→除杂→浸泡→磨浆→滤浆→煮浆→点脑
↓
成品←切块←压制←上脑←破脑←蹲脑

图 2-1　豆腐生产的基本工艺流程

下面对上述工艺的具体操作进行介绍。

一、选料

豆腐等大豆制品的质量好坏，很大程度上取决于原料大豆的品质。一般凡无霉变或未经热变性处理的大豆，无论新陈都可用来制作豆腐。一般以大豆颜色浅、油脂含量低、蛋白质含量高、粒大皮薄、粒重饱满、色泽光亮的新大豆为佳。与陈大豆相比，新大豆制得的产品得率高，质地细腻，弹性强。但刚收获的大豆不宜使用，应存放 2～3 个月以上再用，较理想的是在良好条件下贮存 3～9 个月的大豆。作为豆制品生产用的大豆，应是蛋白质含量高，尤其是 7S 球蛋白和 11S 球蛋白含量高的品种。如用低温粕和冷榨豆饼，则要求蛋白质保持低变性，即保持蛋白质良好的水溶性和分散性。

在实际生产中，原料大豆来源广泛，新陈程度很难保证要求。为了保证大豆的品质，提高产品质量，有人研究出一种使陈豆复新的方法——电解还原处理法。这种方法既经济又实用。其做法是：在特殊的浸泡槽内安上正、负电极。工作时在正、负极之间通以直流电，其电压为 60～120V，电流为 0.5～1.5A。电解还原处理与大豆浸泡同时进行，电解还原时间视大豆的品质而定，一般为 2～10h。经过处理的大豆，在制浆时蛋白质溶出率可增加 5%～20%，能起到胶凝作用的蛋白质也大大增加，制成的豆腐硬度和弹性也相应提高。为了提高电解处理效率，可在负极电解槽中安装搅拌器来搅拌物料，并连续更换正极电解槽中的溶液。

二、除杂

大豆在收获、贮藏以及运输的过程中难免要混入一些杂质，如草屑、泥土、沙子、石块和金属碎屑等。这些杂质不仅有碍于产品的卫生和质量，而且会影响加工效率和机械设备的使用寿命，所以必须清理除去。豆腐生产中大豆除杂的方法可分为湿选法和干选法两种。

（一）干选法

该法主要是使大豆通过机械振动筛把杂物分离出去，大豆通过筛网到出口处进入料箱，像泥粒、砂粒、铁屑等由于与大豆相对密度不同，在振动频率的影响下，可以分离出去，不会通过筛眼而混杂在大豆里，采用此法，能把大豆清理干净。

（二）湿选法

这种方法是根据相对密度不同的原理，用水漂洗，将大豆倒入浸泡池中，加水后由于某些杂物以及浮豆、破口豆、霉烂豆、虫蛀豆等相对密度小于水，因此漂浮在水面上，将其捞出，而相对密度大于水的铁屑、石子、泥沙等与大豆同时沉在水底，但在大豆被送往下道工序磨碎时，可通过淌槽，边冲水清洗边除杂质，使铁屑、石子和泥沙等沉淀在淌槽的存杂筐里，从而达到清除杂质的目的。

三、浸泡

大豆的浸泡是豆制品加工中的重要工序之一。大豆浸泡得好坏直接影响到大豆有效成分的提取以及豆制品的品质。经过清理后的大豆，通过输送系统送入泡料槽（或池）中，加水进行浸泡。浸泡的目的就是使豆粒吸水膨胀，从而有利于大豆粉碎后充分提取其中的蛋白质。

（一）浸泡的程度

大豆的浸泡程度不但影响产品的得率，还影响产品的质量。浸泡适度的大豆蛋白体膜呈脆性状态，在研磨时蛋白体得到充分破碎，使蛋白质能最大限度地溶离出来。浸泡不足，蛋白体膜较硬；浸泡过度，蛋白体膜过软，这两种情形都不利于蛋白体膜的机械破碎，蛋白质溶出不彻底，产品出品率低。此外，用浸泡过度的大豆制成的豆腐组织松散，没有筋性，保水性差。大豆的浸泡程度应因季节而异，夏季可泡至九成，冬季则需泡到十成。

浸泡好的大豆吸水量约为1：（1～1.2），即大豆增重至2.0～2.2倍。大豆表面光滑，无皱皮，豆皮轻易不脱落。最简单的判断方法就是把浸泡后的大豆扭成两瓣，以豆瓣内表面基本呈平面，略有塌坑，手指掐之易断，断面已浸透无硬心为宜。

（二）浸泡温度和时间

浸泡温度和时间是决定浸泡质量的两个关键因素，二者相互影响，相互制约。大豆浸泡时间与浸泡温度的关系是随着浸泡温度的升高，浸泡时间缩短，但浸泡水温受季节变化的影响很大，同时也与生产场所的室温直接相关，具体可见表2-1。但应注意的是浸泡温度不宜过高，否则大豆自身呼吸加强，消耗本身的营养成分，而且易引起微生物繁殖，导致腐败，比较理想的水温应控制在15～20℃范围内。

表2-1　大豆浸泡时间与季节气温的关系

季节	环境温度/℃	浸泡温度/℃	浸泡时间/h	pH值
春、秋季	15～18	12～18	10～12	6.5～7
夏季	20～25	17～25	6～8	6.5～7
冬季	5～15	5～13	13～18	6.5～7

在实际生产中，多是采用自然水温，受季节、地区的气候影响较大，因此浸泡时间应灵活和适时掌握。大豆的品种不同，产地不同，贮存时间不同，在同一环境下的浸泡时间也应不同。当年收获的新大豆吸水能力强，凝胶复水也容易，浸泡时间理应短些，但新大豆种皮比较嫩，浸泡时间对蛋白体膜的脆性影响不大，所以浸泡时间比正常时间长点也无妨。对于贮存时间比较长的陈豆，细胞壁老化，吸水能力差，经浸泡后蛋白体膜的脆性也较差。生产实践证明，陈豆的浸泡时间在同样温

度条件下都要比新豆缩短 1h 左右，这样大豆蛋白体膜的脆性相对要好些。

（三）pH 值对浸泡的影响

大豆浸泡时间过长，由于微生物的繁殖，泡豆用的水会变酸，尤其是在夏天，这种现象更容易出现。浸泡水如果偏酸性，会影响大豆的吸水程度，使大豆膨胀不饱满，进而影响磨浆和制品出品率。而且在酸性水的条件下，大豆蛋白容易变性，严重时还会导致坏浆现象，根本做不成豆腐。所以，在大豆浸泡后，应当先把水沥尽，然后再用清水冲洗，除去变酸的水，使 pH 值达到中性。

（四）浸泡大豆的用水量

浸泡好的大豆吸水率约为 100%～120%，体积增加约 1～1.5 倍，所以大豆浸泡时的用水量最好为大豆的 2.0～2.3 倍，水少大豆易吸水不足，水多则造成浪费。浸泡大豆用水量最好不要一次加足，第一次加水以水浸没料面 15cm 左右为宜，待浸泡 3～4h 水位下降到料面以下 6～7cm 后，再加水至料面以上 6～7cm 即可，这样在大豆浸泡好时，水位又可降到料面以下。

四、制浆

豆腐等传统豆制品（以非发酵豆制品为主）尽管制作工艺千差万别，但几乎都要先经过制浆这道工艺，该工艺过程一般由 3 道工序组成，即磨浆、滤浆和煮浆。

（一）磨浆

1. 磨浆的目的与要求

大豆经过浸泡后，蛋白体膜变得松脆，但要使蛋白质溶出，还必须进行适当的机械破碎。但从蛋白质溶出的角度来看，大豆破碎得越彻底，蛋白质越易溶出。但在实际生产中，大豆的磨碎程度是有限度的，磨得过细，大豆中的纤维会随着蛋白质一起滤到豆浆里，使产品粗糙、色泽灰暗、死板发硬，而且往往会因纤维对筛孔的堵塞，影响滤浆效果，结果产品得率反而降低。

在实际生产过程中，综合溶出与分离效果看，粉碎细度在 100～120 目、颗粒直径在 10～12μm 时比较适宜。一般制作老豆腐，豆糊细度以 80 目为宜，过滤细度在 100 目左右；如果制作嫩豆腐，豆糊细度以 100～110 目为宜，过滤细度应为 130～140 目。许多地方豆腐得率低，其主要原因是豆糊磨得粗细不当，分离后豆渣内残存蛋白质量太多。实际上，掌握得好，豆渣中蛋白质残存量不应超过 2.6%。豆渣呈细绒状，放在手上搓握团弄，不粘手，挤压无白色浆汁。优质豆糊的要求：一是豆糊呈洁白色；二是磨成的豆糊粗细均匀，不粗糙。

2. 水的作用与加水量

大豆浸泡完毕，沥去泡豆水，经冲洗并沥尽余水后，即可进入磨内研磨。研磨时必须随料定量进水。其作用有三点：一是流水带动大豆在磨内起润滑作用；二是磨运转时会发热，加水可以起冷却作用，防止大豆蛋白热变性；三是可使磨碎大豆中的蛋白质溶解分离出来，形成良好的溶胶体。

加水时的水压要恒定，水的流量要稳，要与进豆速度相配合，只有这样才能使磨出来的豆浆细腻均匀。水的流量过大，会缩短大豆在磨片间的停留时间，出料快，磨不细，豆糊有糁粒，达不到预期的要求；水的流量过小，大豆在磨片间的停留时间长，出料慢，结果会因磨片的摩擦生热而使蛋白质变性，进而影响产品得率。

3. 磨浆的后处理

刚磨出的浆液产生浓厚细密的泡沫，这些泡沫中存在大量的蛋白质，与水形成亲水性胶体溶液，并具有较大的表面张力，致使泡沫不易消失，影响各工序的操作，尤其是在煮浆过程中因温度上升泡沫增大，容易溢出，所以磨浆后可加入适量的消泡剂，以降低胶体溶液的表面张力，消除大量的泡沫，并且还可防止煮浆时再次产生泡沫。消泡剂的添加量以油脚为例，100kg 原料添加 1kg 油脚。采用其他品种的消泡剂要按规定量进行添加。

（二）滤浆

1. 滤浆的目的

滤浆又称为过滤或分离，是对豆糊中的豆渣和蛋白质溶胶进行分离的操作，制得以蛋白质为主要分散质的溶胶体——豆浆。另外，滤浆过程也是豆浆浓度的调节过程，根据豆糊浓度及所生产产品的不同，滤浆时的加水量也不同。为了充分地将豆糊中的大豆蛋白抽提出来，应掌握好添加的水量与水温。添加水量过少，影响蛋白质抽提率；添加水量过多，影响点脑成型，并使黄浆水相应增多，造成营养物质有较多的流失。洗渣用水量以“磨糊”浓度为准，又要根据产品品种而异。一般 1kg 大豆总加水量为 8～12kg。南、北豆腐的老嫩程度不一样，豆浆浓度也不一样，豆浆的浓度与产品品质有密切关系。因此，滤浆工序中的加水量应区别掌握。

2. 滤浆的工艺

过去磨浆和滤浆是由两台不同的设备完成的，因而就有熟浆法和生浆法之分。即把磨浆后的豆糊先煮沸，然后过滤，称为熟浆法；而先进行浆渣分离，然后再把豆浆煮沸，称为生浆法。熟浆法的特点是豆糊灭菌及时，不易变质，产品韧性足，有拉劲，耐咀嚼，但熟豆糊黏度大，过滤困难，豆渣中残留蛋白质较多（一般均在3.0%以上），大豆蛋白提取率相应降低，且产品保水性差，易离析，适合于生产含水量较少的豆腐干、老豆腐等。生浆法卫生条件要求较高，豆糊、豆浆易受微生物污染酸败变质，但操作方便、易过滤，只要豆糊磨得粗细适当，滤浆工艺控制得好，豆渣中的蛋白质残留量可控制在2.0%以下，且产品保水性好，口感润滑，我国江南一带做嫩豆腐大都采用生浆法过滤。

3. 滤浆的方法

滤浆的方法有传统方法和现代机械方法，传统方法适合于家庭小作坊、小企业使用，现代机械方法适合于规模较大的企业。

（1）*滤浆的传统方法* 滤浆的传统方法有吊包滤浆法和刮包滤浆法两种。

① 吊包滤浆法。即把滤浆布的四角系在木制吊浆四个顶端，使滤布呈深网兜状，然后将经过磨碎的豆浆置入滤浆袋内，操作工人用两手各扶着两根吊架木棍的一端，运用杠杆原理推拉扭动，使豆浆通过滤布，豆渣则留在袋内。在过滤过程中，应往滤袋内加水，加水量一般为大豆质量的4～5倍。豆渣用清水清洗两次。

② 刮包滤浆法。在盛浆的大缸口上绑一块布，使其呈浅网兜状。先将经碾磨的豆浆置于刮袋中，然后用一块半圆形光木板（俗称刮壳，形似大蚌壳）在布上刮，刮壳需沿着刮袋四周兜圈子，刮壳与刮袋呈45°，刮时用力要均匀，使豆浆上下翻动，浆水从布眼中滤入缸中，直至全部滤尽，豆渣则留在布袋里。然后把刮袋内的豆渣平摊开来，加入前次留下的浆水或清水，由上而下均匀搅和，使豆渣均匀吸水并全部浸润，再接前述方法进行第二次刮浆。然后再加水搅和刮浆，共刮浆三次，俗称“一磨三刮”。最后把豆渣包拎起，置于木桶上的榨篮内，再加入清水搅和，让其自然沥水约15min。然后用小钢勺在豆渣包内搅拌，尽可能沥尽水分。接着拎起布袋的四角，束角包紧后，用大石块压在豆渣包上，使淡浆流入桶内，以备下一次滤浆时使用，这种浆水俗称“三浆”。通过“三刮一压”，大豆蛋白已基本被提取出来。

（2）*滤浆的现代机械方法* 卧式离心筛过滤是一种滤浆过程中常用的现代机械方法。整个滤浆设备由三台卧式离心机组成，这是由于大豆内的蛋白质经过三次过滤后，才能被最大限度地提取出来。整个操作的程序是：当离心机正常运转后，把上述磨制的含有豆渣的豆浆放入第一台离心筛，分离豆浆和豆渣，滤出来的豆浆输入中间罐可供生产备用。分离出来的豆渣约按干原料量的5倍掺入清水，均匀调和后送入第二台离心筛，进行第二次分离，过滤出来的豆浆，也输入中间罐内备用。将第二次分离出来的豆渣按原料量的3倍掺入清水，再送入第三台离心筛，进行第三次分离。被分离出来的浆水俗称“三浆水”。这种浆水可掺入第一次被分离出的豆渣，作为第二次分离用水，以达到充分利用大豆蛋白的目的。第三次被分离出来的豆渣放入豆渣池，作饲料。采用卧式离心筛过滤，大豆蛋白的提取率较高。被分离出来的豆渣一般含水量在85%以内，含蛋白质在3.5%以下。

（三）煮浆

1. 煮浆的作用

煮浆是通过对豆浆进行加热，使豆浆中的蛋白质发生合理热变性，为下一步的点浆工艺创造前提条件。除此之外，煮浆还可以达到以下目的：①破坏大豆中有害生物的活性因素，提高产品的食用性；②减少或消除大豆的豆腥味，提高产品风味；③通过高温煮浆杀死大豆中的有害菌，保障食品安全。所以煮浆是传统豆制品加工工艺中的核心工艺和关键工艺，必须加强对煮浆工艺的控制。

2. 煮浆的方式

按照加热方式不同煮浆大致可以分为以下3种。

（1）明火煮浆　即用柴火、炭火、煤气、天然气直接加热煮浆。明火加热煮浆是最传统的一种煮浆方式，效率较低、卫生控制困难，适合于规模较小或工艺要求特殊的企业。但明火煮浆控制得当可以取得较好的煮浆效果，尤其是豆浆煳锅以后留下的焦香味，许多消费者尤其是北方消费者对这种焦香味十分青睐。

（2）电加热煮浆　即通过将电能转换成热能对豆浆加热，如电热棒加热煮浆。

（3）蒸汽煮浆　即用蒸汽对豆浆加热，实现煮浆目的。蒸汽煮浆又分为接触式蒸汽煮浆和非接触式蒸汽煮浆，接触式蒸汽煮浆是指蒸汽直接通入豆浆中对豆浆加热，是目前应用比较广泛的煮浆方式；非接触式煮浆是指蒸汽与豆浆不直接接触，通过夹层对豆浆加热，如夹层锅煮浆、列管式煮浆。

五、点脑

点脑又称点浆，是豆制品生产中的关键工序。其过程就是将煮浆后的热豆浆降温至75～85℃，然后把凝固剂按一定的比例和方法加入豆浆中，使大豆蛋白溶胶转变成蛋白质凝胶，即使豆浆变为豆腐脑（又称为豆腐花）。

通过凝固豆浆转变为豆腐脑，它的胶体结构改变为固体包住液体的结构，这种可包住水的性质称为大豆蛋白的持水性或保水性。豆腐脑就是由水被包在大豆蛋白网状结构的网眼中，不能自由流动形成的，所以豆腐脑具有柔软性和一定的弹性。点浆时蛋白质的凝固条件，影响着豆腐脑的网状结构，如网眼的大小和网眼交织的紧密程度、包水程度的高低，这些都影响着豆腐脑的品质和状态，如是否柔软有劲、保水性是否良好。如果网状结构中的网眼较大，交织得又比较牢固，那么大豆蛋白的保水性就好，做成的豆腐柔软细嫩，产品得率高。如果豆腐脑形成时网眼较小，交织不牢固，这样大豆蛋白保水性差，做成的豆腐就会板硬无韧性，缺乏柔软感，产品得率也会偏低。所以，点脑在整个豆腐制作过程中是一个重要的环节，是决定出品率和质量的关键。

（一）影响点脑的因素

影响豆腐脑质量的因素有很多，如大豆的品种和质量、生产用水质、凝固剂的种类和添加量及加入方式、豆浆的熟化程度、脑温度、豆浆浓度、pH值以及搅拌方法等。

1. 生产用水质

生产过程中，洗料、浸泡、磨碎、过滤等均需使用大量的水，这些生产用水的质地对凝固也有影响。一般来说，用软水做豆腐时，凝固剂的用量少，大豆蛋白保水性好，产品柔软有劲、质量好。用河水、溪水、井水等硬水时，凝固剂的用量要增加50%以上，蛋白质的凝固速度比较缓慢，产品软而无力，容易变形。

以上各种因素均对蛋白质的凝固有影响，但是由于生产中产品的规格、质量及性状不一，所遇到的因素又各有差异、相互交织，因而引起大豆蛋白变性及凝固的生化过程也就错综复杂。所以，在实际生产中，既要掌握好各种因素的作用，又要考虑到各种因素之间的相互影响，认真掌握各个环节，并使它们相互协调，这样凝固（点浆）工艺是能够掌握好的。

2. 凝固剂添加量

盐卤用量为豆重的2%～3%，过量则豆腐有苦涩味、质地硬。在实际生产中将盐卤稀释至20～22°Bé，过滤后才使用。石膏用量为豆重的2%～2.5%，添加过量豆腐发涩，添加不足则降低凝固率。如果将盐卤和石膏混合使用，就会制得口味好、细嫩、出品率高的豆腐。使用混合凝固剂其豆腐的含水量比单纯使用盐卤要高2%～3%，而且豆腐质量好。凝固剂用量要根据凝固剂优劣而有所增减，同时还要考虑大豆的新鲜程度。

3. 凝固剂加入方式

盐卤的加入采用点浆式搅拌，其具体操作过程是：先打耙后下卤，盐卤流量先大后小，打耙先快后慢，当缸内出现50%脑花时，打耙速度要减慢，盐卤流量随之减少，至80%脑花时停止下卤，见脑花游动下沉时，停止打耙。石膏是采用冲浆式不搅拌。采用什么方式与凝固剂的性质有关，盐卤与豆浆反应快，接触豆浆后立即凝固，如果不搅拌可能凝固不均匀；石膏与豆浆混合后，凝固反应慢，冲浆就可达到均匀凝固的目的。

4. 点脑温度

点脑时豆浆的温度高低与蛋白质的凝固速度关系密切。豆浆温度高，则豆浆中的蛋白质胶体凝聚速度快，凝胶组织易收缩，结构网眼小，产品保水性差、弹性小、质地硬；豆浆温度低，蛋白质胶体凝聚速度慢，豆腐呈棉絮状，产品保水性好、弹性大，但当温度过低时，豆腐脑含水量过高，反而缺乏弹性，易碎不成型，降低豆腐出品率，所以必须控制适当的温度。

点脑温度的高低，应根据产品特点以及所使用的凝固剂和点脑方法的不同而灵活掌握。点脑温度一般是在70～90℃，要求保水性好的产品（如水豆腐），点脑温度宜偏低一些，常在75～80℃；要求保水性差的产品（如豆腐干），点脑温度宜偏高一些，常在85℃左右。不同的凝固剂有不同的凝固温度，盐卤温度以70～85℃为宜，石膏以75℃为宜，葡萄糖酸内酯以75～85℃为宜。

5. 豆浆浓度

豆浆浓度在这里应理解为豆浆中蛋白质的浓度。俗话说："浆稀点不嫩，浆稠点不老"，这是历史悠久的豆腐制作实践过程中的经验之谈，它形象地反映了豆浆浓度与豆腐脑质量间的关系。豆浆浓度低，点脑后形成的脑花太小，保不住水，产品没有弹性和韧性，出品率低；豆浆浓度高，生成的脑花块大，保水性好，有弹性。但浓度过高时，凝固剂与豆浆一接触，即迅速形成大块脑花，易造成上下翻动不均，出现白浆等后果。因此，点脑时豆浆浓度要求一般为北豆腐7.5～8.0°Bé、南豆腐8～9°Bé。

6. pH值

豆浆的pH大小与蛋白质的凝固有直接关系。豆浆的pH越小，即偏于酸性，加凝固剂后蛋白质凝固越快，豆腐脑组织收缩多，质地粗糙；豆浆的pH越大，即偏于碱性，蛋白质凝固越慢，形成的豆腐脑就会过分柔软，包不住水，不易成型，有时没有完全凝固，还会出现白浆。所以点脑时，豆浆的pH最好控制在7左右。pH偏高时（高于7.2）可用酸浆水调节；pH偏低时（低于6.8），可用1.0%的氢氧化钠溶液调节。

（二）点脑的操作

在点脑时，豆浆的搅拌速度和时间直接关系着凝固效果。下卤要快慢适宜，过快脑易点老，过慢则影响豆腐制品的品质。凝固适中的豆腐脑质量较好；凝固过度的质量粗硬、易散；凝固不完全的质量软嫩、易碎。

点脑时要先将豆浆翻动起来，随后一边均匀搅拌一边均匀下卤，并注意成脑情况，在即将成脑时，要减速减量，当浆全部形成凝胶状后，就应立即停止搅拌。然后再将淡卤轻轻地洒在豆腐脑面上，使其表面凝固得更好，并且有一定的保水性，做到制品柔软有劲，产品得率也高。如果搅拌时间超过凝固要求，豆腐脑的组织结构不好，柔而无劲，产品不易成型，有时还会出白浆，影响产品得率。另外，在搅拌方法上，一定要使缸面的豆浆和缸底的豆浆循环翻转，在这种条件下，凝固剂才能充分起到凝固作用，使大豆蛋白全部凝固。如果搅拌不当，只是局部的豆浆在流转，那么往往会使一部分大豆蛋白接受了过量的凝固剂而使组织粗糙，另一部分大豆蛋白接受的凝固剂量不足，而不能凝固，给产量和质量都会带来影响。点脑是否适当，可视黄浆水颜色来判断，若黄浆水的颜色白而混浊，说明点脑时温度过低，凝固剂与蛋白质没有充分结合；如黄浆水的颜色深黄，则说明点脑时温度过高，蛋白质在黄浆水中溶出过多。

六、蹲脑

蹲脑又称涨浆或养花，是大豆蛋白凝固过程的继续，蹲脑的作用是使蛋白质网络组织结构牢固。点脑操作结束后，蛋白质与凝固剂的凝固过程仍在继续，只有静置一段时间，凝固才能完成，蛋白质网络组织结构才能稳固。蹲脑过程宜静不宜动，否则，已经形成的凝胶网络结构会因振动而破裂，使制品产生组织裂隙，凝固无力，外形不整，特别是在加工嫩豆腐时表现更为明显。

根据品种的不同，蹲脑时间也不相同，一般情况下，老豆腐的蹲脑时间为20～25min，嫩豆腐为30min左右。这时的豆腐脑网状结构牢固，韧性足，有劲道，有拉力，制成的产品得率也会提高。但也不能蹲脑时间太长，时间太长，豆腐脑也渐趋冷却，这时再浇制各种产品，就会造成成品软而无劲。另外，在冷天蹲脑时，最好用豆腐工具板在缸面上覆盖一下，以适当保温，效果更好。

七、破脑

压制前，要先将豆腐脑适当破碎，这个过程称为破脑。其目的就是使凝固物组织结构得到一定程度的破坏，释放出一部分包在蛋白质周围的黄浆水，同时也有利于压制时水分的排出。豆腐脑形成后，水分多被包在蛋白质的网络中不易排出。只有把已形成的豆腐脑适当破碎，不同程度地破坏豆腐脑的凝胶网络结构，才能满足不同豆制品的要求。破脑程度既要根据产品质量的需要，又要适应上箱浇制工艺的要求。北豆腐只需轻轻破脑，脑花团块在 8～10cm 范围较好；豆腐干破脑程度稍重，脑块大小以 0.6～1.0cm 为宜，而干豆腐（薄百页）豆腐脑则需打成碎木屑状。

八、成型

成型就是把凝固好的豆腐脑放入特定的模具内，通过一定的压力，榨出多余的黄浆水，使豆腐脑紧密地结合在一起，成为具有一定含水量和弹性、韧性的豆制品。豆腐的成型主要包括上脑（又称上箱）、压制、出包和冷却等工序。

（一）上脑

上脑是将破碎的豆腐脑装入带有豆腐包的豆腐箱以便成型的过程。豆腐箱在压制时起固定外形和支撑的作用。豆腐包是具有一定孔眼的纺织物，相当于滤布。豆腐包将豆腐脑包起来，压制时水分可以从孔眼中排出（排出的水称为黄浆水），而凝固的蛋白质不能被排出。

上脑时要撇出黄浆水，摆正榨模；上脑时数量要准、动作要稳、拢包要严。上述操作的轻重应根据豆腐脑的凝固效果及破脑程度灵活掌握，例如，凝固适中的应重破脑、轻析水、快速舀起花团入模、压制稳妥多歇，破脑要彻底均匀，否则，会老嫩不均。凝固不完全的要轻翻脑、慢析水、轻起花团入模、压制要慢，水才能榨出，破脑时，水要慢慢地析出澄清。浑水的糊浆会粘布糊眼，水不能榨出，质量嫩，成品表面膜会撕破。凝固过度的，要轻翻脑、自然析出、速起花团入模、榨歇连续，才能保住水。

（二）压制

豆腐的压制成型是在豆腐箱和豆腐包内完成的，使用豆腐包的目的除了定型之外，还能在豆腐的定型过程中使水分通过包布的经纬线中间细孔排出，使分散的蛋白质凝胶靠拢并黏联为一体。

豆腐脑浇制入模型后必须加压。加压的目的，一是使豆腐脑部分散的蛋白质凝胶更好地接近及黏合，可以使制品内部组织紧密；二是使豆腐脑内部要求排出的水可强制通过包布排出。一般豆腐的压制压力在 1～3kPa，北豆腐压力大些，南豆腐压力小些。

为使压制过程中蛋白质凝胶聚合得更好，需在一定温度下施加一定的压力。如开始压制时豆腐温度太低，即使压力很大，蛋白质凝胶聚合不好，水也不易排出，豆腐松散无劲。一般的压制温度为65～70℃。豆腐脑在一定温度下，逐渐按模加压成一定的形状，这个过程需要一定的时间，时间不足不能成型和定型，而加压时间过长，会过多地排出豆腐中应持有的水。一般压制时间为15～25min。压制后，南豆腐的含水量要求90%左右，北豆腐的含水量要求在80%～85%范围内。豆腐成型后要立即下榨，翻板要快，放板要轻，揭包要稳，带套要准，移动要平，堆垛要慢。传统人工压制成型容易造成产品质量不一，且操作复杂。现在的大型豆腐生产线多使用豆腐连续压榨机，其所压制的豆腐压力统一，有利于成型的豆腐保有弹性和韧性，而且出品率高、产量高、能耗低，极大地节约了劳动力。

（三）出包与冷却

豆腐压成后，不应急于出包，可打开盖板，掀开布角通风一段时间，再翻板揭包。这样豆腐失水少，不粘包，表面整洁。豆腐出包后，应堆垛存放，每垛不超过10板，夏季每垛以不超过8板为宜。

在豆腐出包堆垛的过程中，应做到翻板快、放板轻、揭包稳、放框准、端时平、垛时稳。

九、切块

将压制成型的整板豆腐坯取下，揭去布，平铺在板上，用刀按品种规格切成小块。切块分为热切和冷切，压制出来的整板豆腐坯，品温一般为60℃左右，如果趁热切块，则豆腐坯的面积要适当放大，以使冷却后豆腐坯的大小符合规格。冷切是待整板豆腐坯自然冷却、水分散发、体积缩小后再切块，切块可以按原来的大小规格进行。

第三节　豆腐质量标准

豆腐是以大豆为原料，经原料预处理、制浆、凝固、成型等工序制成的非发酵型豆制品。豆腐的种类包括豆腐脑、内酯豆腐、老豆腐（北豆腐）、嫩豆腐（南豆腐）、调味豆腐、冷冻豆腐和脱水豆腐。

一、感官指标

豆腐应具有该类产品特有的颜色、香气、味道，无异味，无可见外来杂质，感官指标应符合表2-2的规定。

表 2-2　豆腐类产品的感官指标

类型	形态	质地
豆腐脑	呈无固定形态的凝固状	细腻滑嫩
内酯豆腐	呈固定形状,无析水和气孔	柔软细嫩,剖面光亮
嫩豆腐	呈固定形状,柔软有劲,块形完整	细嫩,无裂纹
老豆腐	呈固定形状,块形完整	软硬适宜
调味豆腐	呈固定形状,具有特定的调味或加工效果	软硬适宜
冷冻豆腐	冷冻彻底,块形完整	解冻后呈海绵状,蜂窝均匀
脱水豆腐	颜色纯正,块形完整	孔状均匀,无霉点,组织松脆复水后不碎

二、理化指标

理化指标应符合表 2-3 的规定。

表 2-3　豆腐类产品的理化指标

类型	水分/(g/100g)	蛋白质/(g/100g)
豆腐脑	—	2.5
内酯豆腐	92.0	3.8
嫩豆腐	90.0	4.2
老豆腐	85.0	5.9
调味豆腐	85.0	4.5
冷冻豆腐	80.0	6.0
脱水豆腐	10.0	35.0

三、微生物指标

微生物指标应符合表 2-4 的规定。

表 2-4　豆腐的微生物指标

项　目	指　　标	
	散装	定型包装
细菌总数/(个/g)≤	100000	750
大肠菌群近似值/(个/100g)≤	150	40
致病菌	不得检出	

第四节　代表性豆腐品种的生产工艺

豆腐是典型的传统产品，是市场上销量最大的产品之一。在生产过程中，由于豆浆浓度不同，使用的凝固剂不同，压制方法不同，可以制作出老、嫩不同，软、硬不同，口味不同的多种产品。现仅举三种比较普遍有代表性的品种，介绍其生产工艺流程及操作要点。

一、北豆腐生产技术

北豆腐也称“卤水豆腐”或“老豆腐”，是中国传统豆腐品种中的北方地区典型代表。卤水豆腐是采用以 $MgCl_2$ 为主要成分的盐卤作为凝固剂制成的豆腐。盐卤又称卤水、苦卤，是由海水或盐湖水制盐后，残留于盐池内的母液，主要成分有氯化镁、硫酸钙、氯化钙及氯化钠等，味苦。蒸发冷却后析出氯化镁结晶，称为卤块。氯化镁是国家批准的食品添加剂，也是我国北方生产豆腐常用的凝固剂，能使蛋白质溶液凝结成凝胶。这样制成的豆腐硬度、弹性和韧性较强，口感粗糙，称为硬豆腐，主要用于煎、炸以及制馅等。

（一）生产工艺流程

北豆腐生产工艺流程见图 2-2。

豆浆→点脑→蹲脑→破脑→上脑→压制→切块装盒→杀菌降温→入库→成品
　　　↑
　盐卤溶液

图 2-2　北豆腐生产工艺流程

（二）工艺操作及要求

1. 豆浆调整

煮浆对豆腐成品质量的影响至关重要。经过煮沸的豆浆温度为 95～98℃，豆浆的浓度也高于制作南豆腐需要的浓度，所以要先对豆浆进行调整。北豆腐点浆其豆浆浓度为 7.5～8°Bé，豆浆 pH 值 6.5 左右，点浆温度 78～80℃，调节温度和浓度的办法是通过加冷水降温调节，同时控制加水量以保证豆浆浓度。

2. 凝固剂调配

盐卤的种类有卤块、卤片和卤粉。盐卤本身的颜色为褐黄色，溶于水中即为卤水，色泽是棕褐色。盐卤的主要成分是氯化镁（$MgCl_2$），含量占 46%左右，硫酸镁（$MgSO_4$）含量占 3%，还有氯化钠（NaCl）含量占 2%，水分为 50%左右。点浆时，盐卤与豆浆中蛋白质作用强烈，凝固力强，做出的豆腐香气和口味比较好，但保水性差。北豆腐点浆所需要的卤水浓度为10～11°Bé，在东北较寒冷地区，使用的卤水浓度为14～15°Bé，南方地区和北方夏季环境温度较高时，可适当降低卤水浓度。

点浆时所用凝固剂为卤水，所以在使用前要将卤块、卤粉、卤片加水稀释，配制成浓度适合的液体才能均匀溶解分散在豆浆中，使蛋白质凝固均匀，盐卤的用量为原料的4%左右。在配制盐卤液体时，选择耐腐蚀的容器，如不锈钢桶、槽或盛装在瓷缸内，按1∶3比例加入清水，加水后搅拌均匀，溶解后，用波美仪进行卤水浓度测定，浓度高继续加水调整，一般将卤水调到10～12°Bé即可使用，使用时卤水浓度还要根据制品品种做微调。有条件的企业可制作专用卤水罐和调配设备。

3. 点脑

点脑是将煮浆后的热豆浆降温至75～85℃，然后把凝固剂按一定的比例和方法加入豆浆中，使大豆蛋白溶胶转变成蛋白质凝胶，即使豆浆变为豆腐脑。

豆腐脑是由呈网状结构的大豆蛋白和填充在其中的水构成的凝胶。凝胶网络中的水可分为结合水和自由水两部分，结合水主要与蛋白质凝胶网络中残留的亲水基以氢键相结合，一般1g蛋白质能结合0.3～0.4g水，这部分水比较稳定，不会因外力作用而从凝胶中排出；自由水是因毛细管表面能的作用而存在的，在成型时受外力作用可流出。豆腐的保水性主要是指豆腐脑受到外力作用时，凝胶网络中自由水的保持能力。蛋白质的凝固条件决定着豆腐脑的网状结构及其保水性、柔软性和弹性。一般来说，豆腐脑的网状结构网眼较大，蛋白质分子交织比较牢固，豆腐脑的保水性就好，做成的豆腐柔软细嫩，产品得率亦高；凝胶结构的网眼小，蛋白质分子交织不牢固，则保水性差，做成的豆腐就僵硬、缺乏韧性，产品得率亦低。

影响豆腐脑质量的因素有很多，如大豆的品种和质量、生产用水质、凝固剂的种类和添加量及加入方式、豆浆的熟化程度、点脑温度、豆浆浓度与pH值以及搅拌方法等。以下主要讨论温度、浓度、pH值及搅拌方法对豆腐脑质量的影响。

(1) *温度*　点脑温度一般是在70～90℃，要求保水性好的产品（如水豆腐），点脑温度宜偏低一些，常在75～80℃；要求保水性差的产品（如豆腐干），点脑温度宜偏高一些，常在85℃左右。

(2) *浓度*　点脑时豆浆浓度一般在7～8°Bé，要求保水性好的产品（如水豆腐），点脑时豆浆浓度略偏高，为7.5～8.0°Bé，而保水性差的产品（如豆腐干）为7～7.5°Bé。

(3) *pH值*　点脑时，豆浆的pH值最好控制在7左右。pH值偏高或偏低时，可用适量酸浆水或1.0%的氢氧化钠溶液调节。

(4) *搅拌方法* 点脑时，搅拌速度快，凝固剂的使用量少，凝固速度快；搅拌速度慢，凝固剂的使用量就多，凝固速度缓慢。搅拌速度和搅拌时间要视品种的要求和豆腐脑凝固情况而定。当豆腐脑已达到凝固要求时，应立即停止搅拌。这样，豆腐脑的组织状态就好，产品细腻柔嫩、有劲，产品得率也高。

4. 蹲脑

蹲脑时间一般控制在20～25min，豆浆加入凝固剂后，要掌握好凝固时间。其原因是：凝固剂加入豆浆后，由于卤水流速不稳定和浆水翻动快慢，不可能混合均匀，需要一个充分凝固过程，使蛋白质分子与Mg^{2+}在游离中与负电荷相互抵消，而进一步中和凝固，使凝胶缠结得更好，结构更紧密，蹲脑时间掌握好会有效提高产品质量和出品率。

5. 破脑

破脑是在蹲脑15min后对豆腐脑适当破碎，以排出一部分黄浆水，适当降低蛋白质的包水性，提高豆腐的硬度，为压制工序创造条件。破脑是根据产品的水分要求而进行的，水分要求高的产品就不能破脑，北豆腐是轻微破脑的产品。

6. 上脑

手工制作北豆腐，一般都用木制大型箱，机械生产线都用不锈钢小型箱，不论采用什么方式都要将缸、桶内的豆腐脑倒入型箱内，行业上称为上脑（或上箱）。上脑时间要求短，不再过分破坏豆腐脑。箱内豆腐脑薄厚一致，不留空角。上箱后封好豆包布，加上压盖，就可以进行压制。

7. 压制

一般压制时间在15～18min，在这一过程中要逐渐加压，不能过急或压力过大，如果过急或压力过大，表面较早形成韧性表皮，豆腐脑内部的一部分黄浆水排不出来，会在豆腐内形成大、小水泡或气泡，影响产品质量。

目前所用的压制设备较多有手动千斤顶、电压制、液压制、气动压制设备，并有生产线配套的压榨机。压制好的豆腐切成适于销售的小块。

8. 切块装盒

将压制好的豆腐切成适于销售的小块，并装入包装盒或包装袋内，密封后进入下一工序。

手工制作豆腐，因型箱较大，切块之后要加冷水降温，提高豆腐的硬度，使人拣豆腐时不烫手。将小块豆腐装入塑料包装内适量加入净水，送入专用包装机封膜。豆腐盒封好后进行巴氏杀菌。散装即销豆腐不用装盒与杀菌。

使用机械自动切块装盒设备，是生产线配套的专用设备，用小型箱，豆腐压制好后，揭掉包布翻倒到托板上，送入切块水槽内，机械自动完成切块装盒工作。

9. 杀菌冷却

杀菌冷却和前面的装盒工艺环节是豆腐实现包装化之后新增加的工艺过程。豆腐装入包装盒密封后，如果不进行杀菌，产品有一定的温度，杂菌就会迅速繁殖，豆腐很快变质。所以从食品安全、卫生、产品质量等方面考虑必须进行巴氏杀菌，杀菌温度 80～85℃，杀菌时间 40～45min。

杀菌后马上进行冷却，冷却到 10℃以下才能入冷藏库存放。目前杀菌设备很多，与豆腐生产线相配套的是杀菌冷却槽，分为上下两层，一套传送机构，盒豆腐在上层加热杀菌到下层冷却降温。设备配备蒸汽源用于加热，配备循环冷却水用于降温。

10. 入库

盒装北豆腐在杀菌冷却槽杀菌并降低产品温度到 8℃以下后，直接输送到冷藏库存放。

二、南豆腐生产技术

南豆腐也称“嫩豆腐”，是中国传统豆腐品种中的南方地区典型代表。南豆腐用石膏粉作凝固剂，这样制出的豆腐水分含量较多，硬度和弹性都比北豆腐小，但是产品质地较北豆腐更细嫩。

（一）生产工艺流程

南豆腐生产工艺流程见图 2-3。

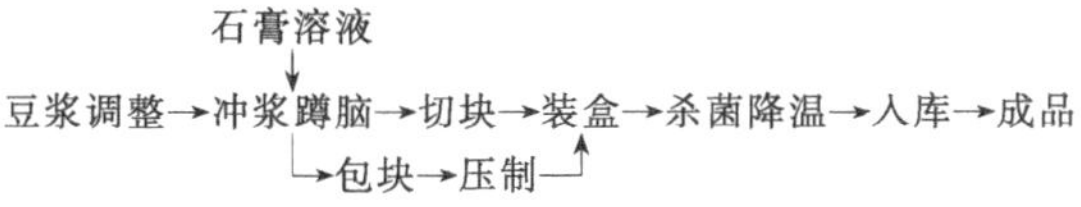

石膏溶液
↓
豆浆调整→冲浆蹲脑→切块→装盒→杀菌降温→入库→成品
└→包块→压制─↑

图 2-3　南豆腐生产工艺流程

（二）工艺操作及要求

1. 豆浆调整

制作南豆腐一般采取冲浆方法点浆，凝固剂为石膏，豆浆浓度 12～13°Bé，豆浆浓度比较高，冲浆时豆浆温度在 85℃左右，煮沸后的豆浆流到冲浆容器内时，其温度基本符合冲浆要求。

2. 凝固剂调配

（1）*石膏*　石膏的种类有生石膏（$CaSO_4 \cdot 2H_2O$）和熟石膏（$2CaSO_4 \cdot H_2O$）之分。做豆制品使用的都是熟石膏，因此生石膏在使用前也都经过焙烧，去除一部分结晶水变成含水量较少的熟石膏再用。石膏本身为白色粉末，石膏的主要成分是硫酸钙。

（2）*石膏液配制与使用方法*　用石膏作凝固剂的特点：石膏与豆浆中蛋白质作用慢，保水性强，能适应不同浓度的豆浆。由于石膏微溶于水，作凝固剂时需将石膏粉加水混匀，并采取冲浆法加入热豆浆中，石膏溶水后本身易沉淀结块，在使用中要随时搅拌。

以石膏作凝固剂一般选用市场销售的食用石膏粉（即熟石膏），石膏不易溶于水，如果直接撒在豆浆中难于起到凝固作用，其结果会使大部分石膏沉淀在点浆大缸的底部，缸面上的豆浆由于没有凝固剂无法凝固，所以需要把石膏制成液体才能使用，配制的石膏液可以均匀地和豆浆混合，使凝固充分。石膏的用量为原料的3.5％左右。

石膏配制一般是临时配制，根据点浆容器的豆浆量按原料的3.5％比例称好石膏粉，放入小桶内，按1∶4加入清水，加水后充分搅拌，另备一个过滤网或用密包布将溶解后的石膏液进行过滤，滤出石膏粉渣子后，将石膏液倒入冲浆容器内进行冲浆。

3. 冲浆蹲脑

制作南豆腐，因为使用石膏为凝固剂，它的特点是与蛋白质发生凝固反应慢，所以采用冲浆的方法点浆。冲浆能使凝固剂与豆浆充分混合。豆腐脑凝固的原理与北豆腐相同，不同之处是豆浆的浓度高于北豆腐。

（1）*冲浆*　用石膏进行点浆多用冲浆法，也有用石膏液进行点浆操作的。

① 冲浆法。取定量石膏液放在点浆容器内，将定量热豆浆倒入点浆容器内，然后静止不动即完成冲浆过程。

② 点浆法。用石膏为凝固剂点浆，其方法与使用盐卤凝固剂点浆基本相同，所不同的是在操作时比用盐卤凝固剂点浆快、时间短，如先把热豆浆倒入点浆容器内，再用浆勺一面搅动豆浆旋转，一面加石膏液，加完石膏液后，用浆勺阻挡豆浆旋转，使之停止。石膏凝固缓慢但凝固效果好，豆腐脑组织结构细密均匀，保水性强。一般制作卤制品类，适合用石膏点浆。

（2）*蹲脑*　制作南豆腐蹲脑时间15～18min，蹲脑中间不再破脑，这是与制作北豆腐的不同之处。蹲脑的容器要有保温设施，机械化生产南豆腐，蹲脑在保温隧道内进行。如果豆腐脑温度降得太低会影响成型，降低产品质量。

4. 包块压制

（1）*包块*　过去制作南豆腐都是手工包块，包块前准备好一个碗口直径为

12cm 的小碗，并准备 28cm×28cm 的豆包布数块，小勺一把。先将小块豆包布堆在小碗口上并把中心部分压入碗底，用小、将豆腐脑舀入小碗，先把豆包布的两角对齐，然后分别压好，再将另外两角压好，拿出来反向放在木板上准备压制。

（2）压制　压制是在 50cm×50cm×2cm 的方木板，板上码放好南豆腐块，第一板码满后再放一空板继续码放，靠自身重力逐渐加压，码到第 8 板时压制时间在 18min 以上压在下面的一板已经压成，倒板把压好的南豆腐打开包布，放入装净水的容器中，经过两次换清水即可进入销售环节。但现在产品已实现包装化，手工南豆腐要装盒封盒，进行杀菌冷却。由于手工南豆腐劳动效率低、手工操作多，这一产品只作为保留的传统产品，大量的产品采用机械化生产。

5. 切块装盒

切块装盒与北豆腐相同，装盒后加入纯净水进入封盒包装机封膜，封膜后进行杀菌冷却。

6. 杀菌冷却

进入杀菌冷却工序之后与北豆腐的生产工艺相同，使用的设备也一样，所以后面工艺在此不细说。

7. 入库

盒装南豆腐在杀菌冷却槽杀菌并降低产品温度到 8℃以下后，直接输送到冷藏库存放。盒装南豆腐的储藏、运输、销售与盒装北豆腐相同。

三、内酯豆腐生产技术

内酯豆腐就是采用葡萄糖酸-δ-内酯（简称内酯或 GDL）为凝固剂，在包装袋（盒）内加温，凝固成型，不需要压制和脱水的新型豆腐制品，相对北豆腐、南豆腐来说显得更嫩，所以也称为嫩豆腐，基本上采用盒装或袋装方式，也称为填充豆腐。由于不需要压制，因而无黄浆水流失，具有质地细腻肥嫩、营养丰富、出品率高的特点。用它做出的豆腐还比一般豆腐耐储存，可在室内 25℃存放 2d，12℃时存放 5d 不变质，即使在夏季放在凉水中也能保持 2～3d 不腐败变质。盒装内酯豆腐与传统方法生产的豆腐相比有以下优点：①出品率高，1kg 黄豆可制作 4.5～5kg 豆腐；②内酯豆腐洁白细腻、质地均匀、鲜嫩爽滑；③全密封包装，方便卫生；④制作豆腐时不泄出黄浆水，因此避免了废水污染环境，减少了营养损失；⑤能连续化、自动化生产，劳动强度低。

（一）生产工艺流程

内酯豆腐生产工艺流程见图 2-4。

豆浆→热交换→混合→充填、封盒→升温成型→杀菌→冷却→入库→成品
　　　　　　　↑
　　　葡萄糖酸-δ-内酯溶液

图 2-4　内酯豆腐生产工艺流程

(二) 操作要点

1. 热交换

制作内酯豆腐，要求豆浆浓度较高，一般在 10°Bé 左右，以每 1kg 大豆制成 6kg 左右的豆浆为好。使用板式热交换器煮浆，可自动控制煮浆各阶段的温度，煮浆效果好。豆浆经过分离后，流入一个贮存罐，然后由水泵把豆浆泵入板式热交换器内加热，豆浆加热到 98℃以上后，流入板式热交换器的冷却降温段，把豆浆再降温到 30℃以下，从热交换器出口流出。板式热交换器以蒸汽为交换介质，蒸汽的压力一般为 0.1MPa。热交换器可自动控温，连续工作。

2. 凝固剂调配

(1) 葡萄糖酸-δ-内酯性质　新配制的葡萄糖酸-δ-内酯溶液中只有葡萄糖酸-δ-内酯，pH 值为 2.5。但是随着时间的推移，其能水解生成葡萄糖酸及少量葡萄糖酸-γ-内酯，其水解反应式如图 2-5 所示。葡萄糖酸-δ-内酯本身不是凝固剂，它是在热豆浆中水解转变成葡萄糖酸后才会对豆浆中的大豆蛋白发生酸凝固。低温时，水解现象很弱；高温时（pH 值为 7 的条件下）很快会被转变为葡萄糖酸，它可以使蛋白质充分凝固成型。

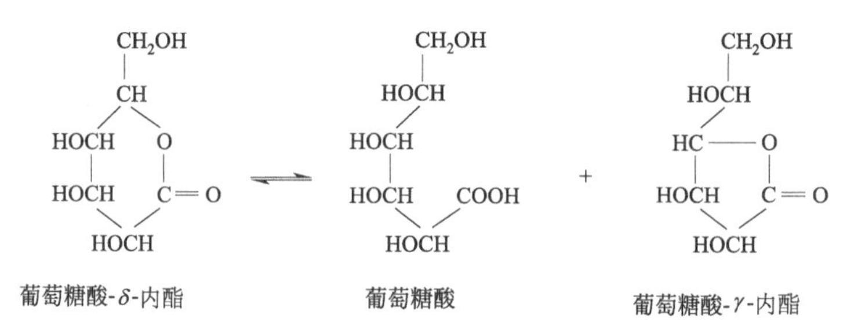

图 2-5　葡萄糖酸-δ-内酯水解反应式

(2) 葡萄糖酸-δ-内酯溶液配制　葡萄糖酸-δ-内酯为白色结晶物，易溶于水，环境温度、湿度对其都有影响，要注意使用前的存放保护。使用时根据使用比例 10∶3（原料∶凝固剂干粉），加水拌成凝固剂溶液，加水量为 1∶8（干粉∶水），凝固剂应存放桶内，桶内有搅拌器，使用时不停搅拌，使液体浓度保持一致。

3. 混合

混合即是内酯豆腐的点浆过程，点浆前要把葡萄糖酸-δ-内酯粉溶解成葡萄糖

酸-δ-内酯液体，然后混合在低温豆浆中，混合均匀后，把豆浆混合物输送到储存罐内暂时储存，储存罐要有冷却条件，以保持混合豆浆温度在30℃以下，一般使用有保温条件的冷热缸，需要时可通过输送泵送到充填包装机，进行充填包装。葡萄糖酸-δ-内酯凝固剂与豆浆混合后，不能长时间存放，要在30min内使用、加工完毕。

葡萄糖酸-δ-内酯其与蛋白质混合后的豆浆温度小于30℃，低于30℃能保证葡萄糖酸-δ-内酯与豆浆不发生反应；温度超过35℃时，豆浆才开始出现细微的絮凝现象。

4. 充填、封盒

充填和封盒要选用专用的盒包装机，混合豆浆经过包装机自动填充到包装盒内，封好膜进入下道工序。此时状态仍然是液态，蛋白质和凝固剂也没发生任何反应。

5. 升温成型

将经过充填包装的混合豆浆包装在塑料盒内，送入升温槽内逐渐升温。当混合豆浆温度高于30℃时凝固剂与蛋白质开始发生反应，当温度升到65℃时反应强烈，温度升到80℃时豆浆已完全凝固，形成保水性好的嫩豆腐。升温槽为长方形热水槽，内有传送设备，将豆腐盒从一头运进，从另一头运出，可通过温度自控或电磁阀开闭，保持槽内的水温恒定为95℃。因此，产品能在升温槽内以95℃恒温加热一段时间，大约28min。

豆浆在升温成型的过程中，对温度和时间要有明确的要求。温度越高、时间越长，凝固反应的速度越快，凝固得越紧密，保水性将会明显下降，内部组织结构将会出现类似蜂窝状的析水现象。

6. 冷却

当袋内的豆浆形成豆腐脑后，由升温槽运出即进行冷却，以保持豆腐的形状，防止破碎。冷却的方法有两种：一种是自然冷却，但时间较长，夏季冷却效果差，不利保存；另一种是用冷却水槽冷却。冷却水槽也是长方形水槽，内有网式传送带与升温槽相接，升温后就直接进入冷却水槽冷却。这种方法冷却效果好、速度快，但成本较高。

7. 入库

盒装内酯豆腐完成杀菌冷却过程后，送入冷藏库存放4～5h，由冷藏车送到商店，在冷风幕柜中销售。内酯豆腐需在1～8℃低温条件下保存，可以存放7d不变质。

第三章　豆腐干和大豆蛋白干的生产技术

豆腐干（或豆干）是豆腐的再加工制品，是一种半脱水大豆制品，含水率为豆腐的40%～50%。豆腐干的制作过程，基本与豆腐相同，但在豆浆浓度、点浆凝固、成型等方面有差别。豆腐干在成型、压榨后，还要经过切片、油炸、调味烧煮、冷却等工序。

在中国，豆腐干以其丰富的营养和独特的口味备受广大消费者青睐，其种类主要有四川、重庆的卤制豆腐干，安徽的茶干，江浙、福建等地的炸卤豆腐干，湖南口感筋道的豆腐干。随着食品工业的快速发展，尤其是灭菌、绿色防腐、真空包装、多层独立包装等技术的发展，使传统豆腐干从菜肴原料向休闲食品、旅游食品、方便食品、地方特色食品方向发展，极大地扩大了传统豆腐干的市场空间。

近年来，市场上出现了大量商品名中含有“豆干”字眼的休闲食品，形状和质构等感官品质非常接近于传统的豆腐干，属于蒸煮大豆蛋白制品。该产品主要原料是大豆分离蛋白，辅料有谷氨酰胺转氨酶（TG 酶）、食用植物油、淀粉等，经斩拌乳化、调味、蒸煮、冷却、切块或再速冻等全部或部分工艺制成，产品形成机理主要是大豆分离蛋白在 TG 酶的作用下发生酶促交联反应，形成大豆蛋白凝胶产品。本章也会有一定的篇幅来介绍这种传统豆腐干类似物产品。

第一节　豆腐干类生产技术

一、生产工艺流程

豆腐干类生产工艺流程如图 3-1 所示。

水（→调浆）　凝固剂（→点浆）

豆浆→调浆→点浆→蹲脑→破脑→滤水→上板→压制

↓

成品←灭菌←包装←精加工←半成品坯←切块

图 3-1　豆腐干类生产工艺流程

二、操作要点

（一）调浆

经过煮沸的豆浆，温度在95℃以上，该温度下不能直接点浆，同时豆浆浓度也因产品不同而不同，所以要先进行温度、浓度的调整。

1. 冷点浆产品豆浆调整

制作不同的豆腐干白坯（白干），其硬度和含水量有不同的要求。例如，油炸类白干要求比非油炸类白干含水量高、硬度低，所以一般点浆温度应控制在70～75℃，俗称“冷点浆”。使蛋白质凝聚的网络结构结合力较弱，易于抻拉延伸，增加网状结构中的膨胀空间，有利于油炸时膨胀，使得组织结构中呈现出蜂窝状和空心状。豆浆浓度控制在7～9°Bé，豆浆调整的方法是在热豆浆中加入冷水，使其达到温度和浓度的要求。

2. 热点浆产品豆浆调整

另有一部分豆腐干白坯半成品，要求含水量低、硬度高，点浆要求高温点浆，点浆温度在80～85℃，豆浆浓度在8～9°Bé，称为“热点浆”，对豆浆的调整就简单多了，一般不加冷水。

豆制品品种比较多，在制作豆腐干白坯时要根据具体的品种要求调整豆浆，为下一步操作创造条件。

（二）点浆

1. 凝固剂

制作豆腐干点浆所用的凝固剂，以盐卤凝固剂为主，因为盐卤点浆豆腐脑保水性差，利于压制脱水，并能使豆腐干弹性、韧性、硬度达到要求。所用凝固剂（盐卤）的比例应在100∶4.2左右，比制作豆腐的凝固剂使用量大，为冷点浆准备的凝固剂液体浓度略低于为热点浆准备的凝固剂液体浓度，热点浆凝固剂液体浓度为10～12°Bé。

2. 点浆方式

点浆方式分为人工点浆和机械点浆。其点浆操作及要求与制作豆腐相同，只是要根据具体产品要求，确定是采取冷点浆还是热点浆。

（三）蹲脑、破脑、滤水

1. 蹲脑

制作豆腐干点浆之后要蹲脑，使凝固剂与蛋白质充分反应，形成豆腐脑。蹲脑时间 10～15min 即可。

2. 破脑

当蹲脑 10min 后就开始破脑，破脑的程度要根据所做产品含水量及硬度要求进行，其目的是使豆腐脑中的部分黄浆水排出。

3. 滤水

破脑后 3min 就可以滤出上浮的黄浆水，容器内剩下的豆浆和部分黄浆水就可以进行下道工序。要注意吸滤黄浆水程度，豆腐脑内黄浆水滤得太干，豆腐干缺乏弹性，同时也不宜掌握其薄厚程度。黄浆水留得过多，不利于上板，板框内的容积有限，会使豆腐干达不到厚度要求，因此滤水程度应适宜。

将筛子或网眼滤水工具压在豆腐脑面上，待黄浆水溢出后用舀子将水撇出，按开缸方法和豆腐干白坯含水量的不同进行撇水即可。

（四）上板

制作豆腐干是用数块 500mm×500mm×20mm 的木板，配备 450mm×450mm 的方木框，上面放好豆包布，将滤水后的豆腐脑倒入板框内，封好豆包布撤掉板框，再继续放上木板及板框，重复以上 5～6 板后，将其放入专用压榨板框内，待 15～18 板时即可进行上板压制操作。

（五）压制

压制工序是成型过程中的一个重要工序，压制器械主要是榨丝机或液压机。上压时要求先轻后重、压力均匀、压正不偏、干湿适度，压制时间一般在 20～30min，含水量要求控制在 60%～65%。压制好的豆腐干可以人工揭开包布或利用剥皮机将上、下包布剥离。后者制得的豆腐干免整理，操作方便，节省人工，破损率低，占地面积小。

（六）切块

切块方法有手工切制和机械切制两种。比较大型的豆制品加工企业，切块都用专用切块机加工，这样块型整齐、劳动效率高；多刀切制机是机械切制的常用设备。机械切制块型整齐，不连刀，效率高。较小规模的工厂用人工切制，就要特别注意块型整齐、不破碎。

切块之后的豆腐干白坯称重后放入包装箱内，放在通风的地方就完成了豆腐干半成品白坯的制作，送入下一步加工工序进行豆腐干再制品的生产。豆腐干再制品的生产工艺在下一章介绍。

第二节　豆腐干再制品的生产技术

豆腐干再制品（或豆干再制品）主要是指对豆腐干半成品白坯进行再加工和调味，制作出具有多种形状、风味并且可直接食用的产品。豆腐干再制品制作的主要手段有炸制、卤制、炒制、熏制，可采用以上手段的一种或两种制作成成品。

一、炸制品

（一）炸制品种类

豆腐干炸制品是指经过热油炸制的豆腐干，按其炸制的程度不同可分为两类，一是炸制后即为成品，如豆泡、炸三角豆腐、油扬豆腐等；二是炸制后为半成品白坯，再经过卤制、炒制等工序制得成品。豆腐干白坯切制的形状不同，炸制出来的形状也多种多样，如丝状、条状、球状、三角状、片状、菱形块状等。

（二）炸制的作用

白色的豆腐干白坯经过油炸，其表面颜色变成浅黄色、金黄色或棕黄色等炸制品色，颜色的改变可使豆制品加工中添加辅料后色泽丰富。豆腐干白坯压制后表皮易断裂，而炸制后的表皮不易断裂，再继续加热表皮仍然起着包裹内部蛋白质结构的作用。在适合的油温条件下蛋白质结构可膨胀呈空泡状或蜂窝状，蛋白质结构的膨胀，利于卤煮调味料的吸收。白坯油炸后拉伸度很强，炸卤加工中都不容易折断。

白坯因表面水分大，受细菌污染后繁殖快，很容易渗入白坯内部。即使在冬季白坯都只能当天使用，存放到第二天使用的也需要冷藏保存。夏天数小时的时间表面就会发黏、变红。白胚经炸制后水分减少，特别在夏季或温度较高的环境中，炸制后的坯要比白坯存放的时间长些。

（三）炸制操作

1. 炸制油质量鉴别

炸制中使用的油必须是符合国标强制规定的食用油，感官鉴别油脂要澄清透明、色淡有光泽。例如，花生油、豆油、色拉油等，应具有油料原有的香味，如果嗅到酸臭味、“哈喇味”等气味，不能继续使用。另外，炸制油使用一定时间后必须更换，不能再继续使用，重复使用的煎炸油对人体健康危害大。

2. 炸制中的油温

炸制中的油温是影响炸制品质量好坏的主要因素之一，白坯投入油锅的油温掌握在120～140℃，后期炸制油温控制在170～190℃。生产量较大的企业，采用双锅炸制的操作方法，即第一锅油温在120～140℃，进行初炸，当白坯表面结出浅黄色的皮后，把坯捞出放入第二锅进行炸制，第二锅油温在170～190℃。

3. 炸制中翻动制品

炸制中要勤翻、轻翻炸制品，勤翻可以保持制品受热均匀，炸制颜色一致。通过翻动可以使坯受热均匀利于膨胀；轻翻可使炸制品块型保持一致，表皮不损坏，如果翻动力道过大，会使制品表皮受损，造成内部“喝油”，使耗油量增大，影响产品质量。

4. 清理杂质

炸制过程中及时清理杂质，是对炸制品色泽、质量的保证，是不可缺少的操作要求。在补充新油时，油温较低，要停火清底，以有效减少锅底煳渣。

5. 滤油

每次炸制工作结束后要对炸制油进行过滤，滤油可以及时清除杂质，防止碎渣在锅内反复经过高温而炭化变黑，混入炸制品中影响产品的质量和卫生，同时保持油的洁净，防止油的迅速老化。

（四）炸制品生产实例

1. 炸豆腐泡

炸豆腐泡是将豆腐干白坯切成2cm×2cm×2cm的正方体块，经油炸制而成，色泽金黄，体轻，柔软有弹性，气味油香并具豆香。

（1）操作要点

① 煮浆前的工序与北豆腐相同。煮浆时每100kg原料大豆约加650kg水，烧制95℃时滤浆。滤浆后待浆温降至80℃左右时加入冷水，当温度降至70℃时点脑。

② 点脑的方法有两种：一种是每100kg豆浆（豆浆浓度与制豆腐片时的豆浆浓度相同）加10kg水、0.1kg苏打、0.3kg卤水点脑；另一种是豆浆中不加苏打，每100kg豆浆加入15kg冷水，用卤水点脑。

③ 点脑时加卤水的速度要慢，翻浆也要慢，待豆腐脑成型程度达到八成时停用卤水，但翻浆仍要继续。蹲脑时间要稍长些，操作过程与南豆腐相似，制成的豆腐坯含水量适中、表面光滑、无麻点，否则油炸豆腐会吸油过多。

④ 使用的油以花生油为好，产品味纯色正；香油炸制虽然味美，但表面色泽较暗；而豆油会产生一种令人不习惯的味道。

⑤ 油温要控制好，过高不易起泡，形成“死块”或引起“放炮”，很不安全。另外，点脑时浆温过高，也容易出现上述现象。

(2) 油炸方法

① 方法一。先将豆腐块切成1.5cm×1.5cm的小块（1kg豆腐坯切出320块左右）。投入60℃油温中徐徐胀泡，然后捞出投入油温140～150℃的油锅中再炸，炸好后捞出沥油，即为成品。

② 方法二。将豆腐块放入150℃的热油中，炸15min后出锅。此时锅中油温约180℃。该方法可使1kg白坯炸出0.5～0.55kg豆腐泡，每100kg白坯耗油14～15kg。

③ 方法三。将白坯切成3cm×3cm的豆腐块（1kg豆腐坯可切70块左右），炸3min后用铲子铲锅底，防止煳锅，并要勤翻动，使炸品色泽均匀。待豆腐泡浮起、外壳变硬、呈金黄色时，捞出沥油，即为成品。此法每1kg豆腐块可炸出0.6kg豆腐泡。

(3) 质量要求　色泽均匀，不油腻。

2. 炸豆腐卷

炸豆腐卷是用干豆腐（白豆腐片）内放馅料卷成长卷，然后切段，油炸而成。

(1) 炸豆腐卷配料　干豆腐120kg、碎豆腐180kg、淀粉50kg、食用油40kg（炸制过程耗油28kg）、精盐6kg、酱油8kg、花椒粉0.3kg、葱花14kg、姜末6kg、味精1.2kg、香油1.6kg。

(2) 操作过程　将干豆腐切成长30cm、宽6cm的片，把豆腐搅碎与其他辅料调成馅，包在干豆腐里，卷成2cm粗的卷，再用淀粉糊粘住，把卷好的卷切成5cm长的段，放在180℃油锅中炸制，待豆腐卷浮在油表面、呈金黄色时捞出即成。

炸豆腐卷外焦里嫩，口感香脆。出品率为每千克大豆0.7kg左右。

3. 炸丸子

炸丸子是将豆腐绞碎，加上各种调料，挤成球形炸制而成。

(1) 炸丸子配料　豆腐200kg、淀粉50kg、食用油40kg（炸制过程耗油20kg）、精盐3kg、酱油4kg、葱花2kg、姜末2kg、花椒粉0.2kg、味精1kg、香油0.5kg。

(2) 工艺流程　炸丸子生产工艺流程如图3-2所示。

绞馅→拌馅→油炸→成品

图3-2　炸丸子生产工艺流程

(3) 操作要点

① 绞馅。将豆腐搅碎。

② 拌馅。将搅碎的豆腐碎块与淀粉及其他调味品放在一起，加入食油，搅拌均匀成馅。

③ 油炸。将馅搓成直径约 3cm 的丸子，放入 180℃左右的油锅中炸制，呈棕色后捞出。在炸制过程中油温应保持在 170℃左右，同时应不断用铲子沿锅底铲动防止煳锅。

(4) 质量要求　油炸丸子呈球形，外焦里嫩，酥松可口，不黏不散，有五香味。炸丸子出品率一般在每千克大豆 0.75kg 左右。

4. 炸素虾

炸素虾是用豆腐干薄坯切成小条，拌上调料糊后炸制而成。

(1) 炸素虾配料　豆腐干 50kg、虾油 4kg、精盐 1kg、面粉 10kg、花椒粉 0.1kg、味精 0.1kg。

(2) 工艺流程　炸素虾生产工艺流程如图 3-3 所示。

切条→初炸→挂糊→油炸→成品

图 3-3　炸素虾生产工艺流程

(3) 操作要点

① 切条。将豆腐干切成 6cm×0.5cm 的小条。

② 初炸。将小条放入 150℃油锅中炸至表面微黄、稍硬时捞出。

③ 挂糊。将虾油、精盐放入面粉糊里搅拌均匀，放入初炸的小条使之挂上面糊。

④ 油炸。将锅内炸油加热至 180℃时，放入挂糊小条，炸至酥脆、呈棕色时，捞出即可，其出品率达每千克大豆 0.55kg。

(4) 质量要求　成品小条长 7cm、宽 1cm，外观棕色，形似小虾，口感酥脆，鲜虾味较突出。

二、卤制品

卤制品是指大豆加工成半成品后放在卤水（盐水或添加各种调味料的盐水）里经过浸泡、煮沸而制成的不同风味产品。这类产品制作方法简单、价格低廉，是豆腐干再制品中的大众商品，既可以直接食用，又可以与其他菜搭配烹调。这类产品多呈褐色，具有五香味。常见的卤制品有香干、五香干、兰花干、茶干、苏州干、酱干、莱干、五香豆腐片、五香豆腐丝、圆豆腐、黄豆腐等。这些产品大同小异，加工过程几乎没什么差别，只不过所用的原料、白坯形状和大小及汤料略有差异。

（一）卤制品调味方法

1. 同时煮沸调味

在卤制小块产品时，调味料不能直接放入卤汤中，先用豆包布缝制一个袋子，将需要加入产品中的调味料装入布袋中，随产品一起加温，调味料通过高温煮沸，味道从包布散发到卤汤内，浸入产品中。如豆腐干、五香干等产品用此种方法较好，产品外观整洁，吃起来味道丰富、鲜香适口。

2. 先调味后卤煮

为使卤制品充分吸取调味料味道，先将调味料或分散或入袋放入汤中加温煮沸至味道浓厚时将调味料捞出后，再将需卤制的制品放入卤汤中，煮沸后微火卤制或延长时间浸泡。汤内的味道不仅可以充分被制品吸收还可使制品的味道均匀一致，用传统方法制作的产品，还可以保留老汤，使味道更鲜美独特。

3. 分步调味

卤制品味道需要多种口味时，还可以分步骤对卤制品进行调味。分步操作时应先卤制五香味和咸味等，待制品入味后放入鲜香味等其他调料。对于这类分步卤制的品种，反复入汤卤制的次数多，不仅味道十足，还会使制品具有韧性，口感好。

（二）豆腐干白胚卤制操作

豆腐干白坯制品包括白干、苏州干、大方豆干等类产品和千张、豆丝、豆片等丝、片类产品。这类产品的特点为韧性小，产品的表皮结构只靠蛋白质凝固联结，卤制时优点是易入味，缺点是易断、易碎，卤制温度过高或卤制时间过长，产品外形和质构会发生劣变，所以此类白坯卤制温度不宜过高，时间不宜过长。一般情况下：豆腐丝、片的卤制，先制卤汤，待汤煮沸后再将制品放入卤汤内微煮5～10min，关掉热源浸泡30～60min。

（三）油炸半成品坯类卤制操作

油炸类品种较多，卤制方法各不相同。有的产品卤制后直接成为成品，有的卤制后还要进入炒制工序加工。因此，卤制要根据产品的不同分别操作。

1. 卤制冷温点浆炸坯的操作

冷温点浆炸制出来的坯，要求表面膨胀鼓起，内部结构呈海绵状，块型整齐无裂口，如辣块、素鸡等。这种坯在卤制时易吸汤入味，坯表皮结构柔软有韧性，吸汤后内部味道丰富，块型整齐不粘连。但由于这种坯只靠表皮连接，卤制时又易吸汤，因此卤制温度不宜过高，以能卤透进味、柔韧整齐、不破碎即可。这种产品类可以采用微火轻炖，卤制炸起膨胀的制品只要将调配的卤汁煮沸，加入炸制好的坯煮开后片刻，即可以微炖。微炖出来的制品表皮不破损、口味好、卤得透，冷却后表皮厚实、柔韧，增强了制品的口感。

2. 卤制热温点浆炸坯的操作

热温点浆炸制出来的坯，不膨胀，表面结硬皮，内部结构丰满，如花干、辣丝等类的制品。这类制品的坯经油炸后水分蒸发较多，表皮发硬不易进汤入味，卤制的时间可略长。这种产品多数还需要再进入炒制工序加工后出成品。最好采用卤汁焖制，焖制时既要保证产品的外形不能有较大改变，又能充分吸收卤汁卤制满足口感的需求。

（四）老汤

卤制产品后剩余的汤可以继续使用，当天工作完毕后，对卤汤用密笊篱清除锅内碎渣子等沉淀物，加温煮沸 10min 后，自然冷却保存。第二天继续使用时，重新添加调味料煮沸。卤制产品，使用老汤对产品调味非常好，比使用新卤汁卤制产品的味道更纯正、醇厚。

（五）卤制设备

卤制加工所用的设备主要是卤锅、槽或桶等。其加热方式不同，有直接加热式和间接加热式两类。所用热源不同，热源有明火直接加热的煤火、柴火、天然气加热和蒸汽直接加热方法，有供给加层锅、槽、桶的蒸汽，导热油间接加热方法。间接加热的设备对卤制产品没有影响，而且节约能源，是可推广使用的设备。

（六）卤制品生产实例

1. 香干

香干是将豆腐干白坯，放在配好调味料的卤汤内煮制而成的产品。

(1) *卤汤配制*　根据卤锅的容积确定加水量，可按每 400kg 水加酱油 20kg、盐 3kg、白糖 4kg、味精 0.3kg。将花椒、大料、桂皮、茴香各 0.1kg 共装于一个布包内，将口封好后放入汤锅内。

(2) *生产工艺流程*　香干生产工艺流程如图 3-4 所示。

切块→煮汤→卤制→产品

图 3-4　香干生产工艺流程

(3) *操作要点*

① 切块。将厚度 1cm 的豆腐干白坯，手工或机器切成 5cm×5cm 的方块，切

好后将坯抖开放在通风的豆腐屉内。

② 煮汤。将卤汤按比例配备好后，加热煮沸 3～5 min。

③ 卤制。卤汤煮沸后将切好块的豆腐干坯倒入锅内浸泡，并开微火或微汽，保持锅内卤汤的温度，卤制 10min 后捞出即成香干。

④ 成品。香干外观呈棕黄色，柔软有劲。口感五香味，咸度合适。一般每 100kg 原料出产品 140 kg。

2. 花干

花干是用豆腐干白坯经专用机器切成拉花的长方块，再经炸制、卤制而成，是一种味道非常鲜香、外观非常好看的产品。

(1) 卤汤配制　卤制花干类产品时，一般用老汤，再添加调味料和水。老配方按每 100kg 原料（约 140kg 白坯）配制如下：食用油 12kg、味精 0.15kg、白糖 2kg、食盐 2kg、酱油 10kg，花椒、大料、茴香、桂皮各 0.04kg，装在一个料包内并加 200kg 清水煮沸。使用时根据卤煮的产品数量，按比例陆续添加调味料和水，每煮 10 次更换一个料包。

(2) 生产工艺流程　花干生产工艺流程如图 3-5 所示。

切块→切花→炸制→卤制→降温→成品

图 3-5　花干生产工艺流程

(3) 操作要点

① 切块。花干的切制是比较复杂的，先将大块豆腐干坯切成 8cm×5cm 长条块。要求切块大小一致，坯的薄厚一致。

② 切花。切花的方法分机器和手工两种。手工切花是用一块长方木板，把长条豆腐干坯按 45°切成 4mm 宽的刀口（只切厚度的一半），将一面切好后，翻过来按相反的斜度切另面（也只切厚度的一半）。两面全切好后，用手轻轻拉开放在板上送到下一工序。用机器切制就比较简单，把大块坯放在机器的输入切制部分，从另一头输送出来，便切好了两面。

③ 炸制。炸制前先将油升温到 160～170℃，用 1～2 块坯试试油温，油温合适就可将花干几片几片地送入锅内，用笊篱抖动，使花干松散开。下锅后 5min 左右看坯的刀口炸成微黄色，就可捞出，放在筛子内控去多余的油，进行下一道工序——卤制。

④ 卤制。卤制时先将卤汤煮沸 5min，然后将炸好的花干坯放入锅内翻动，以微火加温，卤制 20min 后放入味精，2min 后即可出锅。

⑤ 降温。出锅后的花干放在可以通风的包装屉内降温。屉内不可多放，防止

挤压变形。卤汤控干后即为成品。

⑥ 成品。成品花干为棕黄色，味道鲜美，香气浓厚。要求产品火候均匀，卤制透彻，无硬心，不并条、不断条，拉得开。1kg 成品一般为 24 块左右，每 100kg 原料出产品 140kg。

3. 五香豆腐干

五香豆腐干又称香干，外观淡褐色，具有浓厚五香味。

(1) 卤汤配制　卤汤是按 100kg 水，加入酱油 10kg、白糖 1.5kg、食盐 2kg、五香粉 0.4kg 或调料包一个（内装花椒 0.2%、大料 0.3%、桂皮 0.3%），用水调制而成。

(2) 生产工艺流程　五香豆腐干生产工艺流程如图 3-6 所示。

切块→卤煮→成品

图 3-6　五香豆腐干生产工艺流程

(3) 操作要点

① 切块。将大块豆腐干白坯切成 5cm×5cm 的方块。

② 卤煮。将方块豆腐干坯倒入汤锅，卤煮 15min 左右捞出，控净卤汤即为成品。

三、炒制品

炒制品是将豆腐干白坯或油炸的半成品坯，在热锅内与调味料混合，进行调味加工而成的产品。炒制前需要根据不同产品的配料配方调制炒汁，将食用油和各种调味料放在热锅内炒制调汁，再放入半成品坯炒使其润味、上色。

(一) 炒制品特点

1. 突出炒制品的口味

豆制品炒制分清香、麻辣、甜咸、甜酸等口味，调制的炒汁要以突出制品的特色口味为主。

2. 突出炒制品的色泽

豆制品炒制的颜色分浅黄色（大豆本色）、酱色、暗红色、番茄色和卤汁色。使用不同的调味料及添加不同量，都会对颜色的深浅起不同的作用。

3. 突出炒制品的味道

炒制品是加入调味料后进行炒制，制品表面光亮，添加的辅料较多，有的品种还需要通过炒汁勾芡，对制品挂汁，使味道更加浓郁。

（二）调味料的配制要求

调味料因其品种多，特性各不相同，要根据产品特色需要提前按照配料单配制、称重，以便加工时使用。使用需要提前加工处理的调味料，要在使用前做好处理。例如，香菇、木耳及蔬菜要加工干净剔除杂质，并按调味料的特性提前泡制好，才能进入炒制环节。

调味料的色泽直接影响食品的外观。在使用调味料时，要侧重一个调味料的颜色，两种以上调味料的颜色会互相影响。例如，酱油与番茄酱的混合，辣酱与酱油的混合等都要避免色泽的混合，使产品的外观色泽鲜艳。

（三）炒制方法

产品的炒制有热锅炒制和热锅拌制。

1. 热锅炒制

热锅炒制是指炒制时，将锅烧热，加入食用油，再加入葱、姜、盐等辅料，然后加入水或老汤和其他需要的调味料，可将调味料溶到炒汁里，再放入坯，经过充分的炒制，炒汁浸入产品中。炒制重要的是掌握好火候和油温。炒制时要按照调味料下锅的时间顺序添加特殊辅料，待出锅前，可加入辣椒油、麻仁、笋片、明油等辅料，需要调糊勾芡的最后进行。热锅炒制的产品以油炸坯类较多。

2. 热锅拌制

热锅拌制是指经过卤制后的制品，需要拌入新鲜调味汁，保持色泽、味道。拌制时可直接将卤制好的制品放入炒锅内，并添加调味料进行炒拌。在炒制时以拌为主、以热炒为辅。加工方式适合于香辣肚丝、麻仁肚片等产品。

（四）不同制品炒制时间和温度控制

炒制时间和温度的控制，在炒制中起很重要的作用，不同的产品需用不同的时间和温度。

1. 炒制热温点浆坯

先炒制调味料，再将卤制后的制品放入炒汁中充分入味，炒制时温度可稍高和时间稍长些，将炒汁融进产品中。

2. 炒制冷温点浆坯

炒制冷温点浆的坯，在卤制中很容易充分入味。作用是使其味道突出，因此不需要长时间炒制，将炒制中需加入的调味料加入后，翻炒均匀即可出锅。

3. 炒制不经油炸的坯

炒制不经油炸的制品，可分为不经油炸但用卤汁上色或熏制的制品，还有的是经过碱处理后需炒制的制品。卤汁上色的制品，将调味料兑入后，经翻炒均匀完全入味就可以出锅。熏制后的制品表面水分少，炒制时间可稍长，但翻炒力度不能过大。经过碱处理后需炒制的制品，炒制前要用清水冲净碱液，控净水分，用卤汁入味，但炒制时间不宜过长，否则做出的产品会发黏。

4. 炒制需要勾芡的制品

炒制需要勾芡的制品时，水淀粉入锅后要轻轻地搅拌，使其熟化均匀，但不可快速搅动，糊化后就出锅，在锅内不能时间过长。

(五) 炒制品生产实例

1. 炒干尖

它是一种传统产品，是用豆腐干白坯切制成菱形片状，经煮、炒制而成，色香味美。

(1) **配料** 每130kg豆腐干白坯（原料100kg）需要食用油17kg、白糖6kg、酱油9kg、味精0.3kg、姜粉0.3kg、卤汤（卤鸡腿老汤）40kg。

(2) **生产工艺流程** 炒干尖生产工艺流程如图3-7所示。

切块→炸制→煮制→炒制→成品

图3-7 炒干尖生产工艺流程

(3) **操作要点**

① 切块。将豆腐干白坯切成0.3cm厚、3cm长的菱形片，并松散开。

② 炸制。将菱形片放入170℃油温的锅内炸制，当坯出现黄皮后立即出锅。

③ 煮制。把炸好的干尖坯放入锅内，加卤汤煮15～20min，部分老汤被坯吸入，坯变得柔软，此时将坯捞出控净卤汤。

④ 炒制。先将炒锅烧热，放入食用油、姜粉、酱油等煮沸。然后放入干尖坯炒制，要不停地翻动坯，4～5min后将白糖放入继续翻动。5～7min后将味精放入锅内，翻动两次后即可出锅，放在铺好布的包装屉内。

⑤ 成品。炒好后的干尖呈棕黄色，块型整齐，口感无异味，鲜甜芳香。每100kg原料可出成品135kg左右。

2. 炒辣块

炒辣块是用豆腐干白坯切制成菱形块状，经炸、炒而成的辣味产品。

(1) **配料** 每140kg豆腐干白坯（原料100kg）配备食用油16kg、酱油17kg、白糖 4.5kg、味精 0.2kg、姜 0.2kg、辣椒 1kg、卤汤 40kg。

（2）生产工艺流程　炒辣块生产工艺流程如图 3-8 所示。

切块→炸制→煮制→炒制→成品

图 3-8　炒辣块生产工艺流程

（3）操作要点

① 切块。将豆腐干白坯切成 1.5cm 长的菱形块，并松散开。

② 炸制。白坯的炸制方法与炸鸡腿的方法相同。

③ 煮制。将卤汤烧开，把炸好的辣块坯放入锅内煮 5～8min。煮制时要轻轻翻动，使上下坯吸汤一致。

④ 炒制。先将炒锅烧热，放入食用油。油热后放入辣椒炸，当辣椒发黄后放入酱油煮沸。将煮制后的坯按数量标准倒入锅内，翻炒 4min 后放入白糖继续翻动，5～8min 后放入味精，再翻动 2～3 次即可出锅。

⑤ 成品。辣块的成品呈菱形块状，棕红色，味道甜辣鲜美。产品出品率为每 100kg 原料出产品 135kg。

3. 炒金丝

炒金丝是用豆腐片白坯经切丝、炒制而成的产品。

（1）配料　每 90kg 豆腐片白坯（原料 100kg）配备食用油 4kg、白糖 4kg、酱油 18kg、味精 0.2kg、姜 0.4kg。

（2）生产工艺流程　炒金丝生产工艺流程如图 3-9 所示。

切丝→炒制→成品

图 3-9　炒金丝生产工艺流程

（3）操作要点

① 切丝。用切丝机将豆腐片白坯切成长 12～14cm、宽 0.1～0.2cm 的细豆丝，并抖散。

② 炒制。先将炒锅加热放入食用油 3kg，然后陆续加入酱油、白糖、姜、味精，煮沸。把切好的细丝按规定数量倒入锅内，用铁叉翻动，将豆丝与调味汤搅拌均匀。炒制 7～8min 后调味汤已基本上被豆丝吸进，这时立即出锅，用铁叉把金丝放在铺好布的包装屉内，放满后淋一些熟食用油（即明油），翻动均匀。

③ 成品。炒金丝外观为棕黄色，有光泽。其味鲜美，咸度适口。每 100kg 原

料出产品 95kg。

四、熏制品

熏制品是以豆腐干、豆腐片等半成品为坯料，经过泡咸、拉碱后放在专用烟熏炉中，点燃松木锯末进行烟熏火烤而成的产品。

（一）熏制品特点

豆腐干、豆腐片坯熏制后再经过各种形状和口味的加工，制成带有烟熏味的各种豆制品，具有其所特有的特点。

① 通过熏制使制品表面形成一层硬皮，味道独特，略有咸味，制品内部为白色、外皮棕红色有光泽，特别的熏香味十分诱人。

② 通过熏制可使制品延长保存时间，防止腐败变质。这是因为当熏制温度为30℃时，浓度较淡的熏烟对细菌影响不大；温度为 31℃而浓度较高的熏烟能显著降低微生物数量；温度为 60℃时不论熏烟的浓淡，都能将微生物数量降低 0.01％。熏烟中的酚、醛、酸等类物质都具有杀菌与抑菌作用，有利于延长产品的储藏期。

（二）熏制方法

1. 热熏

将烟熏室内的温度升高，使熏制品表面形成一层很薄的硬皮，在高温熏烟的作用下形成褐色干膜。制品内的水分会有很少量的外渗。烟熏室内的温度超过 22℃称为热熏。使用木材和锯末进行熏制，正常情况下温度可达 100～400℃，豆制品的熏制多数采用此法。

2. 冷熏

熏制品周围的熏烟和空气混合气体的温度不超过 22℃称为冷熏。这种熏制方法，熏烟成分内渗较深，制品内水分外渗较多，熏制品易干缩变形没有光泽，豆制品熏制一般不宜采用这种方法。

3. 液熏

液熏法又称为湿熏法或无烟熏法，它是利用木材干馏生成的木醋液或用其他方法制成与烟气成分相同的无毒液体，浸泡食品或喷涂食品表面，以代替传统烟熏的方法。它是一种先进的熏制方法，不需要熏烟发生装置，节省了大量的设备投资费用；由于烟熏剂成分比较稳定，便于实现熏制过程的机械化和连续化，可大大缩短熏制时间；用于熏制食品的液态烟熏制剂已除去固相物质及其吸附的烃类，致癌危险性较低；工艺简单，操作方便，熏制时间短，劳动强度低，不污染环境。但该法受到熏制剂来源少、价格高的限制，在豆制品行业很少使用。但这种方法便于操作和控制，能提高自动化程度，熏烟中致癌物质的消除程度较高，是熏制食品的发展趋势。

（三）熏制前的操作

在熏制操作中，主要是以干类和片类加工较多，这两类半成品在熏制加工过程中，因其质地不同熏制操作也不同。一般对熏制品白坯需要进行泡咸和拉碱等前处理，主要是为产品提前调味和使产品容易上色。

1. 泡咸

泡咸是将盐同水按配方要求配制成盐水液体，将白坯倒入盐液中浸泡10～15min后捞出。泡咸的程度以白坯具有适当的咸味，并能够渗透到制品中即可，其目的是使熏制品有咸味。

2. 拉碱

拉碱是将碱面按3%～5%的比例放到容器内加水溶解，并煮沸为碱溶液，然后把熏制坯放进碱溶液中适度加温，待坯开始出现漂浮时捞出，摊晾降温，除去部分水分，此时坯表面光滑发亮，拉碱过程完成。

拉碱的作用主要有两点：一是豆腐干白坯含水量较大，熏制时受热膨胀后水分会析出形成细孔，产品表面不光亮，经碱水热处理后，内存的水分充分溢出，表皮的蛋白质结构通过碱水的煮沸会更细腻均匀；二是拉碱后坯的表面会形成一层硬皮，在高温烟熏下很容易上色。

（四）熏制要素控制

1. 熏制坯的温度

熏制时热坯比冷坯好上色，效率高、节省能源。在熏制前半成品要在热碱水中浸泡，摊晾过程中坯的表皮形成一层硬皮，在外部凉、内部热时马上开始熏制，效果最佳。

2. 熏烟量和熏炉内温度

掌握好熏烟量和熏炉内的温度是熏制品上色的关键，烟熏室内要有一定的温度作保证，促使半成品坯对熏烟的吸收。要保证烟熏室的烟量，烟的密度大，制品表面接触到的熏烟就多，熏烟就能更好地附着在制品上。热熏豆制品一般在20～30min就可出成品。

3. 防止熏制品结黑斑

使用天然熏烟会产生焦油或其他残渣的沉积，布满熏制炉和熏制筛网上，造成熏制品表面出现黑色斑迹。熏制品沾染了黑色斑迹是不能食用的，这不仅影响产品的质量，还会造成产品的浪费。为避免这一问题，就需要经常对炉内的残渣进行清理，使用的筛网要每日用铁刷进行清理，只有保持每日清理，才能使制品不出现黑色斑迹或残渣。

4. 熏料

烟熏料使用的是木材加工的废料——锯末，要选择干燥的锯末，锯末中不能有其他杂质，选择松木锯末，如果有条件选择果树锯末更好，要常保管好这些材料，特别在梅雨季节要避免发霉变质，以免影响熏制品的风味。

（五）熏制品质量要求

① 熏制品的规格可按本地区要求的形状制作，但应块型均匀、四角整齐。

② 熏制品的颜色应符合熏制色泽，呈棕红色，有光泽，火候均匀，表面不应有起泡和焦煳迹。

③ 熏制品的内部组织结构要柔软、有劲，无蜂窝状。

④ 熏制品的味道应是咸香适口，具有熏香味。

⑤ 熏制品的质量指标。

水分含量：62%～68%（不得超过）。

食盐含量（以氯化钠计）：2%～3%（不得超过）。

蛋白质含量：16%（不得低于）～22%。

（六）熏制品生产实例

1. 熏干

它是熏制品中最主要的产品，是用豆腐干白坯经过熏制加工而成。

（1）生产工艺流程　熏干生产工艺流程如图3-10所示。

切制→泡咸→拉碱→熏制→成品

图3-10　熏干生产工艺流程

（2）操作要点

① 切制。将白坯切成6cm×2cm×2cm的长方体块，将其倒入包装屉内通风。

② 泡咸。将白坯块倒入盐水箱内浸泡10min后，捞入专用铁筐内。泡咸的程度以白坯块具有适当的咸味为标准。

③ 拉碱。拉碱一般用长方形水槽，水槽内每150kg水放3kg碱面，将水烧开使碱面溶化。水槽继续加温，将铁筐连同豆腐干白坯一起放入槽内，5min

后坯出现光滑的表面，立即将铁筐提出，把坯倒入包装屉内使其通风冷却，在通风时要适当活动坯，防止粘在一块，当水汽基本没有后，坯表面光滑、发亮即可熏制。

④ 熏制。熏制豆腐干必须有专用的熏炉。熏炉有两种类型：手工操作的土熏炉和机械传送熏制炉。如果用土熏炉，先将炉内锯末点燃，使炉内具有一定的温度，再往燃着的火上均匀地撒锯末，使炉内生烟。把豆腐干白坯整齐地码在熏制铁箅子上，将其放入炉内盖上盖，10min 后底面已经熏好，取出箅子将豆腐干白坯翻过来重新码好，熏另一面。两面全熏好后即为成品。

⑤ 成品。熏干的成品外观为棕红色，油光发亮，火候均匀，有浓厚的熏香，咸度适当。每 100kg 原料出成品 150kg。

2. 熏鹅脖

用豆腐片加馅卷成圆柱形，由圆柱体切成马蹄状，再经熏制而成。

(1) 生产工艺流程　熏鹅脖生产工艺流程见图 3-11。

卷制→煮制→切制→熏制→成品

图 3-11　熏鹅脖生产工艺流程

(2) 操作要点

① 卷制。将豆腐片白坯切成 30cm×30cm 的方形，切后的碎片放在热碱水内浸泡 3min 后捞出，控干碱水后按每 100kg 碎片加食用油 2kg、酱油 4kg，搅拌为馅。卷制时先将切好的豆腐片白坯沾碱水，然后放在工作台上，在豆腐片中间放上馅，由一角向前推卷，卷到中间时把两侧的片角折到中间，卷好后成一圆柱形，用布把卷包好，用布带捆紧。

② 煮制。将捆好的豆卷放入开水锅内，煮 15min 捞出，打开布包放在包装屉内散热。

③ 切制。将圆柱形的豆卷切成马蹄形，长为 7cm，直径为 2.8～3cm。

④ 熏制。将马蹄形块码在熏制铁箅子上熏制，其操作方法与熏干相同。

⑤ 成品。熏鹅脖外观为棕红色，看上去像煮熟的鹅脖块一样。成品要求块型整齐，大小一致，不碎散，熏香味浓，咸味适度。每 100kg 原料出成品 100kg。

熏制的产品很多，但归结起来，基本上与上面介绍的两种相同。如熏素蟹、熏花干等，不同之处在于切制的形状各异，外形不一样。又如熏素鸡、熏圆鸡与熏鹅脖的加工方法基本相同，在此不做重复介绍。

除以上四种豆腐干再加工手段之外，在豆制品加工中还有辅助的加工手段，如煮、蒸、烤、晾、晒、淹、泡、冻等。全国各地风味各异，方法多样，可以在实践中探索，选用恰当的加工方法，可制作色、香、味、形上乘的豆腐干再制品。

第三节　大豆蛋白制品生产技术

商品行业标准 SB/T 10649—2012《大豆蛋白制品》给出了大豆蛋白制品的定义，即“以大豆蛋白（或膨化豆制品）为主要原料配以相关的辅料，经浸泡（或不浸泡）、脱水（或不脱水）、斩拌（或搅拌）滚揉、调味、成型（或不成型）、蒸煮（或油炸）、速冻（或不速冻）、包装、杀菌（或不杀菌）等工艺制成的食品”。

一、大豆蛋白干（千页豆腐）

大豆蛋白制品中蒸煮大豆蛋白制品非常受消费者欢迎，市场接受度很高，通常进一步命名为“千页豆腐”。根据团体标准 T/CNFIA 108—2018《千页豆腐》给出千页豆腐的定义，即“以大豆分离蛋白和水为主要原料，食用植物油、淀粉等为辅料，添加或不添加稳定剂和凝固剂、增稠剂，经斩拌乳化、调味、蒸煮、冷却、切块或再速冻等全部或部分工艺制成的大豆蛋白制品”。

千页豆腐是一种以大豆蛋白及淀粉为主要原料加工而成的新型豆制品。因其良好的品质特性和营养价值，近年来其加工生产发展迅速，具有广阔的市场前景。传统的以大豆为原料制作豆腐后再做豆腐干的工艺过程越来越不适应市场的需求。其中以大豆分离蛋白制作的千页豆腐为基础的千页豆腐干的生产工艺比传统豆干加工工艺简单，微生物易控制，更安全、更健康。

（一）生产工艺流程

大豆蛋白干生产工艺流程见图 3-12。

大豆分离蛋白粉（添加 TG 酶、水）→调配→熟成→蒸煮→冷藏→成品

图 3-12　大豆蛋白干生产工艺流程

（二）操作要点

1. 调配

先将大豆蛋白粉、水按比例搅打约 5min，将蛋白粉搅匀至观察无明显颗粒、表面光滑。然后缓慢加入 TG 酶再快速搅打 4min 至均匀。慢速打浆并加入大豆油加快速度搅拌 3min，然后加入玉米淀粉、味精、精盐搅拌 2min 至充分均匀，使浆

液细腻、无小颗粒及无小气泡时即可。

2. 熟成

将打好的浆液倒入托盘中以厚度约3cm为宜，表面盖上保鲜膜，移入冷藏间定型10h左右，至有弹性及爽脆即可。冷藏间温度控制在4℃。

3. 蒸煮

经过熟成后，将其切成10cm×4cm×4cm的块状，在85℃左右水中蒸煮30min，使产品中心温度大于75℃。

4. 冷藏

煮熟后的豆腐自然冷却后，放置在冷冻室内储藏。

二、大豆蛋白休闲豆干

基于千页豆腐的休闲豆干产品生产方便快捷，且能实现“零排放”，深受各大厂家的欢迎，且产品名五花八门，如“手磨豆干”“水磨豆干”“Q弹豆干”“Q爽豆干”“Q弹手磨豆干”“Q豆干”“QQ豆干”等，而在包装上也会标注“蒸煮大豆蛋白制品”。

（一）生产工艺流程

大豆蛋白休闲豆干生产工艺流程见图3-13。

大豆蛋白等配料混合→斩拌→冷藏→切块→烘烤→调味→包装→杀菌→成品

图3-13　大豆蛋白休闲豆干生产工艺流程

（二）操作要点

1. 配料混合

将10kg的大豆蛋白粉与65kg的冰水混合，然后加入3kg色拉油，再依次加入400g白糖、400g食盐、150g鸡肉膏、150g牛肉膏、130g TG酶进行混合。

2. 斩拌

使用斩拌机对配好料的产品进行斩拌，斩拌机控制在4800r/min，斩拌时间为12min，一次斩拌75kg。

3. 冷藏

将斩拌后的产品在0～5℃下进行冷藏，冷藏时间为6～10h。

4. 切块

利用切块机将冷藏后的产品进行切块，切成规格为1.8cm×1.2cm×6cm的豆干。

5. 烘烤

将切块后的豆干放置在烘烤设备中进行烘烤，烘烤时间为1.5h，烘烤温度为58～62℃，使其在高温下失去活性，防止装袋后膨胀，减少水分。

6. 调味

根据产品口味差异，加入适量不同味型（烧烤味、香辣味、卤香味、牛肉味等）的复合调味料，与豆干混合均匀。

7. 包装、杀菌

将调味后的豆干进行真空包装，包装后在高温下进行杀菌，杀菌温度为115～125℃，杀菌时间为38～42min。

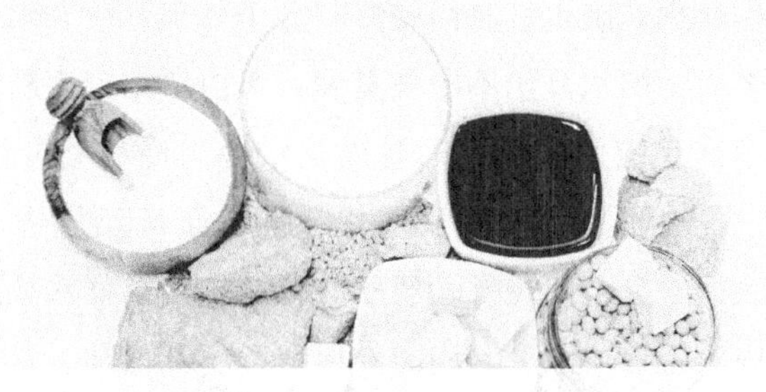

第四章　腐竹生产技术

腐竹（又名豆腐皮、豆腐衣、腐皮、豆笋等），是我国著名的特色食品之一，是中国人很喜爱的一种传统食品。

腐竹的生产原理是利用蛋白质的成膜性。大豆蛋白分子在加热变性后分子结构发生变化，由球状结构转变成相对开放的结构。蛋白质分子之间通过以非共价键为主的次级键相互连接，形成了网状结构，即蛋白质膜。蛋白质以外的成分在膜形成过程中被包埋在蛋白质网状结构之中。

腐竹的生产过程首先是制备豆浆，这一过程与豆腐加工过程基本相同。然后将豆浆加热，当煮熟的豆浆保持在较高的温度条件下时，一方面豆浆表面水分不断蒸发，液体表面蛋白质浓度相对增高；另一方面大豆获得较高的内能，运动加剧，这样使得蛋白质胶粒间的接触、碰撞机会增加，次级键容易形成，聚合度加大，形成薄膜，随时间的推移，薄膜越结越厚，到一定厚度时揭起烘干即为腐竹。

第一节　腐竹形成的机制

目前我国腐竹生产厂家基本上是作坊式的小厂，产量低而且质量不稳定。究其原因，主要是对腐竹生产机制认识不够，生产中缺乏正确的理论指导。

一、腐竹薄膜形成机制

腐竹制造的关键，是豆浆表面那一层富含蛋白质、厚度适中、韧性强的蛋白质-脂类薄膜的形成。大豆蛋白-脂类薄膜（腐竹）的形成原因，是大豆蛋白受热变性的同时，空气-水或油-水界面产生吸热聚合作用，使豆浆中的蛋白质和脂类物质相互作用，产生表面聚合，形成薄膜。

在制造过程中，当对豆浆进行热处理时，一方面，豆浆中的蛋白质发生热变性，其分子结构发生变化，疏水性基团转移到分子外部，而亲水性基团则转移到分子内部。同时，豆浆表面的水分子不断被蒸发，蛋白质浓度不断增加，蛋白质分子之间互相碰撞发生聚合反应而聚结，同时以疏水键与脂肪结合，从而促使大豆蛋白-脂类薄膜形成。另一方面，加热促使蛋白质等分子运动加快，在碰撞机会增加的同时，也使豆浆表面水分不断蒸发、脱水。豆浆中的总体水分不断减少，从而不断得到浓缩，浆体中的蛋白质浓度和脂类物质浓度不断增加。这些大分子物质相互碰撞的机会不断增多，加快了大豆蛋白或脂蛋白单体吸热聚合形成薄膜，即腐竹薄膜，经人工挑起并干燥脱水后即得腐竹产品。

随着腐竹皮的层层挑出，豆浆中的碳水化合物和灰分（矿物质）则保留在所残留的乳脂中。随着豆浆加热和形成的腐竹不断被揭走，后面再形成的薄膜（腐竹）其蛋白质和脂类物质的含量逐渐降低。第一层腐竹的蛋白质和脂质含量最高，之后连层降低。反之，腐竹中碳水化合物和灰分的含量逐渐升高。

二、腐竹薄膜形成的影响因素

（一）影响大豆蛋白凝胶结构的因素

大豆蛋白凝胶结构的好坏对腐竹产品的质量好坏具有决定性作用，而大豆蛋白凝胶结构的状态与蛋白质分子形成凝胶时的变性程度有关。

豆浆分散体系中含有的蛋白质主要是大豆球蛋白和类大豆球蛋白，这两种蛋白质均具有复杂的四级结构。大豆球蛋白由酸性亚基和碱性亚基构成。酸性亚基的分子量为34800～45000，等电点为4.75～5.40。碱性亚基的分子量为19600～22000，等电点为8.0～8.5，亚基内存在二硫键。类大豆球蛋白中β类大豆球蛋白占90%。这一类大豆球蛋白由六种单体组成，这六种单体又由α、α_1和β三种亚基组成，α和α_1亚基的分子量为57000，β亚基的分子量为42000。α、α_1和β亚基的等电点分别为4.9、5.2和5.7～6.0。

豆浆经加热，蛋白质分子吸收热量而发生热变性。它包括了蛋白质分子的解离和缔合反应及蛋白质分子聚合，均影响所形成的凝胶结构。有研究表明，在给大豆球蛋白加热时，若加热的温度不足以使大豆球蛋白解离，则形成的凝胶结构聚集紧密，不够膨松；当加热的温度高到足以使大豆球蛋白解离时，形成的凝胶结构则较好，其截面呈空心圆筒形。因此，蛋白质分子充分解离对大豆蛋白的凝胶结构具有重要意义。

大豆蛋白的解离与加热的温度和溶液的离子强度有关。离子强度越大，大豆蛋白解离所需的温度就越高，即离子强度对蛋白质的解离有抑制作用。

（二）影响大豆蛋白凝胶强度的因素

大豆蛋白的凝胶强度直接影响到腐竹产品的柔韧性，它与大豆蛋白分子聚合时形成的键的数目有关。如所用原料大豆贮存时间过长，其蛋白质分子中的巯基（—SH）被氧化，形成凝胶时，肽链间的二硫键减少，导致凝胶强度降低。脂类对大豆蛋白凝胶强度的增加具有特殊意义。有研究表明，在豆浆中添加脂肪酸甲酯和三脂肪酸甘油酯时，脂肪酸部分的碳链长度越短，大豆蛋白对脂肪的吸附量越大，形成的凝胶强度也越大。

（三）影响腐竹色泽的因素

豆浆中含有糖类和氨基酸，在长时间的热处理过程中，蛋白质与脂类不断形成凝胶而被抽提出来，豆浆中余下的糖类因受热而分解生成具有还原性的单糖。氨基酸与还原性单糖可发生美拉德反应而生成黑色的类黑精色素，在使产品色泽变坏的同时引起氨基酸的损失，为保证腐竹产品质量，腐竹生产过程中应尽量阻止和延迟美拉德反应的发生。

据报道，大豆的浸泡时间越长，大豆中的糖类被浸出越多，磨浆后制成的豆浆含糖量越低。因此，建议生产腐竹时，浸泡大豆的时间应充分，浸泡后应用清水冲洗后再磨浆，以降低保温提条工序时美拉德反应的程度。美拉德反应受 pH 的影响也很显著，如果溶液的 pH 为 6 或低于 6，那么即使有褐变产生，褐变程度也是低的。

（四）煮浆、保温提条中的温度控制

腐竹的生产是基于大豆蛋白的热变性而聚合形成凝胶。因此，煮浆和保温提条工序中的温度控制显得很重要。它影响到腐竹的得率与质量，但是温度的控制是一个非常复杂的问题。

对豆浆进行热处理的目的有两个：①使大豆蛋白变性；②提供大豆蛋白分子聚合所需的聚合能。

在加热煮浆阶段应注意控制升温速率，若升温速度过慢，则由于变性的蛋白质分子浓度小，相互间有效碰撞少，形成凝胶量少，造成腐竹薄膜的形成速度慢且量少，从而使产品得率较低；若升温速度过快，则由于变性的蛋白质分子肽链未能完全伸展即互相聚合而被抽提出来，造成凝胶质量不好。在保温阶段其温度的高低受到许多因素的制约，之前已谈到大豆蛋白的解离温度受离子强度的影响。此外，美拉德反应的程度与保温温度的高低也有关。这样就要根据生产实际中豆浆的离子强

度、还原糖量的多少来决定。文献报道的最适保温温度为 80～100℃（但不能沸腾）。从理论上看，保温温度能取较高值较好，当然这要保证美拉德反应程度较低。

1. 豆浆液的质量分数对腐竹形成的影响

在保持豆浆液温度 90℃、pH 未调（约为 7）时，不同豆浆液的质量分数对腐竹形成的影响见表 4-1。

表 4-1 豆浆液的质量分数对腐竹形成的影响

质量分数/%	腐竹产率/%	产品色泽	揭皮时间/(min/张)
4	42.0	浅黄	4.5
5	48.0	浅黄	2.7
6	47.5	浅黄	2.3
7	47.0	浅黄	1.9
8	46.3	浅黄	1.5
9	45.5	亮黄带褐色	1.1

由表 4-1 可知腐竹产率随豆浆液质量分数的增加先骤增而后缓慢下降，表明豆浆液的质量分数过大过小都不好。随着豆浆液的质量分数增加，豆浆中固形物变稠形成胶体过早，腐竹中蛋白质、中性脂和磷脂相结合的速率明显降低。从揭皮时间看，豆浆液的质量分数越低，腐竹形成越困难，生产时间越长，能耗也就越大。从产品色泽看，豆浆液的质量分数越低，产品色泽越好，随着质量分数增加，其颜色逐渐加深至褐色，这是豆浆中的还原糖与氨基酸发生了美拉德反应所致。综合三方面因素，选择豆浆液的质量分数以 5%～7%为佳。

2. 豆浆液 pH 对腐竹形成的影响

在保持豆浆液的质量分数 7%、温度 90℃时，调节豆浆液 pH 对腐竹形成的影响见表 4-2。

表 4-2 豆浆液的 pH 对腐竹形成的影响

豆浆液 pH	腐竹产率/%	产品色泽	豆浆液 pH	腐竹产率/%	产品色泽
6.0	42.0	浅黄	7.5	45.9	浅黄
6.5	43.2	浅黄	8.0	43.8	亮黄
7.0	43.7	浅黄	8.5	43.4	亮黄带褐色

由表 4-2 可得出腐竹产率在 pH 6.5～7.5 范围内较高，由于 pH 6.5 以下的豆浆液已偏微酸性，对蛋白质溶出不利，而当 pH 趋碱性甚至越过 9 时，大豆蛋白变得增溶或解离成蛋白质分子次级结构，对腐竹薄膜形成不利。从产品色泽可看出，豆浆液 pH 高于 8.0 时，形成腐竹色泽发暗，且在碱性时，豆浆中的含硫氨基酸破坏会加快，这既影响产品质量，产品产率也有所下降。故选择豆浆液 pH 值为 6.5～7.5。

3. 豆浆液温度对腐竹形成的影响

在保持豆浆液的质量分数7%、pH未调（约为7）时，不同豆浆液温度对腐竹形成的影响见表4-3。

表4-3　豆浆液温度对腐竹形成的影响

豆浆液温度/℃	腐竹产率/%	产品色泽	揭皮时间/(min/张)
75	46.0	浅黄	3.8
80	47.0	浅黄	2.5
85	48.0	浅黄	2.2
90	46.8	亮黄	1.8
95	43.0	褐色有鱼眼	1.2

由表4-3可知腐竹产率随温度的升高先增加后骤减，在85℃时达最大产率，当温度超过90℃后，豆浆液处于微沸状态，锅底易起锅巴，影响产量。从揭皮时间看，温度升高，成皮速度加快，当温度低于80℃时成皮速度明显减慢，能耗大；而当温度在95℃时，豆浆液微沸，形成的腐竹易起“鱼眼”。从产品色泽看，温度越高，腐竹颜色越深，这主要还是豆浆中的还原糖与氨基酸发生了美拉德反应，使某些氨基酸受到损失，从而降低了蛋白质的营养质量。故选择80～90℃作为生产腐竹的最佳温度范围。

第二节　腐竹生产基本工艺

腐竹是由煮沸后的豆浆，经一定时间的保温，浆面产生软皮，揭出烘干而成的。由于其形状像竹笋，所以叫腐竹。腐竹类的加工，与豆腐及豆腐制品的主要区别是腐竹类制作不需添加凝固剂点脑，只需将豆浆中的大豆蛋白膜挑起干燥制成。

一、生产工艺流程

腐竹的生产工艺流程如图4-1所示。

豆浆→煮沸→挑竹→烘干→回软→包装→成品

图4-1　腐竹的生产工艺流程

二、操作要点

（一）豆浆煮沸

生产腐竹从原料到制成的生产工艺与前面制作豆腐、豆腐干等完全一致，只是豆浆的浓度要控制在 11～12°Bé。豆浆要煮沸后在 95℃以上温度保持 2min，后放入专用的腐竹成型锅开始挑竹。

（二）挑竹

腐竹的成型锅是一个长方形浅槽，槽内每 50cm 为一方格，格板上隔、下通，槽底下层和四周是夹层，用于通蒸汽加热。豆浆经过加热保温后，部分水分蒸发，起到浓缩作用，表层遇空气而凝结成软皮，用小刀把每格的软皮切成 3 条后挑起，使其自然下垂，挂在竹竿上准备烘干。每 7～8min 后可开始挑皮，一般可挑 16 层软皮，前 8 层为一级品，9～12 层为二级品，13～16 层为三级品。剩余的稠糊状，在成型锅内摊制成 0.8mm 的薄片即甜片。当甜片基本上成干饼后，从锅内铲出，成型锅内再放豆浆，如此循环生产，完成腐竹的成型工艺。

（三）烘干

腐竹成型后，需要立即烘干。烘干的方法有两种：一种是采用煤火升温的烘干房，烘干腐竹；另一种是以蒸汽为热源的机械烘干设备。后一种方法适用于大规模生产和连续作业。不论采用什么方法，都应较准确地掌握烘干温度和烘干时间。烘干温度一般掌握在 74～80℃，烘干时间为 6～8h。湿腐竹重量每条 25～30g，烘干后每条重 12.5～13.5g，烘干后腐竹的含水量 9%～12%。

（四）回软

烘干后的腐竹，如果直接包装，破碎率很大，所以要回软。即用微量的水进行喷雾，以减少脆性，这样既不影响腐竹的质量，又提高了产品的外观形象。但要注意外形，以利于包装。喷水量要适中，一喷即过。

（五）包装

腐竹的包装，分为大包装和小包装。小包装是采用塑料包装，每 500g 一袋，顺装在袋内封死。将小包装再装入大纸箱，为大包装。包装时要注意，严格质量分等级包装，保证腐竹的等级标准。包装之后即为成品。

腐竹除制成枝竹状外，还有做成平面单张的，称为油皮。油皮与腐竹的区别主要在外形不一样，油皮是单张平面，不折不皱。另外油皮的烘干方法除用腐竹烘干方法之外，还可以自然干燥，油皮的含水量大于腐竹，蛋白质含量低于腐竹。油皮与腐竹生产工艺大致相同，在此不详细叙述。

三、影响腐竹形成的因素

豆浆浓度、加热的温度、豆浆的 pH 值及生产场地的通风透气条件等，都是影响腐竹形成的重要因素。只有综合控制上述因素，才能快速成膜。

（一）豆浆浓度

豆浆浓度低，蛋白质含量少，蛋白质分子之间互相碰撞机会相对减少，不易产生聚合反应，因而影响薄膜形成的速度；反之，豆浆中蛋白质浓度高，则形成薄膜速度快。

据折射仪测定，一般豆浆固形物含量为5.1%时，腐竹出品率最高。但当固形物含量超过6%时，由于豆浆形成胶体速度太快，腐竹出品率反而降低。因此，生产过程中应严格掌握好加水量，不能太多或太少，以防豆浆浓度太高或太低，影响腐竹形成的速度。

（二）豆浆加热的温度

豆浆成膜保持温度越高（但不沸腾），成膜越快，保温60℃时虽然能成膜，但成膜速度慢，一般最佳成膜温度以85～95℃为宜，这样不但可以加快成膜速度，而且出品率高。

（三）豆浆的pH值

豆浆的pH值在6.2～10.5时，都可以成膜。pH为5.4时，则不能成膜，而且大豆蛋白产生沉淀。但豆浆pH高于8时，生产的腐竹色泽发暗，而且在pH呈碱性时，豆浆中含硫氨基酸的破坏加快；豆浆的pH超过10.5时，则不能成膜。

一般当豆浆固形物含量为5.1%时，pH以7.0～8.0最合适。

（四）通风透气条件

生产场地空气流通，浆皮表面蒸发的水蒸气能及时排除，有利于大豆蛋白-脂类表面聚合而形成腐竹薄膜。生产场地通风不畅，豆浆表面空气的水蒸气压过高，湿气过重，不利于水分蒸发，则不易形成薄膜。因此，生产场地的通风透气是生产腐竹的必要条件之一。

第三节　几种代表性腐竹产品的生产实例

一、桂林腐竹

桂林腐竹大约盛行于唐代，那时候桂林是北达中原，南连岭南的重镇，佛教在此盛传，寺庙林立，斋食盛行。腐竹作为素食也随之兴起。唐代以来，人们世代相传，沿袭至今，腐竹成了桂林的传统食品。得益于漓江和桃花江水浸泡大豆以及传统的特别制作工艺，成品颜色淡黄、油面光亮、枝条肥胖、空心松脆、品质优良，含蛋白质45%、脂肪25%、胆固醇及饱和脂肪很低。

（一）生产工艺流程

桂林腐竹的生产工艺流程如图4-2所示。

大豆→去皮→浸泡→磨浆→滤浆上锅→煮浆挑膜→烘干成竹→成品

图4-2 桂林腐竹的生产工艺流程

（二）操作要点

1. 大豆去皮

制作腐竹的主要原料是黄豆。为突出腐竹成品的鲜白，所以必须选择皮色淡黄的大豆，而不宜采用绿皮大豆。同时还要注意选择颗粒饱满、色泽黄亮、无霉变、无虫蛀的新鲜黄豆，通过筛子清除劣豆、杂质和沙土，使原料纯净，然后置于电动万能磨中，去掉豆衣。

2. 浸泡、磨浆

把去皮的黄豆放入缸或桶内，加入清水浸泡，并除去浮在水面的杂质。水量以豆置容器不露面为度。浸水时间，夏天约20min，然后捞起置于箩筐上沥水，并用布覆盖豆面，让豆片膨胀。气温在35℃左右时，浸泡后要用水冲洗酸水；冬天，若气温在0℃以下，浸泡时可加些热水，时间30～40min，排水后置于缸或桶内，同样加布覆盖，让其豆片肥大。通过上述方法，大约8h即可以磨浆。磨浆时加水要均匀，使磨出来的豆浆细腻白嫩。炎夏季节，蛋白质极易变质，须在磨后3～4h内把留存在磨具各部的酸败物质冲洗净，以防下次磨浆受影响。

3. 滤浆上锅

把豆浆倒入缸或桶内，冲入热水。水的比例为每100kg黄豆原料加500kg的热水，搅拌均匀，然后备好另一个缸或桶，把豆浆倒入滤浆用的吊袋内。滤布可用稀龙头布，反复搅动，使豆浆通过滤眼流入缸或桶内。待滤出全部豆浆后，把豆渣平摊于袋壁上，再加热水搅拌均匀，不断摇动吊袋，进行第二次过滤，依此进行第三次过滤，就可把豆浆沥尽。然后把豆浆倒入特制平底铁锅内。

4. 煮浆挑膜

煮浆是腐竹制作的一个技术关键。其操作步骤是：先旺火猛烧，当锅内豆浆煮开后，炉灶立即停止鼓风，并用木炭、煤或木屑盖在炉火上抑制火焰，以降低炉温，同时撇去锅面的白色泡沫。过 5～6min，浆面自然结成一层薄膜，即为腐竹膜。此时用剪刀对开剪成两瓣，再用竹竿沿着锅边挑起，使腐竹膜形成一条竹状。通常每口锅备 4 条竹竿，每条竹竿长 80cm，可挂腐竹 20 条，每口锅 15kg 豆浆可揭 30 张，共 60 条腐竹膜。在煮浆挑膜这一环节中，成败的关键有三个：①降低炉温后，如炭火或煤火接不上，或者太慢，锅内温差过大，就会变成豆腐脑，不能结膜。停止鼓风后，必须将先备好的烧红炭火加入，使其保持恒温。有条件的可采用锅炉蒸汽输入锅底层，不直接用火煮浆。②锅温未降，继续烧开，会造成锅底烧疤，产量下降。③锅内的白沫没有除净时，可直接影响薄膜的形成。

5. 烘干成竹

腐竹膜宜烘干不宜晒，日晒易发霉。将起锅上竿的腐竹膜放入烘房，烘房内设烘架，其长 5m、高 1m。并设火炉，把挂杆的腐竹悬于烘房内，保持 60℃火温。若火温过高，会造成竹脚烧焦，影响色泽。一般烘 6～8h 即干，每 100kg 黄豆可加工干腐竹 60～65kg。干后头尾理齐，可采用塑料薄膜袋装成小包。腐竹性质较脆，属易碎食品，在贮存运输过程中，必须注意防止重压、掉摔；同时注意防潮，以免影响产品质量，降低经济价值。近年来国内腐竹厂为了解决腐竹成品的易碎问题，在豆浆尚未形成薄膜之前，向豆浆中按每千克加蛋氨酸 5g、甘油 40g，改进氨基酸的配比，从而改善腐竹的物理性能，使其变得不易破碎，且产量提高，在 30℃条件下，可以贮存 6 个月，且保持原有风味不变。

二、长葛腐竹

长葛腐竹色泽黄白，油光透亮，含有丰富的蛋白质及多种营养成分，用清水浸泡（夏凉冬温）3～5h 即可发开。可荤、素、烧、炒、凉拌、汤食等，食之清香爽口，荤、素食别有风味。长葛腐竹适于久放，但应放在干燥通风之处。过伏天的腐竹，要经阳光晒、凉风吹数次即可。

（一）配方

大豆 20kg，石膏或者盐卤 500g。

（二）生产工艺流程

长葛腐竹的生产工艺流程如图 4-3 所示。

选豆→去皮→泡豆→磨浆→甩浆→煮浆→滤浆→提取腐竹→烘干→包装→成品

图 4-3 长葛腐竹的生产工艺流程

（三）操作要点

1. 选豆、去皮

以选择颗粒饱满的黄豆为宜，筛去灰尘、杂质。将选好的黄豆，用脱皮机粉碎去皮，外皮吹净。去皮是为了保证色泽黄白，提高蛋白质利用率和出品率。

2. 泡豆

将去皮的黄豆用清水浸泡，根据季节、气温决定泡豆时间：春秋泡 4～5h，冬季 7～8h。水和豆的比例为 1∶2.5，以手捏泡豆鼓胀发硬、不松软为合适。

3. 磨浆、甩浆

用石磨或钢磨磨浆均可，从磨浆到过滤用豆子与水为 1∶10（1kg 豆子，10kg 水），磨成浆汁。采用甩干机过滤 3 次，以手捏豆渣松散、无浆水为标准。

4. 煮浆、滤浆

浆甩干后，由管道流入容器内，用蒸汽吹浆，加热到 100～110℃即可。浆汁煮熟后由管道流入筛床，再进行 1 次熟浆过滤，除去杂质，提高质量。

5. 提取腐竹

熟浆过滤后流入腐竹锅内，加热到 60～70℃，10～15min 就可起一层油质薄膜（油皮），利用特制小刀将薄膜从中间轻轻划开，分成两片，分别提取。提取时用手旋转成柱形，挂在竹竿上即成腐竹。

6. 烘干、包装

把挂在竹竿上的腐竹送到烘干房，顺序排列起来。烘干房温度达 50～60℃，经过 4～7h，待腐竹表面呈黄白色、明亮透光即成。将烘干的成品，装入精制的塑料袋内，每袋 250g，封口出厂。

三、高安腐竹

高安腐竹经历了一千多年漫长的家庭作坊生产加工过程，解放初期通过对个体工商业的改组改造，于 1952 年创办了第一家地方国营腐竹厂。改革开放以来，腐竹产业得到高速发展，企业从少到多、从小到大，生产工艺实现了由单一传统工艺到传统工艺与现代工艺相结合的转变。从腐竹生产加工的发展过程来说，大体经历了四个发展阶段。第一阶段是原始手工制作阶段，采用平底圆形铁锅烧柴草揭腐竹，用太阳光热晒至半干再用木炭火烘干；第二阶段是工艺改进阶段，即用锅炉供气，使用长形蒸汽铁板锅揭腐竹，用煤炭火管烘腐竹；第三阶段是工艺革新阶段，使用长形蒸汽铝板锅揭腐竹，用煤炭火管封闭式烘房烘腐竹；第四阶段是高新技术发展运用阶段，采用不锈钢蒸汽腐竹锅和蒸汽远红外线烘房技术。每一阶段生产工艺的改进，既保证了产品特有的品质和风味，又促进了腐竹产量的大幅上升。

（一）生产工艺流程

高安腐竹的生产工艺流程如图 4-4 所示。

原料→选料→脱皮→浸泡→磨浆→滤浆→煮浆→冷却→揭皮→沥浆→晾晒→烘干→检验→包装→入库

图 4-4　高安腐竹的生产工艺流程

（二）操作要点

1. 选料、脱皮

大豆经过筛选，用钢磨、风选剥去豆皮。

2. 浸泡

将豆片浸入生产用水中，春、秋季浸泡 3～4h，夏季 2～3h，冬季 5～6h。

3. 磨浆、滤浆

将浸好的豆胚磨浆，加 60℃温水，分两次过滤，加水量应使豆浆量为干豆的 8～10 倍，豆浆浓度控制在 6.5%～7.5%范围内。

4. 煮浆

采用蒸汽直接加热至沸，维持 3～5min。

5. 冷却

豆浆煮沸后自然冷却，终温不低于 84℃。

6. 揭皮

豆浆煮熟后，注入成型平底锅，浆液深度 3～6cm，温度（82±2)℃，每隔 15min 揭皮一次。

7. 沥浆、晾晒

揭皮后将腐竹置于平底锅上方沥浆，沥浆后置于专用的通风场地晾晒。

8. 烘干

晾晒后将腐竹推进烘房烘干，时间一般为 7h，最高温度小于 80℃。

第五章　发酵豆制品生产技术

第一节　腐乳生产技术

腐乳又名豆腐乳或乳腐，是一种富有营养的蛋白质发酵食品。它是用大豆为原料，制成腐乳白坯，然后经过微生物发酵而成的一种口味鲜美、风味独特、质地细腻，深受广大人民喜爱的佐餐食品，在我国已有悠久的生产历史，产地遍及全国各地。

酿造腐乳的主要生产工序是将豆腐进行前期发酵和后期发酵。前期发酵所发生的主要变化是毛霉在豆腐（白坯）上的生长。发酵的温度为 15～18℃，此温度不适于细菌、酵母菌和曲霉的生长，而适于毛霉慢慢生长。毛霉生长大约 5d 后使白坯变成毛坯。前期发酵的作用，一是使豆腐表面有一层菌膜包住，形成腐乳的“体”；二是毛霉可分泌以蛋白酶为主的各种酶，有利于豆腐所含有的蛋白质水解为各种氨基酸。后期发酵主要是酶与微生物协同参与生化反应的过程。通过腌制并加入各种辅料（红曲、面曲、酒酿），使蛋白酶作用缓慢，促进其他生化反应，生成腐乳的香气。

一、生产工艺流程

腐乳生产工艺流程如图 5-1 所示。

豆腐坯→接种→前期发酵→搓毛→腌坯→装坛→后期发酵→成品

↑（装坛）配料灌汤

图 5-1　腐乳生产工艺流程

二、操作要点

（一）毛霉型发酵

1. 试管菌种

试管菌种是纯种培养的基础，毛霉的原始菌种一般从中国科学院微生物研究所菌种保藏室或各地方微生物研究单位获得。拿来的菌种需要移接传代，才能在生产中使用。菌种的移接传代，需要先制作培养基，提供菌种的生长条件。培养基可用豆汁培养基或察氏培养基。

（1）豆汁培养基　将黄豆用清水浸泡后，加3倍水，煮沸4h，滤出豆汁，加2.5%饴糖与2.5%琼脂，灌装于试管内（约10mL），灭菌后取出，倾斜放置，凝固成斜面培养基，备用。

（2）察氏培养基　配方如下：蔗糖30g、硝酸钠2g、磷酸氢二钾1g、硫酸镁0.5g、硫酸亚铁0.01g、琼脂2.5g。

按上述比例称取各组分，用蒸馏水稀释至1000mL，置于电炉上加热至沸，分装于试管中，再将试管放于高压灭菌锅或常压锅（普通闷罐也可）中进行灭菌。如用高压灭菌锅，可用120℃、20min条件灭菌。如用常压锅，可间歇2～3次，灭菌后取出，晾成斜面以备用。

用上述培养基接上毛霉菌种，于20～20℃恒温培养箱中培养一周，长出白色绒毛，即为毛霉试管菌种，准备作扩大培养用。

2. 生产菌种

若制作生产菌种，需将试管菌种进行扩大培养。扩大培养的培养基有以下三种。

（1）察氏培养基　配方与制备方法见上。配于锥形瓶中，灭菌后接入试管菌种的菌丝。

（2）豆汁培养基　配方与制备方法见上。

（3）固体培养基　常用的固体培养基多用于扩大培养，以做成菌种粉供生产接种用。一般用克氏瓶培养，取豆腐渣与大米粉（或面粉）混合（其配比为1∶1，质量比），装入克氏瓶，其量不可过多，以20～30mm厚度为宜，可装250g左右，加棉塞，高压灭菌（1kg/m^2）1h，冷却至室温接种，于20～25℃培养6～7d，进行风干，然后每瓶加2～2.5kg大米粉，搅匀即成菌种粉。

3. 接种培养

（1）接种　当白坯降至35℃时，即可进行接种。如为固体菌粉，可筛至码好的白坯上，要求均匀，每面都应有菌粉；如为液态原菌，可采用喷雾法接种，或将白坯蘸菌液。将原液加入4倍冷开水，兑成接菌用菌液，一般盛在搪瓷盆中，白坯蘸匀菌即离开菌液，以防水分浸入坯内，增大其含水量影响毛霉生长。喷雾法操作简单，白坯吸水机会少，有利于原菌的生长，但不易做到六面都沾原菌，所以要喷涂均匀。

(2) 摆坯　将接好种的白坯放在笼屉内，行间留间隔，以利通风调节温度。码好后，上下屉垛起，一般在上层用布苫顶，以便保温。

(3) 发霉　霉房温度宜控制在20～25℃，最高28℃，若夏季温度高，可利用通风降温设备进行降温。为调节各层笼屉中品温均匀一致，可进行倒笼、错笼。一般在室温25℃以下时，24h倒笼一次，36～40h第二次倒笼。这时，菌丝生长旺盛，长度可达6～10mm，如棉絮状。在正常生长情况下，一般18h后菌丝开始发黄，转入衰老阶段，这时即可错笼降温，停止发霉。如温度高达30℃，要提前倒笼，甚至要增加倒笼次数。

发霉时间由室温及发霉程度决定。室温在20℃以下，发霉需71h；20℃以上时约需48h。发霉完毕应及时腌制，防止发霉过老，发生“臭笼现象”。

一般生产青方时，发霉可嫩些。当菌丝长成白色棉絮状即可，此时毛霉的蛋白酶活性尚未达到最高峰，蛋白质分解能力尚可，可使后发酵时蛋白质分解及发酵作用不致太旺盛，否则会导致豆腐破碎。如生产红方，发霉程度可稍老一些。

(二) 根霉型发酵

1. 试管菌种

培养基配方如下：7～8°Bé饴糖液100mL、蛋白质1.5%、琼脂2%～3%，调pH至5.6。

上述培养基制成后，经灭菌检验，可接种根霉原菌，再置于28～30℃恒温箱中，培养48h，长满菌丝体时，取出，置于阴凉处或冰箱中备用。

2. 克氏瓶或锥形瓶接种二级种子

以麸皮∶水=100∶140的比例，将麸皮与水充分拌匀，装入克氏瓶或锥形瓶中（每瓶装入湿料40～50g），以1kg/cm^{2}压力维持灭菌30min，趁热摇碎团块，冷却后接种。一般每支试管接克氏瓶5～6瓶，摇匀后置于28～30℃恒温箱中培养48h，备用。

3. 接种

选择生长良好的二级种子用于接种。若在冬天操作，每瓶加入冷开水750～

1000mL；若在夏天可适当减少。摇匀后，用纱布滤去麸皮，滤液可作为接种悬浮液，将悬浮液均匀喷洒在蒸笼中已摆好的豆腐坯上，即可发霉。

4. 发霉

发霉所用的设备是蒸笼格或木框竹底盘。将豆腐坯摆入笼格或框内，侧面竖立放置，均匀排列，每块周围留有空隙，装入的数量根据豆腐坯大小而不同，其竖立两块之间，约有一块厚的空隙。用喷枪或喷筒将孢子悬浮液喷雾接种，力求前、后、左、右、上五面喷洒均匀。接种后，将笼格或框置于培养室内堆高，上层加盖。夏天须先平铺在地上，使其冷透并挥发掉水分，以免细菌迅速繁殖。

发霉的温度与时间。室温在 20℃左右时，接种 14h 左右菌丝生长。至 22h 全面生长，需翻笼一次。28h 菌丝在坯上大部分生长成熟，需二次翻笼。32h 左右，可以降温，45h 可散开蒸笼格降温。44h 进行第三次翻笼，此时菌丝生长较长且浓，52h 基本长足，开始降温，68h 散开冷却。

由上述操作过程可知，腐乳的前期发酵，实质是一个培菌过程，通过在豆腐坯上培养毛霉（根霉或细菌），使豆腐坯长满菌丝，形成柔软、细密而坚韧的皮膜，这时的毛霉（根霉或细菌）繁殖生长的好坏直接影响腐乳的质量。如果接种均匀，温度、卫生条件等适合，毛霉生长良好，豆腐坯表面菌丝丛生，覆盖严密，不黏不臭，这样的菌丝形成的皮膜可起到保护乳块块型整齐的作用，并能分泌大量的酶，尤其是蛋白酶，可以把蛋白质逐渐变成氨基酸、多肽，使成品的味道鲜美、组织细腻。如果霉菌发育不良、生长不匀，轻者因酶的作用微弱，使产品发硬、鲜味色泽不好，容易破碎；重者污染杂菌，使豆腐发黏腐败，造成废品。

（三）腌坯

前发酵是让菌体生长旺盛，积累蛋白酶，以便在后发酵期间将蛋白质缓慢水解。在进行后发酵之前，须先搓毛以便腌坯操作。

1. 搓毛

发霉好的毛坯要即刻进行搓毛，这一操作与成品块型有密切关系。将毛霉或根霉的菌丝用手抹倒，使其包住豆腐坯，成为外衣。同时要把毛霉粘连的菌丝搓断，分开豆腐坯。

2. 腌坯

毛坯经搓毛后，即进行盐腌，将毛坯变成盐坯。腌制时间及腌坯的用盐量有一定的标准。

腌制时间，各地区有所不同。有的地区冬季13d左右，春、秋季11d左右，夏季8d左右；有的地区冬季腌7d左右，春、夏、秋腌6d左右；有的地方腌10d；广东2d。

食盐用量过多，腌制时间过长，不但成品过咸，而且后发酵要延长；食盐用量过少，腌制时间虽然可以缩短，但易引起腐败。用盐量，各地也不同。上海春、秋季红方每万块（4.1×4.1×1.6）cm^3用盐60kg，冬季用盐57.5kg，夏季用盐62.5～65kg；青方每万块（4.2×4.2×1.8）cm^3用盐47.5～50kg，盐坯平均含氯化物16%。

腌制的目的在于以下几点。

（1）渗透盐分，析出水分　腌制后，菌丝与腐乳坯都收缩，坯体变得发硬，菌丝在坯体外围形成一层被膜，经后发酵之后菌丝也不松散。腌制后的盐坯水分从豆腐坯的72%左右下降为56.4%左右，使其在后发酵期间也不致过快糜烂。

（2）防腐　食盐有防腐能力，可以抑制后发酵期间感染杂菌而引起腐败。

（3）调节水解速度　高浓度食盐对蛋白酶有抑制作用，使蛋白酶作用缓慢，不致在形成香气之前腐乳就霉烂。

（4）调味　使腐乳有一定的咸味，并容易吸附辅料的香味。

（四）后期发酵

后期发酵，即发霉毛坯在微生物的作用及与辅料的配合下进行后熟，形成色、香、味的过程，包括装坛、配料灌汤、贮藏等几道工序。

1. 装坛

取出盐坯，将盐水晒干，装入坛或瓶内。先在木盆内过夜，装坛时先将每块坯子的各面沾上预先配好的汤料，然后竖着码入坛内。

2. 配料灌汤

配好的料灌坛内，汤料要淹没坯子1.5～2cm，如汤料少，没不过的坯子就要生长杂菌，再加上浮头盐，封坛进行发酵。

腐乳汤料的配制，各地区不同，各品种也不相同。青方腐乳装坛时不灌汤料，每1000块坯子加25g花椒，再灌入7°Bé盐水；一般用红曲醪145kg、面酱50kg，混合后磨成糊状，再加入黄酒255kg，调成10°Bé的汤料500kg，再加60°白酒1.5kg、糖精50g、药料500g。搅拌均匀，即为红方汤料。

（1）染坯红曲卤配制　红曲1.5kg、面曲600g、黄酒62.5kg，浸泡2～3d，磨粉细腻成浆后再加入黄酒18kg，搅拌均匀备用。

(2) 装坛红曲卤配制　红曲3kg、面曲1.2kg、黄酒12.5kg，浸泡2～3d，磨粉细腻成浆后，再加入黄酒58kg、糖精15g（用热开水溶化），搅匀备用。

3. 贮藏

腐乳的后期发酵主要是在贮藏期间进行。豆腐坯上生长的微生物与所加配料中的微生物，在贮藏期内发生复杂的生化作用，促使腐乳成熟。

腐乳按品种配料装入坛内，擦净坛口，加盖，再用水泥或猪血封口。也可用猪血和石灰粉末，搅成糊状物，刷纸盖一层，比较牢固。最后用竹壳封口包扎。

腐乳在贮藏期间的保温发酵有两种，即天然发酵法和室内保温发酵法。

(1) 天然发酵法　在气温较高的季节使其发酵。腐乳封坛后即放在通风干燥之处，利用户外的气温进行发酵，要避免雨淋和日光暴晒。红方一般需3～5个月，青方（臭豆腐）需4个月。

(2) 室内保温发酵法　室内保温发酵法多在气温低、不能进行天然发酵的季节采用。需要加温设备，室温要保持在35～38℃。红方经过70～80d成熟，青方经40～50d成熟。

(五) 几种代表性腐乳产品的生产实例

1. 北京王致和腐乳

(1) 生产工艺流程　北京王致和腐乳生产工艺流程如图5-2所示。

豆腐坯→接种→培养→搓毛→腌渍→咸坯→装瓶→灌汤→封口→陈酿→清理→贴标→装箱→成品

图5-2　北京王致和腐乳生产工艺流程

(2) 操作要点

① 接种。豆腐坯品温降至40℃以下，方可接种。先将纯菌种扩大培养，制成固体菌或液体菌，然后将菌种均匀地撒在或喷在降温的豆腐坯上。

② 培养。将接种之后白坯入培养室，置入笼屉内。一般为方形屉，块与块之间相距4cm左右，便于毛霉生长，培养的室温为28～30℃，时间为36～48h，视季节而定，可长年生产。

③ 腌渍。长满毛的豆腐坯，搓开毛倒入池腌渍，一层毛坯、撒一层盐，码满一池后，上面撒放封口盐，用石块压住，一般用盐量为100块（3.2cm×3.2cm×1.6cm）毛坯用盐400g，腌制5～7d，咸坯含盐量13%～17%。

④ 装瓶。腌渍完成后，放毛花卤，将咸坯捞起、淋干、装瓶。

⑤ 灌汤。主要配料有面曲、红曲和酒类，辅之各种香辛料。汤料配制完毕后，灌入已装好咸坯的瓶内，封口，入后发酵室。

⑥ 陈酿（后发酵）。陈酿需室温为25～28℃，经2个月左右时间成熟。冬天通入暖气以提高室温，春、夏、秋三个季节为自然温度。

⑦ 清理。产品在陈酿期间，灰尘和部分霉菌依附在瓶体表面，需用清水清理瓶体表面的污物，然后再经紫外线灭菌。

2. 广西桂林腐乳

(1) **配料** 每1万块腐乳坯配20℃三花酒100kg、食盐20kg、茴香50g、八角1.25kg、草果85g、陈皮85g、沙姜50g。

(2) **生产工艺流程** 广西桂林腐乳生产工艺流程如图5-3所示。

豆腐坯→降温→接种→前发酵→腌渍→咸坯→装瓶→灌汤→封口→陈酿→清理→贴标→装箱→成品

图5-3 广西桂林腐乳生产工艺流程

(3) **操作要点**

① 前发酵。采用优良毛霉菌种，接种后腐乳坯斜角立放霉盒内，整齐成行，每块间距2cm，夏季稍宽些，霉盒可垛放或架放，顶部留一空盒，完毕后关上门窗，地面洒水，采取加温或降温措施。霉房内最佳温度为18～25℃，湿度85%以上。夏季培菌需36～48h，冬季需72～96h。腐乳表面六方有霉，为白色菌体。

② 陈酿（后发酵）。腐乳霉坯经腌制，装在容器内，加辅料密封，存放，进行后期发酵。控温发酵40～60d即成熟。

3. 绍兴腐乳

(1) **生产工艺流程** 绍兴腐乳生产工艺流程如图5-4所示。

豆腐坯→接种→培养→转桩→摊笼→凉花→腌制→装坛→配料→加卤→密封→后发酵→成品

图5-4 绍兴腐乳生产工艺流程

(2) **操作要点**

① 接种、培养。将快速冷却的豆腐坯入屉，接入悬浮液菌种，在室温25℃下进行培菌（发酵），相对湿度为80%，培养48h左右已生长较完全。

② 转桩、摊笼、凉花。适时转桩，防止倒坯；适时摊笼，排列整齐，冬季不超过14扇，春、秋季中间加腰笼，及时转笼；凉花时可将竹笼开盖，使其通风降温，促使毛霉散热和水分散发。凉花时间应视菌体生长情况而定，一般在48h以上。

③ 腌制、装坛。分缸腌和箩腌两种，一般红腐乳用缸（池）腌，白腐乳用箩腌。腌制方法是分层加盐加卤，腌完后上面加盐 3cm 封缸口，经 5～7d 腌渍，捞起装入坛内，加入配制汤料，密封陈酿 8 个月左右，即为成品。

第二节　豆豉生产技术

豆豉是以大豆为原料经过发酵加工而成的制品。通常豆豉的发酵是多种微生物共同作用的结果，除了主要微生物外，还伴随着其他次要微生物的生长。在制曲及后发酵过程中，基本上都包括霉菌、细菌和酵母菌等微生物的参与。但在不同的开放环境中，会形成不同的微生物区系，也决定了其酶系的多样性，产生更为丰富多样的代谢产物。

豆豉根据口味又可分为淡豆豉、咸豆豉和酒豆豉 3 类。淡豆豉又称家常豆豉，其是将煮熟的黄豆或黑豆经自然发酵而成，含盐量一般低于 8%。咸豆豉是将煮熟的大豆，先经制曲，再添加食盐、白酒、辣椒、生姜等香辛料，入缸发酵、晒制而成，含盐量一般高于 8%。将咸豆豉浸于黄酒中数日，取出晒干，即制得酒豆豉。

根据发酵微生物，豆豉可分为毛霉型豆豉、曲霉型豆豉、根霉型豆豉和细菌型豆豉 4 类。毛霉型豆豉在豆豉产品中产量最大，主要以永川豆豉及潼川豆豉为代表。因其醇香浓郁，富酯香，成品油润化渣，深受人们喜爱。毛霉生长要求的温度比较低，制曲时间长，在我国的很多地方都不适合生产毛霉型豆豉。

一、生产工艺

（一）生产工艺流程

毛霉型豆豉的工业化生产工艺流程如图 5-5 所示。

大豆→筛选→洗涤→浸泡→沥干→蒸煮→冷却→接种、制曲→洗曲
↓
成品←杀菌←包装←后发酵(6℃，10～12 月)←添加辅料(拌盐等)

图 5-5　毛霉型豆豉的工业化生产工艺流程

曲霉型豆豉的生产工艺流程与毛霉型豆豉大致相同。

（二）操作要点

1. 选料

生产豆豉宜用蛋白质含量较高、颗粒饱满新鲜、无杂质的大豆或黑豆。黑豆最佳，因黑豆皮厚，制成的豆豉不易发生破损烂瓣现象。

2. 浸泡

用清水浸泡，豆水质量比为1∶2，水温在40℃以下，浸泡时间随温度变化，一般在3～6h，浸泡至豆粒饱满鼓胀无皱纹，含水量45%为宜。

3. 蒸煮

可用连续蒸料机蒸2h或用水煮2h，煮好的熟豆会散发出豆香味，豆粒柔软，用手指挤压可将豆皮戳破，豆肉充分变色，咀嚼时豆腥味不明显且有豆香味。

4. 接种、制曲

毛霉型豆豉与曲霉型豆豉的接种方法略有区别。

(1) 毛霉型豆豉的接种、制曲　大豆蒸煮出锅后，冷却至30℃，接种纯种毛霉种曲。纯种毛霉菌是从天然豆豉曲中分离而来，经过耐热驯化，具有在25～27℃环境中生长迅速、菌丝旺盛、适应性强、蛋白酶和糖化酶等主要酶系活性高等特点。制曲周期为3～4d，适宜工业化生产。

(2) 曲霉型豆豉的接种、制曲　大豆蒸煮出锅后置于盘中，厚度为2cm左右，冷却至35℃，接种米曲霉AS 3.951（沪酿3.042）种曲，拌匀。保持室温25℃，22h后可见白色菌丝布满豆粒，曲料结块，品温上升至35℃左右，然后进行翻曲，搓散豆粒使之松散，这有利于分生孢子的形成，同时不时调换盘子的位置，使品温一致，72h后豆粒布满菌丝和黄绿色孢子时即可出曲。

5. 发酵

发酵是利用制曲过程中产生的生物酶分解大豆中的生物大分子，形成一定量的氨基酸、小肽、糖等物质，赋予豆豉固有的风味。毛霉型豆豉与曲霉型豆豉的发酵工艺有较大区别。

(1) 毛霉型豆豉的发酵工艺　将成曲倒入拌料池，打散，加入定量食盐、水，拌匀后浸1d，然后加入白酒、酒酿、香料等拌匀，装入坛中至八成满，盖上塑料薄膜与面盐，密封常温放置10～12个月即可成熟。

原料配比：大豆100kg、食盐18kg，白酒3kg（50°以上）、酒酿4kg、水6～10kg（调整水分含量在45%左右）。

(2) 曲霉型豆豉的发酵工艺　将成曲用豆豉洗霉机洗涤，加入清水，启动电机，带动盛载豆曲的铁制圆筒转动，使豆粒相互摩擦，洗掉豆粒表面附着的孢子、菌丝和部分酶系，快速洗涤后再用清水冲洗2～3遍，沥干、堆积，适当喷水控制含水量在45%左右。含水量对发酵效果至关重要，水分含量过多可能使成品脱皮、溃烂、失去光泽；水分含量过少对发酵不利，成品发硬、不酥松。将豆曲调整好水分含量后，加盖塑料薄膜保温，经过6～7h的堆积，品温上升至55℃，可见豆曲重新出现菌丝，具有特殊的清香气味，此时迅速拌入18%的食盐，将豆曲装入坛中至八成满，盖上塑料薄膜与面盐，密封常温放置4～6个月即可成熟。在此期间利用微生物所分泌的各种酶，通过一系列复杂的生物化学反应，形成豆豉所特有的色、香、味。这样发酵成熟的豆豉即为水豆豉，可以直接食用。水豆豉出坛后，于阴凉通风处晾干，使水分含量降至20%以下，即为干豆豉。

二、豆豉的质量控制

（一）豆豉白点的产生与控制

在豆豉生产的中后期，豆粒表面往往会出现无数白色小圆点，严重影响豆豉的质量。豆豉白点的形成是因为制曲时毛霉培菌时间过长，致使毛霉分泌的酞酰酪氨酸水解酶积聚过多，在后发酵中由于盐及其他添加剂的加入抑制了其他酶系的协同作用，而酞酰酪氨酸水解酶在10%左右的食盐存在下仍有较高的活性，所以可将大豆中蛋白质分解成过多的酪氨酸。酪氨酸在水中的溶解度只有0.348%（20℃），结果其大量生成和析出，从而产生了豆豉白点。

采取缩短毛霉培养时间和增加无盐发酵时间的方法均可有效预防豆豉白点的出现，但工序必须配合适当，方能保证产品质量。另外可以考虑通过抑制毛霉酞酰酪氨酸水解酶的生物合成来达到减少白点的目的，这就可以通过菌种选育，添加低酞酰酪氨酸酶活性的菌株，以减少白点的产生。

（二）“生核”“烧曲”的产生与控制

“生核”和“烧曲”现象与浸泡后大豆的含水量密切相关。浸泡使大豆中的蛋白质吸收一定量的水分，以便在蒸煮时迅速变性，以利于微生物所分泌的酶的作用。浸泡时间不宜过短，当大豆含水量低于40%时，制曲过程明显延长，不利于微生物生长繁殖，且经发酵后制成的豆豉不松软，豆豉肉坚硬，俗称“生核”；若浸泡时间延长，当含水量超过55%时，大豆吸水过度而胀破，失去完整性，使曲料过湿，制曲品温控制困难，制曲时常常出现“烧曲”现象，此时杂菌趁机侵入，使曲料酸败、发黏，发酵后的豆豉味苦、表皮无光、不油润，且易腐败变质。

避免“生核”“烧曲”现象，最主要的是要掌握好浸泡时间的长短，可根据季节气候、大豆组织的软硬程度和成分而定。一般来讲，冬季为5～6h，春、秋季为3h，夏季为2h。

（三）苦涩味的产生与控制

苦涩味是豆豉的常见质量问题。长期储存的大豆，其种皮中的鞣质和苷类成分因酶的作用而水解，或曲料发酵时间短、发酵温度高，大豆蛋白经酶水解后产生苦味肽，使苦涩味增加，影响成品的风味。另外，洗曲时没有将附着大量孢子和菌丝的成曲清洗干净而直接发酵，产品也会带有强烈的苦涩味和霉味。

避免苦涩味，一是要控制好发酵时间和发酵温度；二是洗曲时，要将附着大量孢子和菌丝的成曲清洗干净，再进行发酵。

（四）微生物污染的产生与控制

1. 霉菌制曲

对于霉菌制曲，主要是霉菌毒素的污染，对于豆豉而言，主要是黄曲霉毒素污染。豆豉在自然发酵过程中常受环境中产毒霉菌黄曲霉毒素（AFB_1）的污染。黄曲霉毒素生长产毒的温度范围是12～42℃，最适宜产毒温度为33℃，最适水活度（A_w）为0.93～0.98，豆豉的制曲条件很适合黄曲霉毒素的产毒。

对于霉菌制曲，为防止黄曲霉繁殖，在制曲过程中，环境必须尽量干净卫生，避免其他微生物的生长繁殖。而且最好采用接种制曲的方法，这样可以避免自然落入微生物，菌系过于复杂，难以控制质量。

2. 细菌制曲

对于细菌制曲的豆豉，由于厌氧作用，容易使肉毒梭菌生长，进而产生肉毒素。肉毒梭菌适宜的生长温度为35℃左右，属中温性，发育最适宜温度为25～37℃，产毒最适宜温度为20～35℃，最适pH为6～8.2。

肉毒素是目前已知的化学毒素与生物毒素中毒性最强的一种，对人的致死量为10^{-9}mg/kg，其毒性比氰化钾大10000倍。肉毒素对碱和热敏感，所以受热很容易被破坏，失去毒性。防止肉毒梭菌食物中毒的措施：①含盐量要达到14%以上，并提高发酵温度以抑制肉毒梭菌产毒；②要经常日晒，充分搅拌，充足的氧气供应不适宜肉毒梭菌产毒；③尽量做到不生吃酱菜和豆豉。

对于细菌制曲，当pH低于4.5或超过9，或温度低于15℃和高于55℃时，肉毒梭菌不能繁殖和生成毒素。食盐能抑制其发育和毒素形成，但不能破坏已形成的毒素。提高食品的酸度也能抑制此种菌的生长和毒素形成。

三、几种代表性豆豉产品的生产实例

（一）永川豆豉

1. 生产配料

黄豆500kg，食盐90kg，白酒（50°以上）25kg，做醪糟用糯米10kg，40℃温

开水 25～40kg（拌料用）。用以上配料可生产豆豉 410～425kg。

2. 生产工艺流程

永川豆豉生产工艺流程如图 5-6 所示。

选料→浸泡→蒸煮→摊晾→制曲→发酵→成品

图 5-6 永川豆豉生产工艺流程

3. 操作要点

（1）*浸泡* 将黄豆浸泡在 35℃左右的热水中，浸泡 90min，使其含水量达 50%左右。

（2）*蒸煮* 采用常压蒸料或旋转式高压蒸煮锅蒸料。后者为改进的通风制曲、大型水泥密封式发酵的配套蒸料方法。常压蒸煮 4h 左右，不翻甑。旋转式高压蒸煮锅蒸料要求压力 98.07kPa，蒸 1h。蒸料含水约 40%～47%。

（3）*摊晾* 将蒸料摊晾，即把常压蒸熟料装入箩筐，待自然冷却到 30～35℃时进曲房入簸箕。如系蒸熟的罐料，则须经螺旋输送机送入通风制曲曲床，料温约 35℃。

（4）*制曲* 制曲有传统的簸箕制曲和改进的通风制曲两种方法。簸箕制曲是利用自然发酵常温制曲，曲料厚度约 3～5cm，冬季曲料品温 6～12℃，室温 2～6℃。制曲时间约 15d，其间翻曲 1 次。成曲菌丝长约 0.4～0.5cm，呈灰白色，每粒豆坯均被浓密的菌丝包被，菌丝上有少量黑褐色孢子生长。豆坯内部呈浅牛肉色，同时菌丝下部紧贴豆粒表面有大量绿色菌体生成。成曲有曲香味。

通风制曲是一种新制曲方法。其曲料厚度为 18～20cm，品温 7～10℃，室温一般为 2～7℃。制曲周期为 10～12d，其间翻曲 2 次。也可采用自然发酵通风制曲。冬季曲料入曲房 1～2d 后起白色霉点，至 4～5d 菌丝生长整齐，并将豆坯完全包被。同时，紧贴豆粒表面有少量暗绿色菌体生成。7～10d 后毛霉衰老，菌丝由白色转为浅灰色。菌丝长 1cm，其上有少量黑褐色孢子生成，在浅灰色菌丝下部，豆粒表面有大量暗绿色菌体生成。

（5）*发酵* 向成曲中加入定量的冷食盐水浸 1d 后，再加入定量辅料入罐或入池（一般通风制曲的成曲装入配套的密封式水泥发酵池发酵）。发酵周期 10～12 个月，其间不需翻罐，保持品温在 20℃左右。

（二）潼川豆豉

潼川豆豉为黑色颗粒状，松散，有光泽，滋润无渣，清香味甜。

1. 生产配料

黑豆 500kg，食盐 90kg，白酒（50°以上）5kg，井水 30～50kg（拌料时加入）。

2. 生产工艺流程

潼川豆豉生产工艺流程如图 5-7 所示。

选料→浸泡→蒸煮→摊晾→制曲→发酵→成品

图 5-7 潼川豆豉生产工艺流程

3. 操作要点

（1）*选料* 原料用黑豆、褐豆、黄豆均可，尤以黑豆最佳。因黑豆皮较厚，做出的豆豉色黑，颗粒松散，不易发生破皮烂瓣等现象。

（2）*浸泡* 泡料时，水温控制在 40℃以下，用水量以淹过原料 30cm 为宜。一般在浸泡约 5h 后，即有 90%～95%的豆粒“伸皮”（无皱）。如气温在 0℃以下时，需适当延长浸泡时间，要求 100%豆粒“伸皮”。达到浸泡要求后，测其水分含量应为 50%左右。

（3）*蒸煮* 常压进行蒸料，分前后两个木甑，前甑蒸 2.5h 左右，待甑盖冒气和滴水时，移到后甑再蒸 2.5h（其主要目的是使甑内原料上下对翻，便于蒸熟均匀），待后甑冒气、滴水时即可出甑散热。原料蒸后的水分含量为 56%左右。

（4）*制曲* 下甑后将熟料铲入箩筐，待自然冷却到 30～35℃时，进曲房入簸箕或上晒席制曲，曲料堆积厚度为 2～3cm。常温自然接种，制曲周期因气候条件而异，一般为 15～21d。制曲时间从当年立冬（农历十月）至次年的雨水（农历一月）。在此期间，如当地最高气温在 17℃左右，适宜毛霉生长。冬季曲料入曲房 3～4d 后起白色霉点，8～12d 后菌丝生长整齐，16～20d 后原霉衰老，菌丝由白色转为浅灰色，质地紧密、直立，菌丝长 0.3～0.5cm。同时，在浅灰色菌丝下部，紧贴豆粒表面有少量暗绿色菌体生成。21d 后出曲房，豆坯呈浅灰色，菌丝长 0.5～0.8cm，有曲香味。制曲过程中，品温 5～10℃，室温 2～5℃。

（5）*发酵* 将制好的曲倒入曲池内，打散，拌曲加入定量的食盐和水，混匀后浸 1d，然后加定量的白酒（50°以上），拌匀，将拌后的曲料装入浮水罐，每罐必须装满（每罐约装干原料 50kg，即豆豉成品 83kg 左右）。靠罐口部位压紧，其上不加盖面盐，用无毒塑料薄膜封口，罐沿内加水，保持不干涸，每月换水 3 次，保持清洁。发酵 12 个月，其间不需翻罐，罐放室内、室外（南方）均可，保持品温在 20℃左右。

（三）广州豆豉

广州豆豉成品颗粒完整，乌黑发亮，无异味。

1. 生产配料

黑豆 100kg，食盐 32～34kg。

2. 生产工艺流程

广州豆豉生产工艺流程如图 5-8 所示。

煮豆→出甑→摊晾→接种→制曲→洗豆→发酵→淋水→盐腌→淋水→湿豆豉→干燥→成品

图 5-8　广州豆豉生产工艺流程

3. 操作要点

（1）煮豆　将水放入锅中烧沸，加入黑豆，约 30min，待锅中水再沸时，即可出锅冷却。

（2）摊晾、接种　熟豆捞出后冷却至 32～35℃，拌入 0.1%～0.2%的种曲（即酱油种曲“3042”），然后装筐制曲（直径 93cm 的竹筐，盛曲量为 8～10kg）。

（3）制曲　曲料入室 24h，品温开始上升，约 40℃，进行第一次翻曲，翻曲后的品温降至 34～35℃。36h 后进行第二次翻曲，品温 37～38℃。48h 后进行第三次翻曲，品温 30℃左右。96h 后，即可出曲。

（4）洗豆　用洗豆豉机洗去豆粒表面的曲菌。

（5）发酵　采用在底部开有小孔的木桶发酵，以便在发酵时空气流通及有发酵液（豉水）流出。先在 1 只木桶中自然发酵（冬季应保温）12～15h，再转入另一只空桶中继续发酵 8h 左右，品温升至 50～55℃时，淋水降温。

（6）盐腌　淋水后待水流尽即进行腌制（在木桶内进行），24～48h 腌好。一般在腌 24h 后，按每 100kg 配 75kg 清水淋豆豉，以溶解腌制过程中残留的盐粒。

（7）干燥　将湿豆豉取出于日光下晒干，待水分在 25%～30%时，即为成品。

（四）开封西瓜豆豉

开封西瓜豆豉呈新鲜浅酱褐色，豆粒饱满，外包酱膜，液体呈糊状，气味醇香，酯香、酱香浓厚，口尝柔软鲜美，柔和爽口，后味绵长并有回甜。

1. 生产配料

黄豆、面粉、优质品种西瓜。

2. 生产工艺流程

开封西瓜豆豉生产工艺流程如图 5-9 所示。

黄豆浸泡→蒸煮→出甑→拌面粉→天然制曲→成曲晒干→混拌辅料→入缸发酵→成品

图 5-9 开封西瓜豆豉生产工艺流程

3. 操作要点

(1) *黄豆浸泡* 黄豆用清水浸泡 3～4h。

(2) *蒸煮* 将泡好的黄豆常压蒸煮 3～4h，用手指捏料呈饼状，无硬心。

(3) *拌面粉、天然制曲* 靠天然黄曲霉菌自然繁殖，蒸熟的黄豆与面粉混料均匀，置苇席上平摊约 3cm 厚，以室温保持在 28～30℃、品温控制在 35～37℃为宜。24h 后呈块状，进行第一次翻曲。30h 后，进行第二次翻曲。3d 后豆粒全部长满鲜嫩的浅黄色菌丝，即为成曲。

(4) *成曲晒干* 出曲后，在烈日下晒干，即为干豆曲。

(5) *混拌辅料、入缸发酵* 将西瓜汁与食盐、生姜丁、陈皮丝、小茴香混匀，然后拌入干豆曲，入缸置日光下保温浸润分化，待食盐全部溶化，豉醅稀稠度适宜时，将缸密封保温发酵 40～50d，即酿成开封西瓜豆豉成品。

(五) 阳江豆豉

阳江豆豉是广东省的名特色产品之一，豉味幽香，松软化渣，鲜美可口，别具一格。

1. 生产配料

优质黑豆、食盐和少量明矾、五倍子。

2. 生产工艺流程

阳江豆豉生产工艺流程如图 5-10 所示。

泡豆→蒸煮→制曲→洗霉→拌盐→发酵→干燥→成品

图 5-10 阳江豆豉生产工艺流程

3. 操作要点

(1) *泡豆* 用清水浸泡豆粒，水量淹没原料 30cm，夏季泡 2～3h，冬季泡 6h，泡至豆粒膨胀无皱纹为止。

(2) *蒸煮* 黑豆在 100～104℃下蒸煮 1.5～2h，用手轻搓豆粒呈粉碎状即可，然后摊晾至 35℃。

(3) *制曲* 熟料进入曲室后，控制室温 26～30℃，品温 25～29℃。经 10h 天然制曲（属黄曲霉型制曲）后，孢子萌发，品温上升。17h 后曲料表面呈现白点和短菌丝。25～28h，品温上升至 31℃左右，曲料稍有结块。2d 后品温达 38～40℃，长满菌丝，第一次翻曲、倒匾。3d后第二次翻曲。5d后曲料成熟，成曲为黄绿色，含水21%左右。

(4) 洗霉 用清水将老熟霉菌及黏着物洗净。

(5) 拌盐 成曲分次洒水后，加入17%食盐，再加入少量明矾和五倍子，使豆豉表面呈蓝色，增加光亮度。

(6) 发酵 装坛压实，封住坛口，在日光下暴晒，在30～35℃条件下，发酵40d左右。

(7) 干燥 将发酵好的豆豉从坛中倒出，在日光下暴晒干燥，至水分为35%时，即为成品。

(六) 江西豆豉

1. 生产配料

黑豆100kg，食盐10kg左右，五香粉0.1kg，白酒0.2kg。

2. 生产工艺流程

江西豆豉生产工艺流程如图5-11所示。

黑豆→淘洗→浸泡→冲洗→蒸豆→摊晾→接种→制曲→洗豆→前发酵→晒豆→拌料→后熟→筛选→成品

图5-11 江西豆豉生产工艺流程

3. 操作要点

(1) 淘洗、浸泡、冲洗 黑豆经筛选后，淘洗干净，用水浸泡。浸泡时间随温度高低而增减，一般夏季1～2h，春、秋季2～3h，冬季3～4h。泡至出现皱皮为止，然后捞出冲洗沥干。

(2) 蒸豆 采用一次蒸豆法。探汽上甑，蒸豆时间从甑加盖算起，蒸2h后，再焖1h出甑。蒸后豆粒含水量为42%左右。

(3) 摊晾、接种 出甑熟料，冬季晾至40～45℃，夏季温度越低越好，春、秋两季晾至36℃左右，然后将“3042”米曲霉种曲均匀撒在料上，接种量一般为黑豆量的3%。接种后翻拌均匀。

(4) 制曲 料上簸箕，平均厚度2.5cm，中间散热困难可稍薄一些。室温在33～37℃时适宜米曲霉生长繁殖。一般入曲室时温度要求25～30℃，经米曲霉繁殖旺盛期后，室温应保持在20～25℃，米曲霉繁殖时产生呼吸热和分解热。品温控制：制曲初期一般在28～32℃；中期应不高于40℃；末期在31～37℃。在制曲阶段要求湿度85%～95%。制曲的整个过程需48～96h（嫩曲48h、老曲96h）。

(5) 洗豆　成曲后要经初洗和复洗。

(6) 前发酵　前发酵夏季为24h，冬季为48h。

(7) 晒豆、拌料、后熟　用4%的盐和0.1%的五香粉（加水调好）同豆混合，再经晒豆。晒豆后，再加入0.2%的白酒，然后打围堆积，经后熟发酵形成特征风味，即为成品。

第三节　大豆酱生产技术

大豆酱，又称黄酱、豆酱，我国北方地区称大酱。大豆酱的生产原料为大豆、面粉、食盐和水，经过制曲和发酵等过程而制成。优质大豆酱为红褐色并带有光泽，具有酱香及醋香。大豆酱是常用的烹调原料，适用于爆、炒、烧、拌等烹调方法。

一、生产工艺流程

大豆酱生产工艺流程如图5-12所示。

黄豆精选→清洗→浸泡→蒸煮→接种→制曲→前期发酵→中期发酵→后熟→调制→灭菌→检测→成品

图5-12　大豆酱生产工艺流程

二、操作要点

(一) 黄豆精选、清洗

首先要选豆，就是将不完整和霉变的豆子以及杂质拣出去。应选择个大、粒匀、皮薄、色泽金黄的豆子，然后用清水洗涤数遍。

(二) 浸泡

大豆吸水膨胀，有利于蛋白质的变性。将经过挑选的黄豆放入容器中并加3倍水，使用常温水浸泡，浸泡时间根据季节温差不同进行调整（一般夏季浸泡4～5h，春、秋季浸泡8～10h，冬季浸泡15～16h），浸泡后水分含量为55%～60%。泡至大豆豆粒饱满，手掐无硬心时立即将水放出。

(三) 蒸煮

原料蒸煮的目的是破坏大豆内部分子结构，使蛋白质适度变性，易于水解。同时，使部分碳水化合物水解为糖类和糊精，为米曲霉正常生长繁殖创造条件。黄豆先控水1h，压力控制在0.13～0.14MPa，时间15～20min，蒸煮完毕后及时降温。蒸后大豆应有豆香气、疏松、无硬心、用手捻有豆沙馅般的绵软质感。

（四）接种

先用面粉将曲种拌匀，再均匀拌到豆面上，接种后温度在30～40℃。

（五）制曲

制曲是大豆酱加工的关键，优良的菌种是生产优质产品的重要保证。大豆酱的制曲是多种微生物与多种酶共同参与作用的结果，产品香气鲜醇、风味独特。在这一阶段中霉菌占绝对优势，主要包括米曲霉、酱油曲霉、高大毛霉和黑曲霉。霉菌在面粉和经过蒸煮的大豆混合物上生长，并且分泌出各种酶，包括蛋白酶和淀粉酶等，使大豆中的蛋白质水解为多肽和氨基酸，淀粉水解为糖类，从而为后阶段其他微生物的生长创造条件。

影响制曲的因素主要是菌种、制曲温度和湿度、制曲时间等。曲料池要平整，厚度在20～25cm，严格控制曲料温度。前期应满足曲菌的生长温度，中期满足孢子萌发的温度，后期要适于发酵产物积累的温度，经42～48h生成黄绿色、有曲香的成曲。曲室温度，春、夏、秋季28～30℃，冬季30～32℃，曲槽前后温差不能超过1℃，办法是用曲料薄厚调温，风机吹风调整。培养温度为前期30～32℃，中期34～36℃，后期28～30℃。

1. 翻曲控制

翻曲的目的是为米曲霉供应充分的氧气，调节温度水分，使菌丝均匀繁殖，酶活力高。第一次翻曲10～13h，品温不超过35℃；冬季12～15h，翻曲品温不超过36℃。第二次翻曲，曲料入池20～22h，品温不超过35℃，翻曲时间最好不超过30min。第二次翻曲后，品温开始下降，水分急剧减少，曲料严重收缩，形成龟裂漏风，铲曲一遍，将裂缝消除，继续通风培养，保持室温26～28℃、品温30～32℃，培养至32～34h，进行第三次翻曲。

2. 通风控制

米曲霉是好气型曲霉，繁殖旺盛，产生CO_2呼吸热，如不及时给风送氧，就会抑制米曲霉的繁殖。根据曲池的阶段不同，应适当调整风量。冬季如原料处理水分过高、温度过低、通风量大时，小球菌就会大量繁殖，这些嫌气型细菌所产生的酪酸臭使成曲存在异臭，如果枯草杆菌大量侵入，使成曲产生腐败臭和氨的臭味。循环风和新鲜空气要合理使用。保持好均匀的曲料水分、温度，翻曲也是控制合理通风的主要手段。

3. 成曲标准

以曲坯达淡黄绿色为标准。手感曲料疏松柔软，具有弹性。外观菌丝丰满，呈淡黄色或灰白色，无杂色，无硬心；具有曲特有的香气，无霉臭及其他异味，有28%～30%的水分含量。

（六）前期发酵

发酵是大豆酱制作过程中又一个重要环节，发酵温度、含盐量、菌种等直接影响产品的质量。为了提高原料利用率和产品的风味质量，发酵条件应能够为菌种提供合适的生长条件，促使物料中的碳源和氮源向大豆酱的有效成分转变。发酵的目的是使霉菌、细菌、酵母菌等微生物共同作用，形成大豆酱中所含的营养成分。成曲进发酵池后，加45℃盐水，盐水浓度18°Bé。加盐水前曲料面要扒平，先均匀淋浇，使各角落吸水量一致。最好每个池放一个可以循环淋浇的笼桶，每天循环淋浇几次，以使酱的颜色、温度、吸水量等上下一致。酱醅一次性加入盐水后含水量在53%～55%，前7d为发酵前期，酱醅温度控制在41～43℃。发酵池用水温度在50～60℃，7d后倒醅1次，倒醅可使温度、盐分、水分及酶的浓度趋向均匀。同时放出因生化过程产生的CO_2及有害气体和有害挥发物，补充新鲜空气，增加酱醅氧含量，促进有益微生物的繁殖和色素的生成。

（七）中期发酵

倒池后15d为发酵中期，酱醅温度控制在43～45℃，这一时期成曲中的蛋白酶已经失活。经过蛋白质的分解，无盐固形物含量已经很高。这一时期主要是酱醅转色，使酱醅呈朱褐色、有光泽、不发乌，但要注意酱温不能太高。中期结束后，进行二次倒池，倒池后加二次盐水，要求为40℃左右、16～17°Bé热盐水。发酵中期应间隔3～5d翻搅1次。作用与发酵前期倒池的作用相同，翻搅次数按酱醅发酵程度而定。

（八）后熟

这一时期酱醅发酵过程已近尾声，但为了使大豆酱的后味绵长、适口，酱香、酯香浓郁，还要经过半个月的后熟期。酱醅温度控制在35～38℃，每3d左右翻搅1次，使上下品温一致，并使空气中的酵母菌接入酱醅，2周左右停止翻搅。这时观察酱的表面，如果酱面平整，没有气泡溢出，则说明发酵已经结束，整个发酵过程需要28～30d。

（九）调制

所谓调制，是指将要计算达到出厂标准所需添加的盐水浓度及盐水量，兑入酱醅，使产品的指标趋于一致。

（十）灭菌

经过研磨的酱在包装前最好经过60～65℃的高温灭菌，可以通过采用提高池温来实现这一目的，最好使用连续灭菌器。

第四节　纳豆生产技术

纳豆是大豆经纳豆芽孢杆菌（*Bacillus natto*）发酵而成，是盛产于日本的一种大豆发酵性食品。纳豆具有独特的风味和黏性，与我国的传统食品豆豉相似，但纳豆是由纯菌种发酵而成，时间较短，便于控制，其保健功能也高于豆豉。纳豆芽孢杆菌是在20世纪中期被发现并分离出来的，它不仅具有分解蛋白质、碳水化合物、脂肪等大分子物质的性能，使发酵产品中富含氨基酸、有机酸、寡聚糖等多种易被人体吸收的成分，而且在纳豆中还发现一些生理活性物质如纳豆激酶（nattokinase，NK）、抗菌肽、维生素 K_2 等，这些物质使纳豆具有多种保健功能，如溶血栓、抗肿瘤、降血压、抗菌等作用，还可预防骨质疏松，提高蛋白质的消化率、抗氧化等。纳豆芽孢杆菌还能分泌各种酶和维生素，从而可促进小肠黏膜细胞的增殖，保证肠功能的正常。

一、生产工艺流程

纳豆生产工艺流程如图5-13所示。

纳豆芽孢杆菌培养
↓
黑豆→清洗→浸泡→沥干→蒸煮→冷却→接种→发酵→后熟→干燥→纳豆成品→低温贮藏

图5-13　纳豆生产工艺流程

二、操作要点

（一）清洗、浸泡

选用黑豆，因其色好、皮厚结实不易脱落。经水洗，除去杂质和质量差的豆，于冷水中浸泡过夜（夏天8～12h，冬天20h），以大豆吸水重量增加2～2.5倍为宜。沥掉泡豆水后，放入压力锅内，0.1MPa、45min，冷却至40℃左右。以大豆很容易被手捏碎为宜。宜蒸不宜煮，煮的水分太大。

（二）纳豆芽孢杆菌培养

纳豆芽孢杆菌培养所采用的培养基（质量分数）：蛋白胨1%、牛肉膏0.3%、NaCl 0.5%、葡萄糖0.5%、酵母膏0.5%、琼脂粉18%（而液体培养不需添加琼脂粉），pH 7.0，于杀菌锅内，121℃、15min，拿出冷却（固体培养基至45℃时倒平板或摆斜面），从活化后的试管斜面上用无菌水洗下菌孢，打匀，接入装有一定量的液体培养基中，30℃下，180r/min摇床培养18h，制得种子液。也可在固体平板或克氏瓶内培养后，用无菌水洗下作种子液。

（三）发酵

蒸煮后大豆的重量约为原大豆的2倍。按大豆量的1%～3%比例将纳豆芽孢杆菌种子液接入，拌匀，置盛器内，40～41℃发酵14～20h；若发酵过度，不仅影响纳豆的风味，而且会破坏纳豆芽孢杆菌，并有利其他杂菌生长繁殖。纳豆生产过程中对空气循环、温度、湿度等因素十分敏感，发酵时的条件不同，发酵的结果也会有所不同。

发酵过程中，纳豆芽孢杆菌分泌各种酶催化生化反应，产生特征性的黏性物质包括多糖和γ-多聚谷氨酸，并形成特有的风味和气味物质，包括3-羟基-2-丁酮、2,3-丁二醇、乙酸、丙酸、异丁酸、2-甲基酪酸和3-甲基酪酸。分泌多种酶包括纳豆激酶等。发酵过程中，可溶性糖几乎完全消失，从第8h后，蔗糖、棉籽糖和水苏糖的含量开始下降，同时，葡萄糖、蜜二糖、三聚甘露糖和少量的果糖被释放出来。葡萄糖和果糖在14h内被完全利用，而蜜二糖、三聚甘露糖和剩余的水苏糖几乎没有变化，葡萄糖及蒸煮大豆的主要有机酸——柠檬酸降解很快，成为纳豆芽孢杆菌的碳源。

（四）后熟

发酵好的纳豆还要在0℃（或一般冷藏温度）保存1～7d进行后熟，才可呈现纳豆特有的黏滞性、拉丝性、香气和口味。要增进纳豆的口味，必须经过后熟。

（五）低温贮藏

如果冷藏时间过长，有过多的氨基酸会结晶，从而使纳豆质地有起沙感。因此，纳豆成熟后应该进行分装冷冻保藏。与其他无盐发酵食品一样，新鲜纳豆易变质，其品质劣化速度取决于贮藏温度和时间。−18℃冷冻保存6个月，0～4℃保存8～10d。40～45℃干燥，除去部分水后可延长保存时间。低温冷冻干燥至含水量低于5%或再粉碎成粉末就可较长期保存。纳豆不宜直接高温加热，否则其营养成分会被破坏。

第五节 酱油生产技术

酱油是以富含蛋白质的豆类和富含淀粉的谷类及其产品为主要原料，在微生物酶的催化作用下分解熟化，并经浸滤提取的调味汁液。酱油中营养成分丰富，我国生产的酿造酱油每100mL中含可溶性蛋白质、多肽、氨基酸达7.5～10g，含糖分2g以上，此外，还含有较丰富的维生素、磷脂、有机酸以及钙、磷、铁等无机盐。酱油中含有多种调味成分，有酱油的特殊香味、食盐的咸味、氨基酸钠盐的鲜味、糖及其他醇类物质的甜味、有机酸的酸味、某些氨基酸等爽适的苦味，还有天然的红褐色色素，可谓咸、酸、鲜、甜、苦五味调和及色香俱备的调味佳品。

酱油是我们一日三餐烹调炒菜必不可少的调味品。酱油根据发酵工艺的不同可分为两大类。第一类为高盐稀态发酵酱油，以大豆或脱脂大豆、小麦或小麦粉为原料，采用高盐稀态发酵工艺或固稀发酵工艺生产。我国南方大多生产此类酱油，传统叫生抽、老抽等。生抽酱油以大豆、面粉为主要原料，经天然酿造而成，色泽比普通酱油淡，适合凉拌和小炒。老抽酱油是在生抽酱油的基础上，把榨出的酱油晒制1个月，经沉淀过滤而成，老抽酱油颜色比普通酱油深，极易给食品上色。第二类为低盐固态发酵酱油，以脱脂大豆或大豆、小麦粉等为原料，经蒸煮、制曲并采用低盐固态发酵工艺生产。我国北方企业大多采用此工艺。酱油根据制作方法不同分为两大类，第一类为酿造酱油即发酵酱油，前面已经介绍。第二类为配制酱油，一种是在酿造酱油中添加水解植物蛋白调味液或大豆等植物蛋白酶处理液配制而成；另一种是在大豆等水解植物蛋白调味液中加入焦糖色素、食盐等配制而成。根据使用范围不同分为烹调酱油和餐桌酱油，烹调酱油不可直接食用，仅用于烹调加工；餐桌酱油既可直接食用又可用于烹调加工。

一、生产原辅料

酿造酱油主要原辅料为蛋白质原料、淀粉原料、食盐和水。

（一）蛋白质原料

蛋白质原料对酱油色、香、味、体的形成至关重要，是酱油生产的主要原料。酱油酿造一般选择大豆、脱脂大豆作为蛋白质原料。大豆以颗粒饱满、干燥、杂质少、皮薄新鲜、蛋白质含量高为好。目前，除一些高档酱油用大豆作原料外，大多用脱脂大豆作为酱油生产的蛋白质原料。脱脂大豆按生产方式不同可分为豆粕和豆饼两种。用脱脂大豆作为酱油的生产原料比大豆经济合算。豆粕中蛋白质含量高，脂肪、水分均较低，易于粉碎，是酿造酱油的理想材料。酱油中的氮有75%来自蛋白质原料。

（二）淀粉原料

淀粉在酱油酿造过程中分解为糊精、葡萄糖，除提供微生物生长所需的碳源外，葡萄糖经酵母菌发酵生成的乙醇、甘油、丁二醇等物质是形成酱油香气的前体物和酱油的甜味成分；葡萄糖经某些细菌发酵生成各种有机酸可进一步形成酯类物质，增加酱油香味；残留于酱油中的葡萄糖和糊精可增加甜味和黏稠感，使酱油具有良好的体态。另外，酱油色素的生成与葡萄糖含量密切相关。因此，淀粉原料也是酱油酿造的重要原料。

酿造酱油使用的主要淀粉原料有小麦、麸皮等。小麦是传统方法酿造酱油使用的主要原料，除含有丰富的淀粉外，还含有一定量的蛋白质。小麦蛋白质是产生酱油鲜味的重要来源。小麦是酿制酱油的优质原料，但因它是细粮，现在大多用麸皮来代替小麦作酿造酱油的原料。

麸皮又称麦麸或麦皮，是小麦制面粉的副产品。麸皮质地疏松、表面积大并且有多种维生素及无机盐，有利于制曲，也有利于酱醅淋油。麸皮中戊聚糖含量高，对增加酱油色泽有利。但麸皮中淀粉含量较低，会影响酱油香气和甜味成分的生成率，这是麸皮作为酿造酱油原料的不足之处。

（三）食盐

食盐也是酱油生产的重要原料之一，它使酱油具有适当的咸味，并与氨基酸共同形成酱油鲜味，起到调味的作用。另外，在酱醅发酵时食盐有抑制杂菌的作用，在成品中有防止酱油变质的作用。

（四）水

酱油酿造中用水量很大，水是酱油的主要成分之一，又是物料和酶的溶剂。水中的微量无机盐类，也是微生物生长发育所必需的营养物质。通常自来水、井水或清洁的江、河、湖水等，凡是符合饮用水标准的水都可以作酱油酿造用水。

二、生产工艺流程

酱油生产工艺流程如图5-14所示。

种曲制备、原料预处理→接种→制曲→发酵→浸出取油→加热、配制、澄清→检验→包装→成品

图5-14　酱油生产工艺流程

三、操作要点

(一) 种曲制备

种曲是酱油酿造制曲时所用的菌种。种曲制备过程：将曲霉接种在合适培养基上，在 30℃下培养 18h 后，待曲料发白结块，第一次摇瓶，目的是使基质松散。4h 后又发白结块，第二次摇瓶，继续培养 2d，倒置培养 1d，待全部长满黄绿色孢子，即可使用。若需放置较长时间，应置阴凉处或冰箱中备用。

1. 酱油生产菌应具备的条件

首先要选择优良的菌株，酱油生产菌应具备的必要条件：①不产生黄曲霉毒素及其他真菌毒素；②要求酶系安全，酶活力高；③对环境适应性强，生产快速，繁殖力强；④酿造的酱油要风味良好；⑤菌种纯，性能稳定。目前常用的有 AS 3.951、UE 336、渝 3.811 等菌株，采用察氏培养基保藏，生产前先用察氏培养基移接，进行驯化，使其适应生产条件。制种曲前还必须做好曲室、工具的灭菌工作，种曲室每次使用前要冲洗。种曲外观要求孢子旺盛，呈新鲜的黄绿色，具有种曲特有的曲香，无硬心、无根霉、无青霉及其他异色。孢子数应在 25 亿～30 亿个/g，发芽率在 90%以上。

2. 种曲制备工艺流程

种曲制备工艺流程如图 5-15 所示。

试管斜面菌种→锥形瓶扩大培养
↓
麸皮、面粉、水→混合→蒸料→过筛→摊晾→接种→装匾→第 1 次翻曲
↓
种菌←揭去纱布或草帘←第 2 次翻曲

图 5-15　种曲制备工艺流程

制种曲常用的 2 种方法：

(1) 竹匾操作　接种完毕，将曲料移入竹匾内摊平，厚度约为 2cm，种曲室的室温控制在 28～30℃，湿度 90%以上，培养 16h 左右，当曲料上出现白色菌丝并有曲香味产生，品温升高到 38℃时即可进行翻曲。翻曲时，将曲块用手捏碎，用喷雾器补加 40℃左右的无菌温水，补水量为曲料的 40%左右，喷水完毕，再过筛 1 次，使水分均匀。然后分匾摊平，厚度为 1cm，上盖灭菌的湿纱布，以保持足够的湿度。翻曲后，种曲室的室温控制在 26～28℃，培养 4～6h 后，可见面上有菌丝生长，这一阶段必须注意温度的变化，随时调整竹匾的上下位置和室温，品温绝

对不能超过 38℃，并经常保持纱布潮湿，这是制好种曲的关键。若品温过高，开启门窗降温；品温过低，利用蒸汽保温。整个培养时间为 68～72h。

（2）曲盘操作　接种完毕，将曲料装入曲盘内，再将曲盘堆叠于曲室内，室温不低于 25℃，培养 16h 左右。当品温达到 34℃，曲料表层发白并结块时，进行第 1 次翻曲。翻曲后，加盖灭菌布，曲盘改为品字形堆叠，控制室温在 28～30℃，4～6h 后品温上升到 36℃，即进行第 2 次翻曲，并倒换曲盘位置，保持 34～35℃。每翻一盘，随之盖灭菌草帘于盘上，控制品温在 36℃，接种装盘培养 60h 后揭去草帘，继续培养 24h 左右，即可出曲。

（二）制曲

制曲是种曲在酱油曲料上的扩大培养过程。制曲前，原料经适当的配比，并经过合理的处理后，在熟料中接入种曲，使米曲霉在合适的条件下充分发育繁殖，同时分泌出大量的酶，如蛋白酶、肽酶、淀粉酶、谷氨酰胺酶、果胶酶、纤维素酶、半纤维素酶等。制曲在酱油酿造中很关键，曲的好坏直接影响到酱油的质量和原料的利用率。

1. 制曲工艺流程

制曲工艺流程如图 5-16 所示。

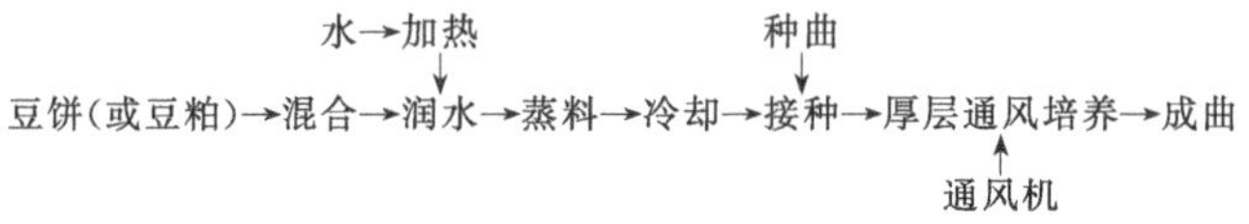

水→加热
↓
豆饼（或豆粕）→混合→润水→蒸料→冷却→接种→厚层通风培养→成曲
（接种←种曲；厚层通风培养←通风机）

图 5-16　制曲工艺流程

2. 制曲原料的处理

制曲前对原料进行适当处理，创造有利于米曲霉生长繁殖的良好条件；另外，使原料中蛋白质、淀粉结构发生一定程度的改变，使发酵阶段酶解容易进行。

（1）豆饼（豆粕）的粉碎　豆饼粉碎至适当的粒度，便于润水和蒸煮。原料粉碎的细度，在不妨碍制曲、发酵、浸出、淋油的前提下，应尽量使粒度细些。要求大小均一，粒径在 5mm 以上和粉末状不得超过 10%。豆粕颗粒已呈粒状，一般不需粉碎，若发现豆粕中有粗粒或小团块时，必须筛除，并将粗粒及团块轧碎。

（2）原料的润水　粉碎后的豆饼与麸皮按一定比例充分拌匀后，即可进行润水。所谓润水，就是给原料加入适量的水，并使原料均匀而完全吸收水分。其目的在于使原料吸收一定水分后膨胀、松软，在蒸煮时蛋白质容易达到适度变性，淀粉充分糊化，溶出曲霉生长所需的营养成分，也为曲霉生长提供所需的水分。原料润水可用冷水、温水或热水。用近沸点热水润水，不仅润水时间短，同时还可以使蛋白质受热凝固而不发黏，减少可溶性成分的损失。

（3）蒸料　曲料润水完毕后停止锅体旋转，排出进气管中冷凝水，以免发生局部原料水分过高而影响蒸料效果。进蒸汽后开排气阀排出锅内空气，待排气管连续喷出蒸汽时，关闭排气阀，使锅内压力升高到30～50kPa，打开排气阀，使空气排净。关闭排气阀后继续通蒸汽至锅内压力80～110kPa，维持15～30min，蒸料过程中锅体不断旋转。蒸料完毕，开排气阀，降至常压，再开水力喷射器进行减压冷却，品温快速下降到需要的品温时即可出料。蒸料可使原料中蛋白质适度变性成为酶易作用的状态，使原料中淀粉充分糊化，以利于糖化，杀灭原料中的杂菌，减少制曲时的污染。蒸料要均匀并达到原料蛋白质的完全适度变性，防止蒸料不透或不均匀而存在未变性蛋白质，或蒸料过度而使蛋白质发生褐变现象。

3. 厚层通风制曲

种曲与适量经干蒸处理过的麸皮在拌和机中充分拌匀，接入已打碎并冷却到40℃的曲料中，接种完毕用风送设备或输送带运入曲池中。种曲用量为制曲投料量的0.3%左右。

为了保持曲料均匀而良好的通风条件，必须堆积疏松平整，曲料的厚度一般为30cm左右。如果接种后料层温度较高，应及时开启通风机调节温度至32℃左右。入池后米曲霉孢子即进入适应期，孢子吸水，体积膨大，所需的氧可由料层中空气提供，此阶段代谢热少，曲料升温不明显。培养4～6h后孢子进入发芽期，同时品温逐渐升高，当达到38℃以上时，开通风机通风降温。由于菌丝刚开始生长，产热少，曲料透气性好，所以降温快，当曲料温度降至32℃时停止通风。因温度过低可造成适合低温的小球菌繁殖，所以通过间歇通风的方法保持品温在32～35℃，以抑制厌氧菌和低温菌的生长，形成米曲霉的生长优势。培养6～8h后，由于菌丝的生长，曲料呈白色，通风阻力增加，代谢热上升，耗氧量增加，因此该阶段应长时间通风。培养10h左右时，曲料由于菌丝大量生长而结块，通风阻力更大，品温上升更快，并出现品温下低上高的现象，虽连续通风，上部品温仍不能下降，上下温差逐渐增大。此时，应立即进行第1次翻曲，使曲料疏松，减小通风阻力，保持正常温度。以后每隔4～6h，根据品温情况及曲料收缩、裂缝等现象进行翻曲，消除裂缝以防漏风，保持品温35℃左右和良好的通风，必要时可铲曲或翻曲。培养18h左右开始产生孢子，22～26h曲呈淡黄绿色，即可出曲。

4. 制曲时曲料的各种变化

霉菌在曲料上的生长变化：

第一阶段孢子发芽期：曲料接种进入曲池后，在最初的4～5h，米曲霉得到适当温度及水分就开始发芽生长。温度低，霉菌发芽缓慢；温度过高不适合霉菌发芽生长，反而适合细菌的发育繁殖，使制曲受到杂菌污染的影响。生产上发芽温度一般控制在30～32℃。

第二阶段菌丝生长期：孢子发芽后接着生长菌丝，品温逐渐上升至35℃，需要进行间歇或连续通风，可起到调节品温和调换新鲜空气的作用，以利于米曲霉的生长。当肉眼稍见曲料发白、菌丝体形成时，进行第1次翻曲。

第三阶段菌丝繁殖期：第1次翻曲后，菌丝发育更加旺盛，品温迅速上升，需要连续通风，严格控制品温在35℃左右。约隔5h后曲料表面产生裂缝迹象，品温相应上升，进行第2次翻曲。此阶段米曲霉菌丝充分繁殖，肉眼可见曲料全部发白。

第四阶段孢子着色期：第2次翻曲后，品温逐渐下降，但仍需要连续通风维持品温为30～32℃。当曲料接种培养18h左右，曲霉逐渐由菌丝大量繁殖，而开始着生孢子。培养26h左右，孢子逐渐成熟，使曲料呈现淡黄色直至黄绿色。一般在孢子着色期间，米曲霉的蛋白酶分泌最为旺盛。

制曲过程中的物理、化学变化：

制曲过程中由于温度升高和通风使水分大量蒸发，一般来说，每吨原料经24h制曲，其水分蒸发接近0.5t。粗淀粉的减少、水分的蒸发，以及菌丝体的大量繁殖，使曲料坚实，料层收缩以至产生裂缝，引起漏风或料温不均匀。

制曲过程中主要的化学变化是米曲霉分泌的淀粉酶分解部分淀粉为糖分，以及蛋白酶分解部分蛋白质为氨基酸。制曲时碳水化合物的消耗量较大，特别是在高温制曲时更为明显。糖通过代谢分解为CO_2和H_2O。

（三）发酵

酱油发酵主要利用微生物生命活动中产生的各种酶类，对原料中的蛋白质、淀粉还有少量脂肪、维生素和矿物质等进行多种发酵作用，逐步使复杂物质分解为较简单的物质，又把较简单的物质合成为一种复合食品调料。

1. 发酵原理

酱油的发酵除了利用在制曲中培养的米曲霉在原料上生长繁殖，分泌多种酶，还利用在制曲和发酵过程中，从空气中落入的酵母和细菌进行繁殖并分泌多种酶。所以酱油是曲霉、酵母和细菌等微生物综合发酵的产物，其机理如下：

（1）蛋白质的水解　在发酵过程中，原料中的蛋白质经蛋白酶的催化作用，生成分子量较小的胨、多肽等产物，最终分解变成多种氨基酸类。有些氨基酸如谷氨酸、天冬氨酸等构成酱油的鲜味；有些氨基酸如甘氨酸、丙氨酸和色氨酸具有甜味；有些氨基酸如酪氨酸、色氨酸和苯丙氨酸产色效果显著，能氧化生成黑色及棕色化合物。霉菌、酵母菌和细菌中的核酸，经核酸酶水解后生成鸟苷酸、肌苷酸等核苷酸的钠盐，与谷氨酸钠盐协调作用可提高酱油鲜味数倍。必须注意的是，若米曲霉质量不好，污染了杂菌会产生异常发酵，使蛋白质水解作用终止之后，再氧化。

（2）淀粉的糖化和酒精的发酵作用　制曲后的原料中，还留有部分尚未彻底糖化的碳水化合物，在发酵过程中，可利用米曲霉中淀粉酶水解生成糊精、麦芽糖、葡萄糖等。糖化作用后产生的单糖中，除葡萄糖外，还有果糖及五碳糖。果糖主要来源于豆粕（或豆饼）中的蔗糖水解，五碳糖来源于麸皮中的多缩戊糖。葡萄糖在一定条件下由酵母发酵生成酒精和二氧化碳。生产时酵母菌一般是在制曲或发酵过程中，从空气、水、生产工具中自然带入酱油，但也有少数为了增加酱油的香气成分，在发酵后期人工添加酵母菌的情况。酵母菌的发酵温度以30℃为宜，低于10℃仅能繁殖，不能发酵；高于40℃酵母菌的生长受到抑制甚至自行消化，这就是高温无盐固态发酵酱油香气不足的原因。采用中温或低温发酵方法，适当延长发酵时间，对酒精生成是有利的。

（3）有机酸的发酵作用　制曲时自空气中落下的一部分细菌，在发酵过程中能使部分糖类变成乳酸、醋酸、琥珀酸等，适量的有机酸存在于酱油中可增加酱油的风味，但含量过多会使酱油呈酸味而影响质量。部分米曲霉本身也能在发酵代谢中产生曲酸，这些酸与酒精结合能增加酱油的香气使其具有独特风味。但酸度过高，在发酵期间既影响蛋白酶和淀粉酶的水解作用，又使产品质量降低。

（4）脂肪的分解　在发酵过程中，米曲霉分泌的脂肪酶将原料中的少量脂肪在30℃、pH值为7的条件下水解成脂肪酸与甘油，这些脂肪酸又通过各种氧化作用生成各种短链脂肪酸，这些脂肪酸也是酱油中构成酯类的基物。

（5）纤维素的分解　原料中的纤维素在纤维素酶的催化作用下水解，分解为直链纤维素，然后再经羧甲基纤维素酶水解为可溶性的纤维二糖，又在β-葡萄糖苷酶的参与下分解为葡萄糖。葡萄糖又在细菌中酶的作用下生成乳酸、醋酸和琥珀酸等。原料中的多缩戊糖是半纤维素的主要成分，它在半纤维素酶的作用下生成戊糖。

(6) 色、香、味、体的形成　酱油在发酵过程中经过各种变化而形成了酱油特有的色、香、味、体。酱油的色素是各种色素综合形成的，它是在酿造过程中经过一系列生物化学变化产生的。形成的主要途径有两个，即美拉德反应和酶促褐变。美拉德反应是一种非酶褐变反应，是酱油色素形成的主要途径。酱油色素形成的另一途径是酶促褐变反应，即蛋白质中的酪氨酸在曲霉分泌的多酚氧化酶等作用下进行的氧化反应。其主要机理是：在酶的催化作用下，使L-酪氨酸氧化、脱水，生成5,6-醌基吲哚-2-羧酸，再经过分子重排、聚合，生成黑色素。对酱油色素来讲，酶褐变反应生成色素能力比美拉德反应弱得多。酱油变黑的程度不取决于酪氨酸的绝对含量，而主要取决于酪氨酸酶或氧化醛的活性，而且与原料品种有关。酱油色素的形成主要是因为酱醅中的氨基酸和糖类，它们受外界温度、空气和酶的作用，在一定时间下结合成酱色。各种糖类相比较而言，戊糖最好。甲基戊糖类与氨基酸等共存时，形成酱油的色素。

酱油的香气来源包括由原料生成的，由曲霉的代谢产物所构成的，由耐盐性乳酸菌的代谢产物所生成的，由耐盐性酵母的代谢产物所生成的，以及由化学反应等多种途径所生成的。这些产物构成了酱油中的酯类、醇类、羰基化合物、缩醛类及酚类等复杂众多的香气成分。

酱油的浓稠度俗称为酱油的体态或身骨，它由可溶性蛋白质、氨基酸、糊精、糖类、有机酸、食盐等固形物组成。酱油发酵越完全，质量越高，则酱油的浓度和黏稠度就越高，而且色、香、味俱佳。

2. 发酵工艺

发酵分为酱醪发酵和酱醅发酵，前者是指成曲拌入大量盐水，使其呈浓稠半流动状态的混合物；后者是指成曲拌入少量盐水，使其呈不流动的状态。其实质是一致的，都是一系列生化过程。发酵方法有很多，而我国目前实施的《酿造酱油》国家标准中，把酱油工艺划分为高盐稀态发酵和低盐固态发酵两类。

(1) 高盐稀态发酵　高盐稀态发酵工艺要求的“低温、长期”条件符合微生物的生长规律，有利于原辅料充分酶解，促进各种风味物质的形成，抵制外来微生物的污染，营造厌氧环境保证发酵顺利进行。但是该工艺的大投入、长周期以及产品的高价位等客观现状不符合当前我国的国情，故目前产量很少。

(2) 低盐固态发酵　应用最广泛、最具代表性的当属低盐固态发酵工艺，其产量占全国酱油总量的80%。采用该工艺酿造的酱油质量稳定、风味较好，且操作管理简便、发酵周期较短，被国内大、中、小型酿造厂广泛采用。现以低盐固态发酵法为例介绍酱油的发酵工艺。低盐固态发酵工艺流程如图5-17所示。

食盐→溶解→稀盐水糖浆液
↓
成曲→粉碎→拌和制醅→入发酵容器→保温发酵→降温发酵→成熟酱醅

图5-17　低盐固态发酵工艺流程

该工艺是我国独创的酱油工艺。其核心技术是利用酱醅中7%左右的食盐既对杂菌有抑制作用，又不影响蛋白酶等酶系的水解作用，是在融合了当时固态无盐发酵、传统发酵、稀醪发酵等多种工艺优点的基础上衍生而来，1964年在沪推广应用至今。如今，依据其发酵与取油方式的不同，逐步分化为3种成熟的工艺：一是“低盐固态发酵移池浸出法”；二是“低盐固态发酵原池浸出法”；三是“先固后稀淋浇发酵原池浸出法”。三法各有所长，其中后者体现了我国近代酱油主要发酵工艺的特点：在前期发酵阶段采用传统发酵的固态酱醅，将发酵温度控制在42℃左右，蛋白酶、肽酶能在短期内完成酶解、呈味、增色。在中期发酵阶段，仿照稀醪发酵，以酱汁回浇于酱醅的淋浇方法调节品温、输入氧气、排除CO_2、抑制因过度分解产生的分解臭及局部温度过高产生的焦煳味。在后期取油阶段则保留了固态无盐发酵中的浸出法，省掉了庞大的高额压榨设备。酶解、发酵、后熟、回浇和淋浇等各步骤均在静置、原位及同一设备条件下顺序完成，在减轻劳动强度、减少杂菌污染、方便管理等方面具有明显优势，使低盐固态发酵工艺更趋完善、合理、实用。但是由于该工艺原料配比中，淀粉含量不足，造成发酵周期较短、发酵温度偏高，不利于充分发挥微生物的作用，因而产品风味较高盐稀态发酵工艺略逊一筹。

发酵过程在酱油酿造中是一个重要环节。加水量、盐水浓度、水的温度、拌水均匀程度，以及发酵温度等均将直接影响酱油质量及全缸利用率，因此必须认真按发酵工艺要求操作，以提高全氮利用率和改善产品风味。

（四）浸出取油

从成熟酱醅中提取酱油的方法有压榨法和浸出法。目前小型厂仍用压榨法，此法劳动强度大、耗工耗时；大、中型厂则采用浸出法或淋出法，即在原发酵池中加盐水为溶剂，浸渍酱醅，使有效成分充分溶解于盐水中，再抽滤出酱油。

1. 酱油浸出工艺流程

酱油浸出工艺流程如图 5-18 所示。

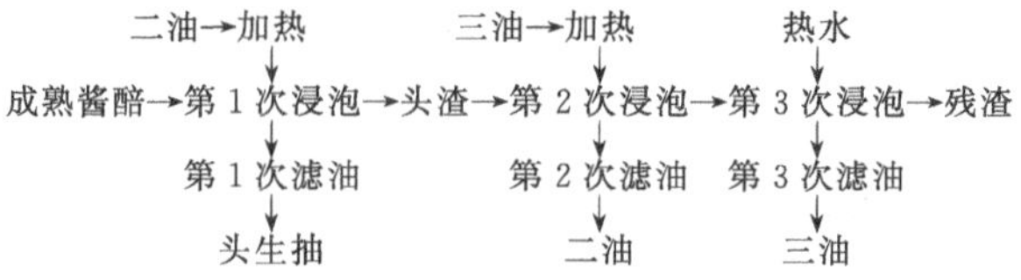

二油→加热 → 第 1 次浸泡；三油→加热 → 第 2 次浸泡；热水 → 第 3 次浸泡

成熟酱醅→第 1 次浸泡→头渣→第 2 次浸泡→第 3 次浸泡→残渣

第 1 次浸泡→第 1 次滤油→头生抽

第 2 次浸泡→第 2 次滤油→二油

第 3 次浸泡→第 3 次滤油→三油

图 5-18　酱油浸出工艺流程

2. 浸泡、滤油和出渣

酱醅成熟后，利用浸出法将其可溶性物质溶出。将上批生产的二油加热至 70～80℃，用泵注入成熟的酱醅中，加入二油的量一般为豆饼原料用量的 5 倍。加完二油后，盖紧容器，保温浸提，要求品温不低于 65℃，正常情况下约经 2h，酱醅慢慢上浮并逐渐散开下沉。若酱醅整块上浮而不散开，证明发酵不良，则浸出效果较差。浸泡 20h 后，从浸淋池底部放出头油，使热头油先流入盛有食盐的滤器，溶解食盐，再流入贮油池。头油不能放得过干，否则会因酱醅紧缩而影响第 2 次滤油。头油就是用二油对发酵好的酱醅第 1 次进行浇淋，淋出的就是酱油。二油就是用三油对头油下来的酱醅再次浇淋，三油是用水对二油下来的酱醅第 3 次浇淋。在滤油过程中，头油是产品，二油套头油，三油套二油，热水提三油，如此循环使用。酱油的滤出是依靠酱醅自身形成的过滤层和溶液的重力作用自然渗漏的。

（五）加热及配制

1. 加热

加热的目的：生酱油含有大量微生物，风味色泽感差，且混浊。经加热处理，可杀菌灭酶，有利于保存、调和风味、增进色泽、除去悬浮物、促进澄清、增加稳定性。酱油加热温度：高级酱油可以稍低（70～75℃）；低档的可高点（80℃，20min）。加热方法习惯使用直接火加热、二重锅或蛇形管加热以及热交换器加热，目前主要采用热交换器加热的方法。在加热过程中，必须让生酱油保持流动状态，以免焦煳。每次加热完毕后，都要清洗加热设备。

2. 配制

由于每批酱油的品质不一致，因此在出厂前，要经过配制，使之达到标准，产品一致。在配制时，先要了解加热灭菌后头油和二油的数量，及经分析化验所得的有关成分数据，然后按需要配制的等级来计算用量。通常主要以全氮、氨基酸及氨基酸生产率来计算。为了防止酱油生白霉变，可以在成品中添加一定量的防腐剂。习惯使用的酱油防腐剂有苯甲酸、苯甲酸钠等品种，尤以苯甲酸钠常用。

（六）澄清、包装及贮藏

1. 澄清

经过配制的酱油，需置于一定的容器内让其自然澄清，或采用过滤除去沉淀，得到澄清酱油。泥状沉淀物俗称酱油脚子，其中还含有一定量的酱油成分，可通过布袋压滤的方法滤出酱油，或重新加入待浸泡的酱醅中。

2. 包装、贮藏

澄清的酱油可进行包装，有瓶装和散装两种。优质酱油用绿色玻璃瓶装，散装酱油多采用木桶或塑料桶装，适于当地销售。包装后的酱油需经检验，合格后方可出厂。酱油的成品库必须通风、干燥，定期清洗、消毒；并有防蝇、防鼠、防虫和防尘设施。成品库不得贮存其他物品，成品贮存期间应定期抽样检验，确保成品安全卫生。

第六章 大豆饮品生产技术

第一节 豆乳生产技术

豆乳是以大豆或低变性大豆粉为原料，经加工制成的乳状饮品。豆乳创始于日本、丹麦等国，它是20世纪70年代以来，世界食品工业中迅猛发展起来的一类蛋白质饮料。20世纪80年代传入我国香港，随后盛行于广州、上海，以后逐步普及至全国。豆乳是在豆浆的基础上发展起来的，它去除了传统豆浆的豆腥味和抗营养因子，并通过营养调配制得，营养丰富，并且具有特殊的色、香、味。因此，它比豆浆更能满足现代人的需要。

豆乳生产是利用了大豆蛋白的功能特性和磷脂的强乳化性。磷脂是两性物质，其分子一端是极性基团，另一端是非极性基团。中性油脂是一种非极性的疏水性物质。变性后的大豆蛋白分子疏水基团大量暴露于分子表面，使分子表面的亲水性基团相对减少，水溶性降低。这种变性的大豆蛋白、磷脂及油脂的混合体系，经均质或超声处理，相互之间发生作用，形成蛋白质、磷脂及油脂的缔合体，具有极高的稳定性，在水中可形成均匀的乳状分散体系，即豆乳。

一、豆乳的分类

2008年，我国国家发展和改革委员会发布的《豆乳和豆饮料》国家轻工行业标准（QB/T 2132—2008），将豆乳（豆奶、植物蛋白饮料）扩展分类为以下三种。

（一）纯豆乳

纯豆乳是用水提取大豆中的蛋白质和其他成分，除去豆渣的乳状饮料，固形物含量≥4.0g/100mL，蛋白质含量≥2.0g/100g。

（二）调制豆乳

调制豆乳是指在纯豆乳中添加糖等辅料，调制而成的乳状饮料。也可添加精炼植物油、维生素、氨基酸、矿质营养素、果汁、蔬菜汁、咖啡、可可、蛋制品、乳制品、谷粉类等营养强化剂与风味料。固形物含量≥4.0g/100mL，蛋白质含量≥2.0g/100g。

（三）豆乳饮料

以大豆及大豆制品为主要原料，添加其他食品辅料加工制成，固形物含量≥2.0g/100mL，蛋白质含量≥1.0g/100g。在生产实践中豆乳饮料又分为非果汁型豆乳饮料和果汁型豆乳饮料。

1. 非果汁型豆乳饮料

在纯豆乳中添加糖、除果汁外的风味料，也可添加其他营养强化剂。一级品中含大豆固形物≥3.5%，大豆蛋白含量 1.3%；二级品含大豆固形物 2.1%～3.5%（不含 3.5%），大豆蛋白含量 0.8%～1.3%（不含 1.3%）。

2. 果汁型豆乳饮料

在纯豆乳中添加糖、风味料、营养强化剂，大豆固形物含量≥2.0%，水果原汁含量≥2.5%。果汁型豆乳饮料，一般要求总酸含量≥1.8g/kg。

二、豆乳的生产

（一）生产工艺流程

豆乳的生产技术近几年发展较快，国内外各个企业所采用的生产工艺也千差万别，目前，国内采用比较多的工艺流程如图 6-1 所示。

大豆→清理除杂→脱皮→浸泡→制浆→浆渣分离→调制→均质→杀菌→包装→成品

图 6-1　普通豆乳生产工艺流程

（二）操作要点

1. 清理除杂

制作豆乳的原料以新鲜的全大豆为好。原料的预处理主要是指大豆的清理与脱皮工序。

清理与其他豆制品生产一样，目的在于除去大豆原料中的杂质及霉烂、虫蛀豆，提高产品质量，延长设备的使用寿命。

2. 脱皮

大豆脱皮可以减轻豆腥味，改善豆乳风味，提高豆乳白度，从而使豆乳保持良好的颜色。大豆脱皮有两种方法，即湿法脱皮和干法脱皮。脱皮在浸泡之后进行称为湿法脱皮，脱皮在浸泡之前进行称为干法脱皮。豆乳生产以干法脱皮为好。通过脱皮可以减少土壤中带来的耐热细菌，改善豆乳风味，限制起泡性，同时还可以缩短脂肪氧化酶钝化所需要的加热时间，降低蛋白质的热变性，防止非酶褐变，赋予豆乳以良好的色泽。

脱皮率是脱皮工序控制的关键指标，大豆的脱皮率应控制在95%以上。豆乳生产的脱皮工序要与灭酶工序紧密衔接，脱皮后的大豆应迅速进行灭酶，切不可贮存脱皮豆。因为大豆中致腥的脂肪氧化酶多存在于靠近大豆表皮的子叶处，豆衣一经破碎，油脂即可在脂肪氧化酶的作用下发生氧化，产生腥味物质。

3. 制浆

豆乳生产的制浆工序与传统豆制品生产的制浆工序基本相同，磨碎分离设备也是通用的，都是将大豆磨碎，最大限度地提取大豆中的有效成分，除去不溶性的多糖及纤维。但是在豆乳生产中的制浆一方面要最大限度地溶出大豆中的有效成分，另一方面又要尽可能地抑制浆体中异味物质的产生。在豆乳生产中，制浆工序总的要求是磨得要细，滤得要精，浓度固定。一般浆体的细度要求有90%以上的固形物通过150目滤网，豆浆浓度一般要求在8%～10%。

4. 浆渣分离

豆浆经分离将浆液和豆渣分开，分离工序严重影响豆乳蛋白和固形物的回收。一般控制豆渣含水量在85%以下。豆渣含水量过大，则豆乳中蛋白质等固形物回收率降低。分离常采用离心分离，常用的离心分离设备为三足式离心分离机。分离豆浆采用热浆分离，可降低浆体黏度，有助于分离。

5. 调制

调制是生产纯豆乳、调制豆乳和豆乳饮料不可缺少的工序。通过调制使产品达到标准要求，使产品的营养趋于合理，口感更为满意。同牛乳相比，豆乳中维生素B_1、维生素B_2含量不足，维生素A和维生素C含量很低，维生素B_{12}和维生素D的含量几乎近于零。因此，在生产婴儿豆乳或其他营养豆乳时，尤其需要加以补充。豆乳中的矿物质含量也不充分，特别是由于豆乳中存在有植酸及植酸钙镁，严重影响了机体对矿物质的吸收利用，因此必须对矿物质进行强化。最常见的是强化钙盐，强化方法是，每升豆乳中添加1.2g $CaCO_3$，并需经均质机循环均质处理，以防$CaCO_3$沉淀析出。在豆乳中加入适量的油脂，有利于改善产品的口感和色泽。油脂添加量控制在1.5%左右，其效果更为明显。

豆乳，特别是添加脂肪的豆乳，杀菌后存在脂肪上浮和产生蛋白质沉淀等缺点。为提高豆乳的乳化稳定性，通常在豆乳中添加乳化稳定剂。常用的乳化剂主要有单硬脂酸甘油酯、蔗糖脂肪酸酯、山梨醇酐脂肪酸酯、大豆磷脂等，添加量为大豆质量的0.5%～2.0%。常用的稳定剂主要有羧甲基纤维素钠（CMC-Na）、海藻酸钠、明胶等，添加量为0.05%～0.1%。为了提高豆乳中蛋白质的分散性，在豆乳调制时常常添加磷酸钠、六偏磷酸钠、三聚磷酸钠和焦磷酸钠等分散剂，添加量为0.05%～0.30%。生产实践表明，无论是乳化剂、稳定剂或者分散剂，复合使用的效果均优于单独使用的效果。

在豆乳调制过程中，常常使用蔗糖等调味剂，蔗糖的使用量约为6%。为了降低成本或者适应某种特殊需要，有时也用适量的蛋白糖、甜蜜素、山梨醇、木糖醇、麦芽糖醇等甜味剂部分或全部取代蔗糖。为了改善和丰富豆乳的口味，香味剂、酸味剂等在豆乳生产中也经常使用。

6. 均质

调制后的豆乳应做均质处理，均质处理是获得优质豆乳的技术关键。均质后的豆乳不仅组织细腻、口感柔和、易于消化吸收，而且经一定时间存放后无沉淀分层现象。均质处理通常采用高压均质机进行。豆乳在高压下通过均质机的均质阀，由于剪切力、爆破力、冲击力以及空穴效应等协同作用，使脂肪球破碎，形成更多更小的脂肪球。同时，由于脂肪球表面积的急剧增加，具有亲水性基团和亲油性基团的蛋白质吸附在脂肪球的表面，从而加大了脂肪球的密度。因此，均质处理可以有效降低脂肪球的上浮速度和蛋白质的沉降速度，保持体系稳定。为了提高均质效果，应注意选择均质温度和压力。在豆乳生产中，通常采用12.7～22.5MPa的压力，在90℃下均质一次，即可收到良好的效果。如果进行两次均质，并且均质条件为压力22.5MPa、温度为82℃以上，则产品的口感和稳定性将更令人满意。

豆乳均质也可放在杀菌脱臭之后进行，而且这样做的效果会更好些，但此时必须采用无菌型均质机，以避免二次污染。当然这种均质机的价格要昂贵得多。

7. 杀菌、包装

杀菌主要是采用加热的方法，杀灭豆乳中存在的病原微生物以及有碍产品保存的微生物，以提高产品的保存性，确保产品可安全食用。

豆乳的杀菌方法因产品的包装形式及保存性要求而异。一般，当日销售的塑料袋装消毒豆乳，可采用巴氏杀菌法进行杀菌。经巴氏杀菌处理的豆乳营养损失较小，但保存性差，即使在4℃下，也仅能保存10d左右。

如需在室温下较长时间保存，必须在密封包装后，于120℃下保温杀菌15min。此类产品在常温下保质期可达3～6个月，甚至更长时间。但这类杀菌方法因杀菌温度高、时间长，产品的营养损失较重，且易产生褐变和不良性臭味。为此，有的工艺采用二次杀菌法，即先将豆乳在130℃以上经超高温（UHT）灭菌机灭菌15s，冷却、灌装、密封后，再于高压釜中，经110～116℃、15～20min灭菌即可。经二次杀菌的豆乳，不仅保质期长，而且因加热强度降低，褐变程度较轻，风味亦有所改善。

近年来在豆乳生产中采用UHT法已日趋广泛。UHT法的杀菌条件是130～150℃，3～15s。该法可以杀灭豆乳中几乎所有微生物，既有利于提高产品的保存性能，又可以改善产品的色泽和风味。但经UHT法处理后的豆乳，必须采用无菌灌装机和无菌包装材料在无菌条件下进行包装才有意义。

某些豆乳工艺规定在加热杀菌之后要进行真空脱臭处理。为此，采用蒸汽直接加热式的UHT灭菌设备更为适宜。豆乳经预热后，在与饱和高压蒸汽直接接触的瞬间，温度升至130～150℃，保温3～15s后，进入真空脱臭罐，在26.6～39.9kPa真空度下，水分迅速蒸发，同时脱除豆乳中某些不良性气味，并使豆乳的温度急剧降至80℃左右，既达到了灭菌效果，又达到了脱臭冷却的目的。

经UHT灭菌和无菌包装的豆乳，其保质期在常温下为30～180d。

三、豆乳常见的质量问题及控制

（一）豆腥味的产生原因和去除方法

豆乳中豆腥味的产生是由于脂肪氧化酶的作用。为了防止豆腥味的产生，就必须钝化脂肪氧化酶，加热是钝化脂肪氧化酶的基本方法，但由于加热会同时引起蛋白质的变性，在实际操作中应平衡好二者的关系。

在大豆中所含的与加工有关的几种酶中脂肪氧化酶是最不耐热的，因而如仅为了钝化脂肪氧化酶可采用较轻程度的热处理。当然，如果同时为了达到消除其他有害因子（如胰蛋白酶抑制剂）的目的，可采用较重程度的热处理。在实际生产中常以脲酶的钝化与否来确定钝化的程度。

钝化脂肪氧化酶常用的方法如下所示。

1. 热磨法（康乃尔法）

将大豆用热水磨浆，磨浆工具为砂轮磨。大豆在磨浆前先用0.2%的Na_2CO_3水溶液在15～30℃浸泡4～8h。磨浆沸水（加水量为大豆的5倍）加0.05% Na_2CO_3，磨浆后应有90%以上的固形物通过80目的筛，磨出的浆料温度保持在80℃以上，维持10min，即可钝化脂肪氧化酶。豆乳或豆乳粉的生产可采用这种方法。

2. 热烫法

将整粒大豆在沸水中热烫以钝化脂肪氧化酶。对未浸泡的大豆需 20min，经 4h 浸泡过的大豆需热烫 10min。水中加入 0.25%的 Na_2CO_3 能够增强效果。

3. 伊利诺伊法

该法是由美国伊利诺伊大学创造，将热磨法与强制均质化法结合了起来。用自来水、软化水或使用 pH 7.5～8.5 的微碱性水（含 0.5%的 Na_2CO_3）在室温下将大豆浸泡 4～10h（浸泡前最好先脱皮）。将浸泡好的大豆加热煮沸 20～40min 以钝化脂肪氧化酶，经锤式磨、辊轧机磨碎后中和到 pH 7.1，于 90℃左右加热，在 25MPa 下进行均质化处理。

4. 半干湿法

该法应用干法灭酶、湿法破碎，并兼有干法和湿法的优点。大豆先烘干脱皮，脱皮率在 96%以上。用高压蒸汽瞬间进行酶失活，然后立即加入 85℃的水磨浆。最后再以细磨和超微磨相结合，以提高蛋白质的提取率。

5. 高频电子脱腥法

高频电子脱腥技术是在大豆深加工领域中的重大突破，为无腥味大豆蛋白食品开辟了新的前景。

蛋白质大分子在高频电场的作用下，原子核和电子被拉伸、压缩、反向拉伸和摩擦，分子被拉断、压断和摩擦，肽链的原始结构被破坏，大分子肽减少，小分子肽增多。小分子肽更易溶于水，故产品口感好、豆香味浓。脂肪氧化酶、脲酶等产生豆腥味的物质在高频电场、磁场的作用下，分子链不但受到破坏，而且由于原子核和电子摩擦产生的“热”作用，使脂肪氧化酶、脲酶分子失活钝化，从而防止了豆腥味的产生。

高频电子脱腥的过程非常简单，将清洗后的大豆直接送入高频电磁场内，在一定强度和一定频率下作用一段时间即可。将高频电子脱腥大豆去皮，其豆瓣与未处理的豆瓣色泽一样，出油率提高 3%～5%，而且油的色泽金黄、油香浓郁。豆粕经超微粉碎即得高频电子脱腥的大豆速溶蛋白粉，这种产品冲调性好、不沉淀、不分层、口感好、香味浓，得粉率高达 80%，氮溶解指数达 80%以上。

在实际生产中，决定采用何种钝化脂肪氧化酶的方法，必须结合产品特点和全部工艺条件来确定。因为在钝化脂肪氧化酶的同时，大豆蛋白也会有一定程度的变性而使溶解性降低，这是在选择脂肪氧化酶钝化方法时必须注意的问题。

(二) 苦涩味的产生原因和去除方法

苦涩味的产生主要和磷脂及大豆蛋白降解产物（小肽和苦涩氨基酸）有关。有人证明了产生苦涩味的原因是一些疏水基和味蕾细胞相互作用的结果。

去除豆乳苦涩味的方法如下。

1. 用极性溶液萃取

用乙醇萃取洗脱，能很好地去除豆腥味，但对大豆蛋白有变性作用，氮溶解指数（NSI）下降很少。用极性溶剂——醇液浸泡，不但可以去除大豆的苦涩味和豆腥味，还可以增加香味。

2. 酶法

这是很有发展前途的一种方法，目前研究也较多。如用羧肽酶，从肽的末端依次切去某个氨基酸，苦涩味也可消去。

3. 用葡萄糖酸-δ-内酯抑制不良风味的形成

通过以下两步可以生产出在口味上能被更多人接受的豆乳，首先是用葡萄糖酸-δ-内酯抑制β-葡糖苷酶的作用，从而降低了导致不良风味7,4′-二羟基异黄酮和5,7,4′-三羟基异黄酮的生成；其次是热研磨，以便彻底钝化β-葡糖苷酶，同时钝化导致豆腥味的脂肪氧化酶。

四、几种代表性豆乳产品的生产实例

(一) 蜂蜜豆乳的制作

1. 原料配方

半成品豆乳84.65%，蜂蜜4%，果汁2%，砂糖6%，葡萄糖2%，酸味剂0.25%，复合稳定剂1%，混合香料适量。

2. 生产工艺流程

蜂蜜豆乳的生产工艺流程如图6-2所示。

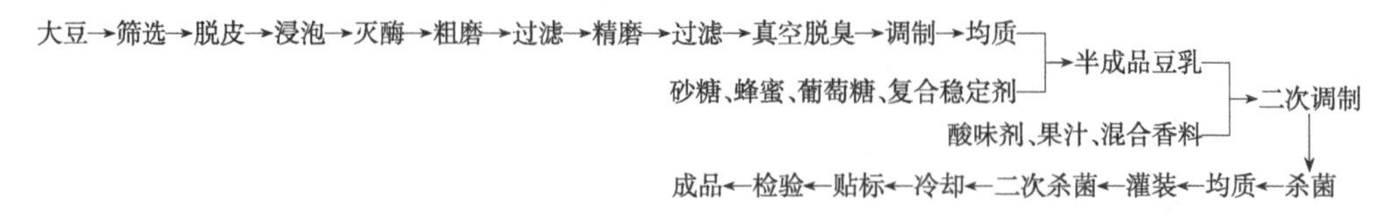

图6-2 蜂蜜豆乳生产工艺流程

3. 操作要点

(1) 筛选 用大豆清选机清除大豆中混杂物（石块、土块、杂草、灰尘等）。

(2) 脱皮　大豆先在干燥机中通入105～110℃的热空气，进行干燥，处理20～30s，冷却后用脱皮机脱皮，可防豆腥味产生。

(3) 浸泡　用大豆质量2～3倍的40℃水浸泡脱皮大豆2～3h，浸泡水中加入0.1%～0.2% $NaHCO_3$，软化以改善豆乳风味。

(4) 灭酶、粗磨　浸泡好的大豆经二次清水冲洗后，使其在90～100℃下停留10～20s，以钝化脂肪氧化酶。然后立即进行第一次粗磨，加水量为大豆质量的10倍，滤网为60～80目。再进行二次粗磨，加水量为大豆质量的5倍，滤网为80～100目。两次分离的浆液充分混合，进入下道工序。

(5) 精磨　混合浆液通过胶体磨精磨后，即得较细豆乳。

(6) 真空脱臭　将精磨分离所得豆乳入真空罐脱臭，真空度控制在26.6～39.9kPa (200～300mmHg)。

(7) 调制　脱臭后的豆乳添加一定量乳化剂、2%植物油、0.1%的食盐等进行调配。

(8) 均质　调配好的原料经高压均质机处理，均质压力控制在17.7～19.1MPa，即得状态稳定、色泽洁白、豆香浓郁的半成品豆乳。

(9) 酸溶液配制　将酸味剂、果汁、混合香料用适量水化开，配制成酸溶液。

(10) 糖浆豆乳混合液配制　砂糖加定量水加热溶化，并过滤除去杂质，然后与复合稳定剂溶液、葡萄糖、蜂蜜充分混合后加入半成品豆乳溶液中，混合均匀，即得糖浆豆乳混合液。

(11) 二次调制　将糖浆豆乳混合液在快速搅拌下缓慢加入酸溶液中，混合均匀。

(12) 杀菌　在135℃条件下，瞬时杀菌4～6s。

(13) 均质　瞬时灭菌后的料液再一次进行高压均质，条件为70℃，压力22.5MPa。

(14) 二次杀菌　罐封后二次杀菌，可采用95℃、20min常压杀菌，也可采用115℃、10min高压杀菌，反压冷却法。

(二) 橘汁豆乳的制作

1. 原料配方

豆乳 (含固形物4%) 50%，白糖6%，果胶或羧甲基纤维素 (CMC) 0.2%～0.5%，橘汁 (pH 4.0～4.5，含固形物8%) 10%，柠檬酸0.2%～0.5%，水33.2%，香精适量。

2. 生产工艺流程

橘汁豆乳生产工艺流程如图 6-3 所示。

豆乳→高温处理→加入辅料(橘汁、稳定剂)→调制→包装→成品

图 6-3 橘汁豆乳生产工艺流程

3. 操作要点

(1) 纯豆乳的制作 称取 1kg 已经挑选和除杂的大豆，加入 0.5% $NaHCO_3$ 溶液 1.5～2L，于室温下浸泡若干小时（夏天约 6～8h，冬天约 18～20h），然后倒去浸泡液，并用自来水洗净沥干。用 80～90℃的热水进行烫漂 1～1.5min，再加入 2～3L、80～90℃的热水，放入砂轮磨进行第一次粗磨。分离出的豆渣可加入 2L 热水再磨一次，最后用热水补足到 6.5～7L，再浆渣分离，最好用胶体磨进行第二次细磨，便可得无豆腥味的鲜豆乳。再经蒸煮杀菌（100℃、30min 左右），冷却至 5～10℃备用。

(2) 稳定剂的配制 0.2%～0.5%（以成品质量计）的低甲氧基果胶（CM）或羧甲基纤维素（CMC），加入少许白糖混合均匀，再加入少量温水，注意边搅拌边加入，使之慢慢溶化，最后加足水量，加热使全部果胶或羧甲基纤维素溶化，煮开数分钟，冷却至 5～10℃备用。

(3) 橘汁的配制 1 份橘酱与 8 份水混合均匀，用柠檬酸钠溶液调节橘汁 pH 值至 4.0～4.5，煮开数分钟，冷却至 5～10℃备用。

(4) 调制 将 5～10℃的稳定剂倒入 5～10℃的豆乳中，在剧烈搅拌条件下，慢慢加入 5～10℃的橘汁，待搅拌均匀后即可灌装封盖（本工序必须在无菌室进行）。

(三) 日本精研舍株式会社豆乳生产技术

1. 生产工艺流程

日本精研舍株式会社豆乳生产工艺流程如图 6-4 所示。

大豆→脱皮→酶钝化→制浆→浆渣分离→调制→杀菌脱臭→均质→冷却→包装→成品

图 6-4 日本精研舍株式会社豆乳生产工艺流程

2. 操作要点

(1) 脱皮 由辅助脱皮机和脱皮机共同完成，可以除去豆皮和胚芽。脱皮率控制在 90%以上，脱皮损失率控制在 15%以下。

(2) 酶钝化 向灭酶器中通入蒸汽加热，大豆在螺旋输送器推动下，经 40s 完

成灭酶操作。

（3）*制浆、浆渣分离*　灭酶后的大豆直接进入磨浆机中，同时注入相当于大豆质量8倍的80℃热水，亦可注入少量$NaHCO_3$稀溶液以增进磨碎效果。经粗磨后的豆糊再泵入超微磨中，经此磨后豆糊中95%的固形物可通过150目筛。浆渣分离采用滗析式离心机，生产过程连续进行，豆渣的水分在80%左右。

（4）*调制*　将调味液中有关配料按一定操作程序加入调味罐中，混合均匀并经均质机处理后，定量泵入调和罐中与纯豆乳混合，调配成不同品种的豆乳。

（5）*杀菌脱臭*　本工艺是将杀菌与脱臭连续起来在一台设备内完成。即将调制后的豆乳连续泵入杀菌脱臭装置中，经蒸汽瞬间加热到130℃左右，约经20s保温，再喷入真空罐中，在真空装置的作用下罐内保持26.7kPa（200mmHg）的真空度，喷入的高温豆乳，瞬时蒸发出部分水分，豆乳温度立即下降至80℃左右。

（6）*均质*　采用杀菌后均质工艺，均质两次，压力分别为14.7MPa和4.9MPa。

（7）*冷却、包装*　均质后的豆乳经片式冷却器冷却到10℃以下（最好在2～4℃），送入贮存罐中暂存，并仍保持较低温度，进行无菌包装。

（四）丹麦奶制品承包公司豆乳生产技术

1. 生产工艺流程

丹麦奶制品承包公司豆乳生产工艺流程如图6-5所示。

大豆→清理→脱皮→清理→浸泡→磨碎→渣浆分离→脱臭→调制→均质→冷却→超高温瞬时杀菌→包装→成品

图6-5　丹麦奶制品承包公司豆乳生产工艺流程

2. 操作要点

（1）*清理*　清理操作分为预清理和后清理，分别在脱皮操作前后进行。在预清理中，除去大豆中杂质，如沙子、石子、稻草等；在后清理中，进一步除去外来夹杂物、残余豆皮与破损或大小不合格的大豆，仅留下干净、颗粒大小均匀的大豆作为原料。

（2）*脱皮*　先由115℃直接蒸汽进行短时间处理，使豆皮胀起来，再进入卧式干燥器中，用热空气干燥，再用常温的空气干燥，然后脱皮。

（3）*浸泡*　大豆经浸泡后可大大降低研磨时动力消耗，也可提高固形物分散度。在该生产工艺中，浸泡时加入Na^+，可减轻豆腥味，软化大豆，增进均质效果，并有助于除去低聚糖和加速胰蛋白酶抑制物钝化。清理后的大豆由螺旋输送器送入浸泡罐，罐中装有1% $NaHCO_3$溶液，用蒸汽间接加热，保持95℃，约浸泡

3min，并可通过调节转速而控制浸泡时间。经这样浸泡后可除去30%低聚糖，并抑制脂肪氧化酶的活性。

(4) *磨碎* 浸泡后的大豆通过胶体磨磨碎，研磨时加入95℃ 0.1% $NaHCO_3$溶液，溶液与大豆质量比在（5～10）∶1。水先由板式热交换器加热，由计量泵加入浓 $NaHCO_3$ 溶液而配成0.1%浓度。磨碎中由于钝化了脂肪氧化酶，可防止产生豆腥味。加水量依所生产的品种而异，生产浓豆乳用水量为（5～6）∶1，生产调制豆乳用水量为（8～8.5）∶1，生产经济豆乳用水量为10∶1。

(5) *渣浆分离* 热豆糊经滗析式离心机分离使浆液与豆渣分开。

(6) *加热钝化胰蛋白酶抑制物* 经板式热交换器加热，使温度达130℃，约保持90s，钝化胰蛋白酶抑制物。

(7) *脱臭、均质* 在脱臭罐中进行，在19.6kPa（0.2atm）的真空度下，瞬间蒸发除去挥发性不良气味，豆乳降至80℃。调制后的豆乳在65℃、19.6MPa下均质。

(8) *冷却* 豆乳经板式热交换器冷却，并预热所用的 $NaHCO_3$ 溶液，经初步冷却后豆乳再经盐水冷却至4～5℃，送入贮藏罐中。

(9) *超高温瞬时灭菌* 豆乳先经预热到78℃，再送入蒸汽室，由直接蒸汽加热到145℃，保持2s，进膨胀室，瞬间冷却至75℃，此时可除去残余的气味。豆乳经两级冷却至25℃，再由无菌泵泵入无菌罐中暂存。

第二节 豆乳粉生产技术

一、豆乳粉的分类

豆乳粉是以大豆为主要原料加工制成的，加水冲调后可直接饮用、性状似乳的粉状大豆食品，在我国大约兴起于20世纪80年代初。

根据GB/T 18738—2006《速溶豆粉和豆奶粉》国家标准有关规定，按产品中蛋白质含量不同，我国豆乳粉分为以下三类。

（一）去渣速溶豆乳粉

大豆经去皮、磨浆、去渣，加入白砂糖，添加或不添加鲜乳（或乳粉）及其他辅料，再经杀菌灭酶、浓缩、喷雾干燥制成的、蛋白质含量≥16%的粉状产品。

（二）不去渣豆乳粉

大豆经去皮、超微制粉，加入白砂糖，添加或不添加鲜乳（或乳粉）及其他辅料，经灭酶、均质、喷雾干燥等工艺环节制成的、蛋白质含量≥15%的粉状产品。

（三）高蛋白速溶豆粉

以大豆为主要原料，适量加入白砂糖，不添加其他添加剂，为适应特殊人群（如生长发育期的学生）对大豆蛋白营养的需求，加工制成的蛋白质含量≥22%的新型速溶豆粉。

二、豆乳粉的生产

豆乳粉的生产工艺主要包括豆乳的制备、配料和粉体制造三大部分。其生产的过程是：先将大豆按一定的方法制成豆乳，然后按配方向豆乳中添加其他配料，最后经杀菌、浓缩、均质和干燥制成豆乳粉。配料的不同决定了豆乳粉花色品种的变化，粉体的制造部分各种豆乳粉的生产大同小异。豆乳粉生产方法的不同主要体现在豆乳制备这一环节上。目前，根据豆乳制备方法的不同，豆乳粉的生产方法主要有 3 种，即半干半湿法、湿法和干法。以下介绍常用的半干半湿法和湿法。

（一）生产工艺流程

1. 半干半湿法生产工艺流程

半干半湿法生产豆乳粉工艺流程如图 6-6 所示。

大豆→除杂→干燥→脱皮→灭酶→粗磨浆→细磨浆→浆渣分离
↓
成品←包装←喷雾干燥←均质←真空浓缩←杀菌←加入豆乳配料

图 6-6　半干半湿法生产豆乳粉工艺流程

2. 湿法生产工艺流程

湿法生产豆乳粉工艺流程如图 6-7 所示。

大豆→除杂→干燥→脱皮→浸泡→磨浆→浆渣分离→加入豆乳配料
↓
成品←包装←喷雾干燥←均质←真空浓缩←杀菌

图 6-7　湿法生产豆乳粉工艺流程

（二）豆乳制备

大豆经过精选、除杂，在 8～10℃水中浸泡 16h 左右，将大豆泡胀即可。浸泡后的大豆用石磨磨碎，细度达 80 目，加水量为 1∶10 左右；然后进行分离除杂制成豆乳。浸泡和磨碎的好坏关系到蛋白质的抽取和得浆率。

1. 各种制备方法的特点

(1) 半干半湿法生产豆乳　此法是采用干法灭酶，湿法磨浆。大豆不经浸泡，在干法灭酶后加入热水进行湿法研磨及超微粉碎，经浆渣分离后得到豆乳。半干半湿法是目前国内常用的方法。

(2) 湿法生产豆乳　是将大豆浸泡后磨浆、浆渣分离后得到豆乳。这种方法设备较简易、投资少。缺点是产品豆腥味重，且原料经浸泡后约有5%的可溶性固形物损失，蛋白质提取率低，生产周期长。解决豆腥味重的办法是：在浸泡前进行闪蒸灭酶，即用高压蒸汽对大豆进行灭酶处理，然后在含有一定浓度的碱溶液中浸泡，即可解决豆腥味过重的问题。

2. 半干半湿法制备豆乳操作要点

(1) 除杂、干燥、脱皮　用大豆清选机清除大豆中的混杂物（石块、土块、杂草、灰尘等）。大豆在干燥机中通入105～110℃的热空气，进行干燥，处理20～30s，冷却后用脱皮机脱皮，可防豆腥味产生。

(2) 灭酶　将脱皮大豆在失活机中进行加温加压处理使酶钝化，并加入一定量的碱液使大豆软化。灭酶蒸汽压力为0.2～0.4MPa，碱水温度控制在70～75℃，热水温度控制在80～85℃。碱液（$NaHCO_3$）用量为所处理大豆量的0.5%～1%，用量多少以分渣后浆体的pH值在6.7～6.8为准。

(3) 粗磨浆　采用牙板磨作粗磨机可大大提高磨浆效率，且牙板磨故障少，使用寿命长。粗磨浆要用80℃以上的热水，用水量以分渣后豆乳浓度在8%～10%为宜。磨浆用水不可过多，否则豆乳浓度低、浆量多，延长浓缩时间。

(4) 细磨浆　即采用胶体磨细磨浆，使粗磨后的豆乳进一步细微化，更利于大豆蛋白的提取。

(5) 浆渣分离　大规模生产采用滗析式分离机分渣，较小规模生产可用豆式分离机进行分渣。用豆式分离机进行分渣时，采用130～150目筛网较合适。最好采用两台分离机交替使用，以便间歇清洗。

3. 湿法制备豆乳操作要点

(1) 干燥、脱皮、浸泡　经除杂的大豆先在干燥机中通入105～110℃的热空气，进行干燥，处理20～30s，冷却后用脱皮机脱皮，可防豆腥味产生。用大豆质量2～3倍的40℃水浸泡脱皮大豆2～3h，浸泡水中加入0.1%～0.2%的碳酸氢钠，以改善豆乳风味。

(2) 磨浆　磨浆前先将浸泡好的大豆用水洗净。为钝化脂肪氧化酶，防止豆腥味产生，采用80～85℃的热水磨浆。磨浆时保持温度恒定可提高大豆蛋白的回收率，也可将第一次分离的豆渣再进行加水复磨及分离，但总用水量应控制在大豆量的 8 倍左右。

(3) 浆渣分离　分离温度控制在 45～80℃时有利于提高豆乳的固形物含量。豆乳的固形物含量一般要求在 8%～10%。豆渣可进行二次提取，以提高大豆蛋白的回收率。

(三) 加入豆乳配料与杀菌

大豆经上述工艺处理后即得纯豆乳，纯豆乳可用来生产调制豆乳、豆乳饮料和豆乳粉。纯豆乳经煮浆、真空脱臭、配料、均质、杀菌和包装即得豆乳类产品，纯豆乳经配料、杀菌、浓缩及干燥便可得豆乳粉。

1. 加入豆乳配料

为解决豆乳粉的速溶问题，一般在甜粉中添加 30%～40%的砂糖和 10%的饴糖（以干物质计）。其他配料如无机盐、微量元素和维生素的加入，主要视配方要求和热敏性特点，在杀菌前或杀菌后加入。配料的主要内容和关键在于加糖，将豆乳单独加热并真空浓缩，在浓缩结束时，将浓度为 65%的砂糖溶液（预先在 80℃以上的温度下加热 10～15min 并冷却到 60～70℃）吸入浓缩器与豆乳混合。大豆蛋白是热敏性很高的物质，为了充分灭菌和防止浓缩时黏度过高，以采用浓缩结束时加糖为好。对于淡粉则要添加一定的鲜牛乳或乳粉，添加量为 20%～40%（以干物质计）。

2. 杀菌

豆乳的加热杀菌既要杀灭豆乳中的微生物又要破坏残留酶类及部分抗营养因子，同时还要尽量使大豆蛋白不变性，因而要严格控制杀菌工艺条件。板式杀菌器杀菌时，温度为 95～98℃，保温 2～3min；超高温灭菌器杀菌时，温度为 130～150℃，保温 0.5～4s。

(四) 真空浓缩

豆乳的浓缩是采用适当方法使豆乳中的一部分水分汽化排出，从而提高豆乳中干物质的含量。为减少豆乳中营养成分的损失，有利于喷雾干燥时豆乳粉形成大颗粒，一般采用减压蒸发，即真空浓缩。

由于豆乳本身黏度大，在一般情况下，豆乳浓缩过程其固形物含量很难超过 15%。在豆乳粉生产中浓缩物干物质含量是造粒的基础。在浓缩过程中降低豆乳黏度，提高豆乳干物质含量是关键问题。因此，要找出浓缩罐最佳工作蒸气压和真空度，使物料尽快达到适宜浓缩终点。保温可以稳定浓豆乳的黏度，有利喷雾，温度以保持在 55～60℃为宜。浓缩的条件及影响因素如下。

1. 加热温度和真空度

豆乳浓缩可在温度 50～55℃、真空度 80～93kPa 条件下进行。豆乳浓缩工艺完成后应迅速降温，否则会延长受热时间，使豆乳黏度增加。

2. pH 值

浓缩中由于浓度增大，黏度也增大，当 pH 值为 4.5 时浓缩物的黏度最大，但 pH 值偏碱性时黏度又会上升，同时会使产品色泽灰暗、口味差。当豆乳 pH 值为 6.5 时，主要蛋白质溶出最高，可达 85%。因而在煮浆前用 10%的氢氧化钠（一般 1kg 豆乳加 0.08～0.1mL），调节豆乳 pH 值在 6.5～7.0 之间比较合适。

3. 豆乳浓度

豆乳浓度越高，黏度越大，所以随着浓缩的进行，豆乳的黏度会不断升高。当固形物含量由 5%升至 15%时，黏度增加缓慢。当固形物含量超过 15%后，黏度迅速上升，这时浓缩速度降低，豆乳流动性很差。为提高喷雾干燥的浓度，需降低豆乳黏度，以达到浓缩终点时固形物含量 21%～22%为宜。

4. 加糖

生产加糖豆乳粉（甜粉）一般都在浓缩时加糖，糖的加入会明显增加豆乳黏度，影响水分蒸发，延长浓缩时间。同时由于糖的加入使浓豆乳的沸点升高，因而需提高温度。为防止这种情况的出现，应将糖在豆乳浓缩结束时加入。

5. 其他物质

半胱氨酸、维生素 C、亚硫酸盐及蛋白酶的存在，均可破坏大豆蛋白的二硫键或将蛋白质水解成分子量较小的肽，从而降低蛋白质的黏度。亚硫酸钠还原性强，添加亚硫酸钠可防止蛋白质褐变。另外，在气温升高时，生豆乳在未进入下一道工序之前由于微生物及大豆酶的作用会发生蛋白质沉淀析出现象，加入亚硫酸钠还可以防止这种现象产生。

（五）均质

均质可以降低黏度，使凝集的蛋白质颗粒破碎变成细小颗粒，并可使脂肪球破碎变小，有利于提高粉的溶解度和吸收率。

（六）喷雾干燥

浓豆乳中 80%左右的水分将在喷雾干燥中除去。用离心式喷雾器喷雾，要掌握好喷雾温度，进风温度为 145℃时，排风温度以 72～73℃为宜。一般以改变浓豆乳的流量来控制排风温度，排风温度既不能过高也不能过低。温度过低产品水分大，过高会使雾滴粒子外层迅速干燥，使颗粒表面硬化。豆乳先将经过滤器的空气由鼓风机送入加热器，加热至145℃左右，送入喷雾干燥塔。与此同时，温度为55～60℃的豆乳，经雾化器雾化成直径为100～150μm的乳滴。在与热空气接触的瞬间，微细化的乳滴干燥成粉末，沉降在干燥塔底部，并通过出粉装置连续卸出，经冷却、过筛后储存。鼓入干燥塔的热空气温度虽然很高，但由于雾化后大量微细化乳滴中的水分在瞬间（1/100～1/20s）被蒸发除去，汽化潜热很大，因此乳滴乃至乳粉颗粒受热温度不会超过60℃，蛋白质也不会因受热而明显变性，所得豆乳粉复水后，风味、色泽、溶解度与鲜豆乳大体相似。

（七）包装

用聚乙烯袋包装，可保持豆乳粉3个月不变质，如需长期储存则应用复合薄膜包装或充氮包装。

三、提高豆乳粉溶解度和速溶性的方法

由于豆乳中蛋白质一经加热变性，巯基和疏水性氨基酸残基暴露到分子表面而活化，在干燥过程中蛋白质分子互相聚集结合，变得难以溶解。解决的方法主要有以下几种。

（一）调节pH值

豆乳杀菌前可用1%的氢氧化钠或10%的$NaHCO_3$溶液调节pH。生产全脂豆乳粉的豆乳pH值控制在6.4左右，生产脱脂豆乳粉的豆乳pH值控制在6.4～6.6，可提高豆乳粉的溶解度。

（二）添加蛋白酶

将蛋白酶加入豆乳中，使蛋白质分子水解为分子量较小的多肽，有利于提高蛋白质分子的稳定性，并使其更容易分散到水中。干燥制成的豆乳粉，在速溶性、耐热性和除腥方面都有较大改善，而且豆乳黏度降低，浓缩时可减少结垢，使浓缩效率提高。比较合适的蛋白酶为中性蛋白酶，如AS 1.398中性蛋白酶及诺和诺德（Novo Nordisk）公司的中性蛋白酶Neutrase。用Neutrase在pH 7.0～7.2、5℃水解1h可以明显提高豆乳粉的溶解度和速溶性，且水解后产品无苦涩味。

（三）添加乳化剂和稳定剂

因大豆浆料中含油脂较多，在水中乳化性能不好，影响食品的速溶性及稳定性，同时为了改善豆乳粉的冲调性能，所以常加入一定量的乳化剂。乳化剂除有乳

化作用外，还有一定的助溶、增溶、分散及增稠作用。

通常使用两种以上的乳化剂，其效果比用一种方法好，因为混合乳化剂有协同作用。在豆乳中加入适量的酪蛋白酸钠，对增加豆乳速溶性的效果极为明显。在一定范围内随酪蛋白酸钠的加入，溶解度显著增加，用量一般以3%～5%为宜。当脂肪酸酯的亲水疏水平衡（HLB）值在13以上时，能有效地与水中的蛋白质密切接触，防止蛋白聚合物的形成，从而提高速溶性，用量一般在0.003%～0.5%。蔗糖脂肪酸酯与酪蛋白酸钠有协同作用，同时加入更有效。

大豆磷脂是天然的非离子两性表面活性剂，具有优良的乳化性、扩散性和浸润性，不仅富有营养，而且与水有较好的亲和性，添加或喷涂到豆乳粉上，有利于喷雾干燥的豆乳粉形成较大的颗粒，可提高产品的分散性和水溶性。添加方法：当粉在塔底部温度达70℃左右时，按成品的0.2%～0.3%进行喷涂，效果良好。

（四）添加蔗糖和糊精

在豆乳中加入适量蔗糖和糊精后再喷雾干燥，有利于提高豆乳粉的速溶性。一般随蔗糖添加量的增加，溶解度也增加。这种方法虽然在一定程度上可改善豆乳粉的冲调性，却使肥胖症患者和糖尿病患者望而却步。同时蔗糖含量太高时，所得产品的甜度大，会影响干燥效果。因此，可用一定量的糊精来代替蔗糖。糊精量为豆乳的2%～3%、蔗糖为豆乳的9%时，产品疏松、溶解性较好。

（五）添加还原剂

在豆乳中加入500～1000mg/kg的抗坏血酸或其钠盐、0.05%的$NaHCO_3$和0.05%～0.25%的半胱氨酸，即可抑制二硫键的形成，防止黏度增加，从而提高豆乳粉的溶解度。当豆乳加热到50℃左右时，开始出现大豆臭味，此时加入0.0005%的维生素C钠盐，可加速豆乳臭味的分解。

（六）控制粒度

豆乳粉的大颗粒具有粗糙的多凹陷表面及多孔结构，这大大增加了水和颗粒的接触面积，再加上多孔结构的毛细管渗透性，加快了水分由颗粒表面向内部渗透的速度，因而有良好的润滑性。但颗粒也不能过大，一般情况下豆乳粉颗粒直径在100～150μm时溶解度高。为此，需要严格控制浓缩后豆乳的浓度、干燥温度、喷雾速度和豆乳流量等工艺参数，在加入维生素C的同时加入8%～10%的饴糖可以获得大颗粒、相对密度大的豆乳粉。此外，豆乳粉颗粒的结构、形态及大小还与干燥设备的大小有关。

第三节　酸豆乳生产技术

酸豆乳是以豆浆为主要原料，添加或不添加果汁等其他风味物质，利用微生物发酵生产的一种饮品。由于营养丰富、风味独特、价格便宜、原料充足，所以发展非常迅速。同时，酸豆乳的开发和利用，弥补了牛奶产量的不足，是亚洲人或牛奶过敏者理想的饮品。

一、酸豆乳常用微生物和发酵剂的制备

（一）常用微生物

1. 保加利亚乳杆菌

保加利亚乳杆菌为革兰氏阳性菌、厌氧菌，属于化能异养型微生物。脱脂乳和乳清是保加利亚乳杆菌的最佳培养基，生长繁殖过程中需要多种维生素等生长因子。该菌最适生长温度为 37～45℃，温度高于 50℃或低于 20℃则不能生长。该菌是乳酸菌中产酸能力最强的菌种，最高产酸量 2%，能利用葡萄糖、果糖、乳糖进行同型乳酸发酵产生 D 型乳酸（有酸涩味，适口性差），发酵可产生香味物质。

2. 嗜热链球菌

嗜热链球菌单菌形态为圆形或椭圆形，其产酸性能主要表现在发酵初期，发酵初期原料乳 pH 值较高，有益于嗜热链球菌的生长。此阶段嗜热链球菌控制了发酵过程，酸奶在此期间酸度的下降主要是嗜热链球菌发酵乳糖产酸的结果。随着产酸量的增加，酸奶的 pH 值不断下降，嗜热链球菌的产酸性能逐渐降低，当 pH 值降至 4.2 时，嗜热链球菌基本停止产酸。总之，嗜热链球菌在酸奶发酵中不是主要的产酸菌，在混菌发酵中，其产酸能力明显低于保加利亚乳杆菌。但嗜热链球菌在发酵初期，主要起到了产酸作用，并且还可以产生少量的甲酸和丙酸，以促进保加利亚乳杆菌的快速生长。

3. 嗜酸乳杆菌

嗜酸乳杆菌为革兰氏阳性菌，厌氧或者兼性厌氧。最适生长温度为 35～38℃，20℃以下不生长，最高生长温度 43～48℃，耐热性差。最适 pH 值为 5.5～6.0，生长初始 pH 值为 5.0～7.0，耐酸性强，能在其他乳酸菌不能生长的环境中生长繁殖。它能利用葡萄糖、果糖、乳糖、蔗糖进行同型发酵，产生 DL 型乳酸。研究发现，嗜酸乳杆菌有吸收胆固醇的潜能，也是其作为益生菌的一个重要特性。嗜酸

乳杆菌是益生菌中最具代表性的菌属，它能改善调节肠道微生物菌群的平衡，增强机体免疫力，降低胆固醇水平，缓解乳糖不耐症等。

4. 干酪乳杆菌

干酪乳杆菌属于乳杆菌属，呈革兰氏阳性，兼性异型发酵乳糖，不液化明胶，接触酶阴性；最适生长温度为37℃，G＋C含量为45.6％～47.2％；菌体长短不一，两端方形，常成链；菌落粗糙，灰白色，有时呈微黄色；生化反应为能发酵多种糖。干酪乳杆菌作为益生菌的一种，能够耐受有机体的防御机制，其中包括口腔中的酶、胃液中低pH值和小肠中的胆汁酸等，所以干酪乳杆菌进入人体后可以在肠道内大量存活，起到调节肠内菌群平衡、促进人体的消化吸收等作用。

5. 植物乳杆菌

植物乳杆菌属于乳杆菌属，常存在于发酵的蔬菜、果汁中，呈革兰氏阳性，不生长芽孢，兼性厌氧，属化能异养菌。能发酵戊糖或葡萄糖酸盐，终产物中有85％以上是乳酸。通常不还原硝酸盐，不液化明胶，接触酶和氧化酶皆阴性。15℃能生长，通常最适生长温度为30～35℃。

（二）发酵剂的制备

1. 菌种的复活和保存

在专业的微生物试剂公司购买发酵专业的纯种乳酸菌种，菌种在MRS培养基上活化，然后将其转移至含有脱脂奶粉、乳清、肉汤等制成的母液发酵剂中。关于菌种，一般采用复合菌种混合使用效果较好，也可单一使用某一菌种。

2. 生产发酵剂

为了使菌种适应生产发酵，而不是急剧改变生长条件，进而影响菌种生长繁殖速度，生产发酵剂的配料应接近发酵液的成分。将复活的菌种按照一定的比例接种至生产发酵剂中培养。

二、生产工艺流程及操作要点

（一）生产工艺流程

酸豆乳生产工艺流程如图6-8所示。

蔗糖、稳定剂、营养强化剂、风味物质等（加入调配）　发酵剂（加入接种）

豆浆→调配→高压均质→杀菌→接种→发酵→包装→冷藏后熟→成品

图6-8　酸豆乳生产工艺流程

（二）操作要点

1. 豆浆的制备

挑选外观良好、颗粒饱满、无霉变的大豆，添加0.02%KOH溶液（豆液比为1∶5）在70℃浸泡5h，沥水，再以1∶5的比例在90℃磨豆，用120目纱布过滤，并将豆浆煮至85℃后输入调配罐。豆浆的固形物含量以6%～8%为宜。

2. 调配

将预处理好的豆浆与甜味剂、稳定剂和食用香精按一定比例混合，并搅拌均匀。发酵液的调配是酸豆乳生产的关键工序。

（1）*糖*　糖的种类直接影响乳酸菌产酸量。乳酸菌能利用乳糖、葡萄糖、果糖、半乳糖和麦芽糖，而大豆中含有的低聚糖和高聚糖均不能被乳酸菌利用。此外，豆浆在制备过程中的浸泡、磨浆和分离等工序中会失去部分糖。所以，在发酵液中需要添加一定量的糖，以促进乳酸菌繁殖，提高乳酸菌的产酸能力，进而提升酸豆乳的品质。

（2）*稳定剂*　酸豆乳在发酵过程中会产生大量的酸，况且豆乳本身是一个非常复杂的体系，大豆蛋白的稳定性极易变得不平衡，产品在运输或储存过程中易沉淀或结块，所以需要添加稳定剂。常见的稳定剂有琼脂、果胶、海藻酸钠、羧甲基纤维素钠（CMC-Na）、卡拉胶、阿拉伯胶、明胶和黄原胶。一般情况下，选用两种稳定剂混合使用效果较好，也可单独使用一种稳定剂，但用量往往偏大。使用稳定剂，其使用范围和使用量应符合GB 2760—2014《食品添加剂使用标准》中规定的要求。

（3）*营养强化剂、风味物质等*　在发酵液的配制时，也可根据市场和顾客的需求，添加营养强化剂。营养强化剂的使用量和范围应符合GB 14880—2012《食品营养强化剂使用标准》中规定的要求。此外，也可添加果汁、枸杞和蔬菜汁等调节产品的风味。

3. 高压均质

调配完成的豆浆需经高压均质机均质。豆乳的均质温度控制在70～80℃比较适宜，均质的压力为10～18MPa。

4. 杀菌

将均质完成的豆浆，不同的工艺选择不同的杀菌方式，一般采用UHT 135～140℃，时间为3～5s，并迅速冷却至45℃以下，送至发酵罐发酵。若添加其他风味物质，则根据风味物质的耐热性进行调整，也有采用115℃、20min进行杀菌处理。

5. 接种、发酵

按照豆浆量3%～5%的比例接种发酵剂；发酵罐的温度为42℃，发酵时间控制在 4～6h。

6. 包装

采用无菌纸盒包装。

7. 冷藏后熟

将包装完成的发酵豆乳，放在 4℃条件下冷藏 12h 左右，进行后熟。

三、发酵的管理

酸豆乳生产过程中，发酵是最为关键的工序，直接影响产品的成败。在乳酸菌发酵过程中进行代谢产生乳酸，使发酵液的 pH 值下降至 4.0 左右，发酵液中的蛋白质变成凝乳，同时还可产生其他风味物质和活性物质。

（一）发酵剂添加

发酵的管理从加入发酵剂开始。在添加发酵剂之前，发酵剂与发酵罐之间连接的管道，需要彻底灭菌，一般采用蒸汽灭菌 20～30min。发酵剂添加后，需要混合均匀，因此发酵罐需要安装搅拌桨或循环泵，以促使发酵剂与发酵液在发酵罐中充分混合均匀。发酵剂的添加量，一般情况下添加的比例为 3%～5%，实际生产时，需要依据企业的条件和发酵产品的特点确定添加量。发酵剂中微生物代际管理也非常重要，一般传代的次数不宜超过 5 代，否则会使微生物的代谢能力下降，产酸能力也下降，从而影响产品质量。

（二）发酵温度的管理

接种微生物的生长需要在适宜的温度，因此发酵液的温度控制十分关键，发酵罐的温度控制系统需要精准。一般情况下，以所接种的微生物最适宜的生长温度作为控制标准，但在实际生产时，常常采用复合菌种，所以温度的选择应兼顾菌种生物学特性，同时考虑产品的特点进行精确管理。根据研究结果，一般温度控制在 40～43℃，但也有研究人员提出，先控制在 40℃，有利于嗜热链球菌生长，再将温度提升至 45℃，以促进保加利亚杆菌的生长。总体而言，温度的控制应适应产品的特点，最终以产品的标准作为衡量指标，确定最佳的发酵温度。

（三）酸度控制

发酵过程中检测产品酸度变化，通过观测酸度的变化，以判定发酵过程是否正常和发酵的终点。一般情况下，发酵剂接种 4～6h 后，开始抽样检测产品的发酵酸度，按照一定的频率连续监测酸度变化，直至达到发酵终点。微生物产酸时，温度稳定上升，若突然变慢，可能污染细菌；若突然加快，可能感染酵母菌。为了鉴定发酵是否正常，常常制定发酵曲线，通过曲线来判定。随着科学技术的发展，企业在发酵罐安装酸度在线监控仪，直接监控发酵酸度。

（四）后熟管理

当发酵达到终点后，将发酵的温度降低，产品进入后熟阶段。后熟对酸豆乳十分重要，在产品的后熟阶段，产品的风味物质增加，发酵过程产生的双乙酰中间体在后熟阶段转化成风味物质，使产品的风味更加丰满。此外，在后熟阶段，豆腥味可以完全去除，乳香味增加，使酸豆乳中的蛋白质膨润，产品黏度增加。后熟的温度需要注意：温度高，后熟快，但感染杂菌的机会大；温度低，后熟慢，品质稳定。一般情况下，后熟的温度 8～10℃、时间 24～48h。

第七章　功能性大豆制品生产技术

第一节　大豆低聚糖

低聚糖又名寡糖，一般是由2～10个单糖分子缩合而成。低聚糖由于单糖分子的结合位置和结合类型不同，种类繁多，功能各异，目前已知的达1000种以上，主要有功能性低聚糖和普通低聚糖两大类。在机体胃肠道内不被消化吸收而直接进入大肠内优先为双歧杆菌所利用的低聚糖称为功能性低聚糖。功能性低聚糖主要包括低聚果糖、低聚木糖、低聚异麦芽糖、低聚半乳糖、低聚甘露糖、大豆低聚糖等。大豆含有5%左右的低聚糖，其主要成分是棉籽糖和水苏糖。大豆低聚糖已经广泛应用于饮料、酸奶、水产制品、果酱、糕点和面包等食品中。大豆低聚糖市场潜力很大，随着对其生理活性物质研究的日益深入，大豆低聚糖备受世人瞩目，开发应用前景广阔。

一、大豆低聚糖的来源、组成结构及理化性质

（一）来源

大豆低聚糖是大豆籽粒中可溶性寡糖的总称，主要分布于大豆胚轴中，由水苏糖和棉籽糖组成，是一种功能性甜味剂。大豆低聚糖主要来源于工业上生产大豆分离蛋白（SPI）和大豆浓缩蛋白（SPC）的副产物——黄浆水中。我国盛产大豆，全国现有数十家规模较大生产大豆蛋白的厂家，生产1t大豆分离蛋白就要排放10t大豆黄浆水，而大豆低聚糖存在于大豆黄浆水中，因此大豆低聚糖的资源十分丰富。

（二）组成和结构

大豆中含有10%的可溶性糖类，主要由水苏糖、棉籽糖和蔗糖3部分组成，

其中蔗糖占4.2%～5.7%，水苏糖占2.7%～4.7%，棉籽糖占1.1%～1.3%，此外，还含有少量其他糖类如葡萄糖、果糖、松醇、毛蕊花糖、半乳糖松醇等。其中具有独特生理功能的成分主要是水苏糖和棉籽糖，水苏糖和棉籽糖的化学结构如图7-1所示。

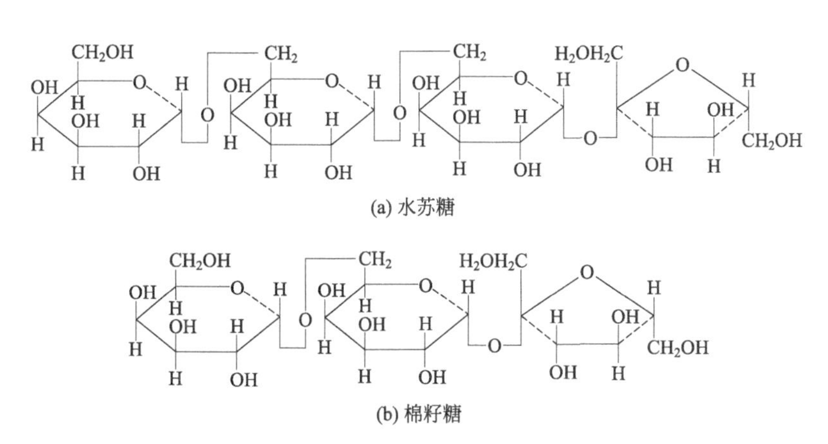

图7-1　水苏糖和棉籽糖的化学结构式

（三）理化性质

1. 色泽

液态大豆低聚糖为淡黄色、透明黏稠状液体；固体产品为淡黄色粉末，易溶解于水中。

2. 甜度

大豆低聚糖甜味纯正，近似蔗糖，甜度为蔗糖的70%～75%，几乎与葡萄糖相同，能量值较低，约为蔗糖的50%，可替代蔗糖用作低能量甜味剂。

3. 黏度

在相同浓度下，大豆低聚糖的黏度高于蔗糖和高果糖浆（含55%果糖的果葡糖浆），低于麦芽糖浆（含55%麦芽糖）。在不同温度下大豆低聚糖与其他甜味剂的黏度对比如图7-2所示。

4. 渗透压

大豆低聚糖渗透压略高于蔗糖，低于55%高果糖浆。不同浓度下大豆低聚糖、高果糖浆与蔗糖的渗透压对比如图7-3所示。

5. 水分活度

大豆低聚糖浆浓度在50%～70%时，其水分活度接近蔗糖。在25℃时，浓度76%的大豆低聚糖浆水分活度为0.95。

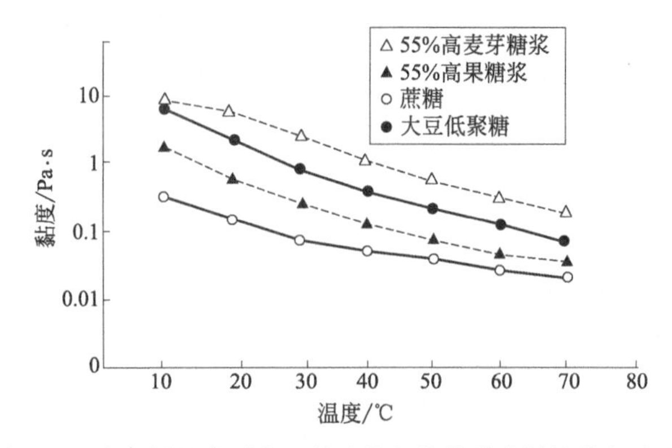

图 7-2　在不同温度下大豆低聚糖与其他甜味剂的黏度对比

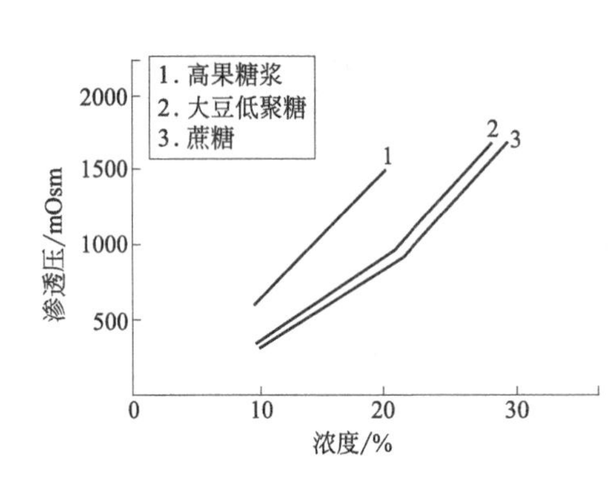

图 7-3　不同浓度下大豆低聚糖、高果糖浆与蔗糖的渗透压对比

1mOsm=708.9kPa

6. 相对湿度

大豆低聚糖在高相对湿度为 80%的环境下，吸湿平衡湿度为 58%，吸湿性比蔗糖高，而比高果糖浆低；在低相对湿度为 30%的环境下，比蔗糖失水多，比高果糖浆失水少。

7. 热稳定性

大豆低聚糖在短时间内加热比较稳定，140℃下不会分解，在酸性（pH 值为 5～6）条件下加热到 120℃稳定，pH 值为 4 时加热到 120℃较稳定。大豆低聚糖在 150℃下有 10%发生分解，加热到 160℃时所含的水苏糖和棉籽糖被破坏较少，在 180℃下大豆低聚糖的残存率为 66%左右（加热时间为 15min）。大豆低聚糖的热稳定性如图 7-4 所示。

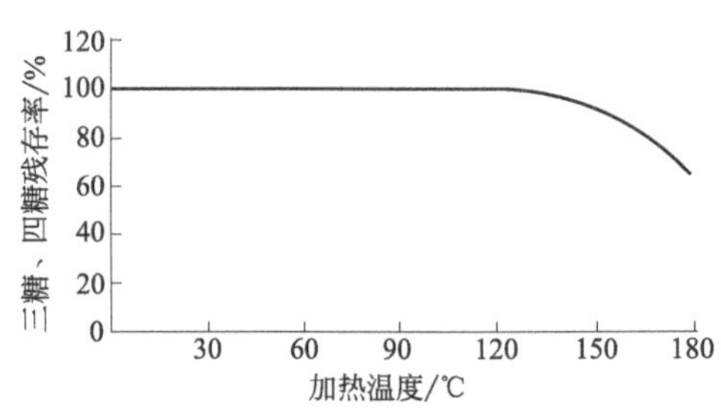

图 7-4　大豆低聚糖的热稳定性

8. 酸稳定性

在酸性条件下，大豆低聚糖具有良好的热稳定性，并且其稳定性优于蔗糖和低聚果糖。酸性条件下对其进行加热处理时，稳定性也高于果糖和蔗糖，其基本上不会受到体内胃酸、胆汁和消化酶的作用，具有较好的耐酸性，并且具有比较好的酸性条件下的储存能力。精制大豆低聚糖在 pH<5 时热稳定性有所下降；

在 pH=4、温度低于100℃时仍比较稳定；而在 pH 值为 3 时，保持稳定性的最高温度不能超过 70℃。例如，在 pH 3.5、90℃时加热 30min 后，大豆低聚糖的残存率为 91%以上，蔗糖仅为 72%，而低聚果糖不足 50%。大豆低聚糖、蔗糖和低聚果糖在酸性条件下的加热稳定性如图 7-5 所示。

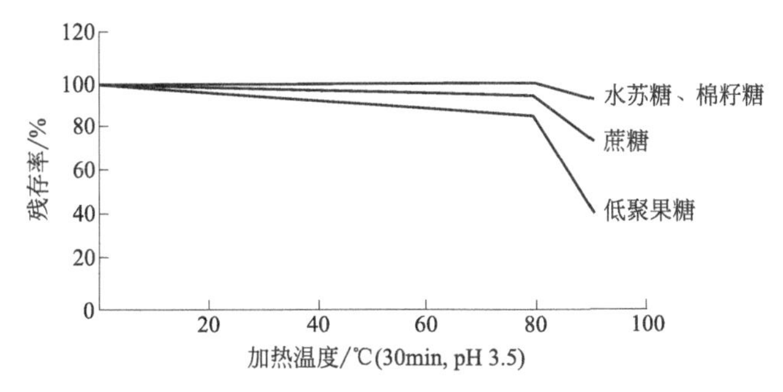

图 7-5 大豆低聚糖、蔗糖和低聚果糖在酸性条件下的加热稳定性

9. 加热温度与着色

含有水苏糖和棉籽糖的大豆低聚糖浆无色透明，在 80℃以下不着色，在高于 80℃时开始着色。蔗糖在 80～100℃加热 90min 着色率为 1.4 倍；而大豆低聚糖在 80～100℃加热 90min 着色率为 3.7 倍，加热 60min 着色率为 2.7 倍，加热 30min 着色率为 1.7 倍。

10. 美拉德反应

10%大豆低聚糖溶液与 0.5%甘氨酸混合后加热到 100℃维持 90min，于 420～720nm 下测定美拉德反应呈色的光密度变化，经实验测定在 pH 4～5 酸性条件下呈色程度很小，而在 pH 7～8 弱碱性条件下则色素迅速加深，高于蔗糖，低于高聚果糖。因此，大豆低聚糖可用于焙烤食品中代替蔗糖，使焙烤食品产生令人愿意接受的颜色。

11. 抑制淀粉老化

大豆低聚糖具有抑制淀粉老化的效果，将低葡萄糖当量值（DE 值）的淀粉水解液低温保存，会因老化而出现白浊，在溶液中加入大豆低聚糖，添加量越多，越能抑制白浊产生。大豆低聚糖抗淀粉老化效果如图 7-6 所示。

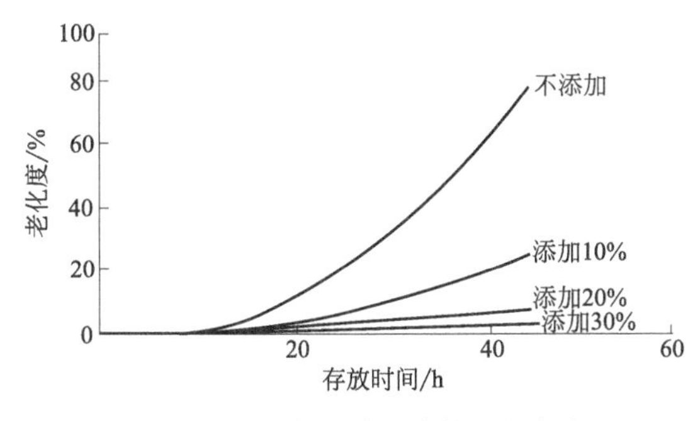

图 7-6 大豆低聚糖抗淀粉老化效果

12. 难消化性

大豆低聚糖可以被 α-半乳糖苷酶所分解。但是，人体的消化道内并不存在α-半乳糖苷酶，因此大豆低聚糖在肠道中不会被消化和吸收，很容易产生气体，从而导致肠胀气。水苏糖和棉籽糖虽然不会被肠道消化吸收，但是能够到达双歧杆菌常在的消化器官下部被肠内的细菌所利用。

13. 结晶性

大豆低聚糖在 50℃下保存 180d 不会有晶体析出，因此大豆低聚糖具有抗结晶性。如果需要利用像蔗糖一样的甜度，但又不希望其产生结晶现象时，可以选用大豆低聚糖作为蔗糖的替代品。

二、大豆低聚糖的生理功能

（一）促进双歧杆菌的增殖，改善肠道菌群结构

人体不能直接利用大豆低聚糖，主要是因为人体肠道内缺乏 α-半乳糖苷酶，水苏糖和棉籽糖不能够被人体的消化酶分解；但人体消化道后段的双歧杆菌可以利用并促进菌群数量增加，双歧杆菌群落控制和占据着空间，可改善肠道内菌群结构与环境，形成一个具有保护作用的生物膜屏障，阻止致病菌入侵，从而抑制外源致病菌和肠内固有腐败细菌的生长繁殖。

（二）类水溶性膳食纤维性，促进钙吸收作用

大豆低聚糖具有低分子水溶性纤维素的某些功能特性，能促进肠道的蠕动，加速肠内排泄，从而起到防治便秘的作用。因此，大豆低聚糖是一种中老年人防治便秘的有效食品。食物中的结合钙必须溶解为离子钙后才可以被人体吸收，当 pH 值约等于 3 时，钙呈离子状态，最易被人体吸收。大豆低聚糖能通过钙结合蛋白的主动运转，辅助溶解钙离子，同时改善膳食营养状况来促进钙的吸收。

（三）促进肠道内营养物质的生成与吸收

大豆低聚糖可以在肠道内大量增殖双歧杆菌，而双歧杆菌能自身合成或促进合成维生素 B_1、维生素 B_6、维生素 B_{12}、烟酸和叶酸等；双歧杆菌还能通过抑制某些维生素分解菌来保障维生素供应。通过调节肠道 pH 值和结肠发酵能力起到改善消化的作用，提高各种营养物质的利用率。大豆低聚糖能够吸收更多的水分而溶解更多的钙。

（四）增强机体免疫力

大豆低聚糖可促进双歧杆菌在肠道内大量繁殖，可增强各种细胞因子和抗体的产生，从而加强细胞免疫和体液免疫。大豆低聚糖能与病毒、真核细菌的表面结合，减缓抗原吸收的时间，增加抗原的效价。大豆低聚糖可以直接作用于脾淋巴细胞和 NK 细胞，提高 NK 细胞的杀伤活性。

（五）抗癌保肝，抗氧化防衰老作用

大豆低聚糖可以使双歧杆菌增殖，促进肠道蠕动，分解破坏一部分致癌物，同时双歧杆菌在肠道中可产生一种双歧杆菌素，它能全面抑制癌细胞，达到良好的防癌抗癌效果。肠道内的腐生菌能产生大量需要在肝脏中解毒代谢产物，这些产物如果不能及时排出，将导致肝功能紊乱。而肠道内的双歧杆菌能够抑制腐生菌的生长与代谢，进而抑制有害代谢物的产生。长期摄入大豆低聚糖还能加快肠道内有毒代谢产物的排出，避免通过血液再次吸收，增加肝脏负担。大豆低聚糖还能降低血清和心脑过氧化脂质含量，提高血清、心肌和脑组织的活力。

（六）调节脂肪代谢，降低血压

大豆低聚糖具有降低总胆固醇和甘油三酯的作用，增加高密度脂蛋白的含量，同时可提高血清中超氧化物歧化酶的活力，具有抗氧化能力。高血压患者在食用适量大豆低聚糖后，舒张压降低，可能是通过促进双歧杆菌的增殖来实现的。

三、大豆低聚糖的分离纯化

大豆低聚糖是以工业生产大豆分离蛋白时的副产物——大豆黄浆水为原料制得。黄浆水大部分为碳水化合物，约占 62%，其中又含有约为 42%的大豆低聚糖，黄浆水中其他各组分分别为：粗蛋白约 21%、灰分 5%、其他 12%。

1. 工艺流程

大豆低聚糖分离纯化的典型工艺流程如图 7-7 所示。

大豆→脱脂大豆→大豆低聚糖粗提→大豆黄浆水→脱除蔗糖→蛋白质的分离→过滤
↓
颗粒大豆低聚糖←造粒←喷雾干燥←浓缩←脱盐←脱色

图 7-7　大豆低聚糖分离纯化的典型工艺流程

2. 操作要点

（1）大豆低聚糖的粗提　大豆低聚糖的粗提一般采取水浸取、碱液浸取、膜分

离技术等方法。其中水浸取效率较低；碱液浸取有效成分含量高，但时间太长；膜分离技术设备投资大，工艺较复杂。采用碱液为提取剂，在微波条件下提取大豆低聚糖，既保持了碱液提取的优点，又有操作简单、效率高、时间短的特点，是一种较佳的低聚糖提取技术。微波提取因升温速度快且受热均匀已成功用于蔗糖、辣椒素、果胶等的提取，主要是利用微波的介电加热效应。有研究认为，pH 10～12、60℃、1.5h 的提取工艺有助于大豆低聚糖的溶出。

(2) 脱除蔗糖　此操作可采用微生物发酵法，即考虑微生物对底物利用的选择性，通过菌种的筛选，得到能选择性利用蔗糖的微生物，控制合适的发酵条件，以除去大豆低聚糖中的蔗糖。大豆黄浆水糖浆中含有一定量蛋白质，可以作为酵母生长的氮源，如果以之为原料，经过发酵除去蔗糖，再进行后续工序处理，则可以大幅度降低生产成本。

(3) 蛋白质的分离　大豆黄浆水中蛋白质含量较高，且含有其他杂质。需经过预处理，除去大部分的残余蛋白质。除去大豆黄浆水中的残余蛋白质除了加热沉淀法外，还可采用等电点法或絮凝剂法。等电点法的去除效果不太理想，絮凝剂法效果较好。可用来沉淀蛋白质的絮凝剂有醋酸铅、醋酸锌、石灰乳、亚铁氰化钾、硫酸铜和氢氧化铝等，其中有应用价值的是石灰乳沉淀法。

此外，还可根据蛋白质受温度、pH 、金属离子浓度影响的特性，对大豆乳清采用加热、调节酸度、加入絮凝剂三种方法结合，除去大豆乳清中的蛋白质。为满足较大的蛋白质沉淀率和较高的大豆低聚糖保存率，有研究认为大豆乳清中蛋白质分离的最优工艺参数：加热温度 80～90℃，pH4.3（可以用盐酸、碳酸或者磷酸调节，碳酸效果较好），$CaCl_2$ 浓度为 3%～5%，加热时间为 20min。

经过沉淀离心后，乳清液中仍含有蛋白质。而这些残留蛋白质具有起泡性而影响浓缩，且与糖类发生美拉德反应，使得大豆低聚糖浆颜色发黑、味苦、质量差。因此，可以再利用超滤技术有效除去残留蛋白质。影响超滤过程的主要因素是超滤液的温度、超滤压力以及超滤用膜的选择。有研究表明大豆乳清超滤的最佳条件为：超滤温度 40～50℃，超滤压力 3.0～4.5psi（1psi＝6894.76Pa），膜的截留分子量 10000。在上述条件下可以获得比较好的蛋白质分离效果。

(4) 脱色　经过超滤的大豆乳清含有色素物质，如不去除会影响产品的质量。可以采用微生物絮凝剂脱色、活性炭脱色、二氧化硫脱色等，其中活性炭脱色应用较为广泛。活性炭脱色主要是利用不同大小的糖分子在活性炭上吸附力的差异，再用不同洗脱条件从而达到脱色的目的。影响活性炭吸附作用的因素有活性炭用量、吸附时间、温度、糖液 pH 值。经过实验分析，生产中选择 1.2%（对固形物）的活性炭用量和吸附时间为 40min。如果延长脱色时间和增加活性炭的用量，尽管脱色率有所增加，但是糖的损失也会随之增加。温度对脱色效果的影响不显著，因此采用在 40℃下吸附脱色。另外，糖液的 pH 值控制在 3.5～4.5 之间脱色效果较好。故活性炭对糖液脱色的最佳条件为：1.2%（对固形物）的活性炭用量，吸附时间 40min，温度 40℃，pH＝4.0。

(5) 脱盐　大豆蛋白乳清液经超滤、活性炭脱色后仍残留有色素物质和盐类物质，浓缩前必须经过脱盐处理，一般采用离子交换树脂脱盐。离子交换树脂具有离子交换和吸附作用，糖液经过脱色后再用离子交换树脂精制，能除去几乎全部的灰分和有机杂质等，进一步提高纯度。离子交换树脂除去蛋白质、氨基酸、羟甲基糠醛和有色物质等的能力比活性炭强。应用离子交换树脂精制过的糖液质量大为提高，糖浆的灰分含量降低到约 0.03%。因为有色物质和能产生颜色的物质被彻底除去，放置经久也不致变色。选择使用强酸型阳离子交换树脂和强碱型阴离子交换树脂进行脱盐。离子交换的主要影响因素有糖液温度及其流速。分别在不同的温度和流速下对糖液进行离子交换，测量糖液电导率。可知，柱的脱盐效果随柱温的增加而增强，但超过 50℃时变化平缓，考虑到节能问题，确定离子交换的操作温度以 50～60℃为宜；随着流速的降低电导率降低，当流速达到每立方米树脂每小时 $35m^3$ 糖液时，其电导率趋于稳定，故糖液经过柱的流速应控制在每立方米树脂每小时 $35m^3$ 糖液为宜。糖液经过上述阴阳离子交换树脂处理后，色泽明显变浅，说明离子交换树脂还有一定吸附色素的能力，可起到辅助脱色的作用。

(6) 浓缩　经超滤净化和离子交换后，选用真空浓缩将提纯后的糖液浓缩到 70%（干物质）左右，浓缩过程中糖液沸点控制在 70℃左右。也可以用反渗透膜对糖液进行分离浓缩。工艺设计 90%以上的水透过，使低聚糖浓度达到 8%以上。透过液不含低聚糖，作为工艺水回收利用。采用反渗透膜浓缩乳清液浓度可达 10%，透过液中基本不含低聚糖。还可以将糖液先浓缩到 50%左右，再进行喷雾干燥，可制成粉末状大豆低聚糖，经造粒制成颗粒状制品。

四、大豆低聚糖在食品中的应用

大豆低聚糖是功能性食品的重要基料，具有低甜度、良好的保湿性、很强的耐热性、耐酸性特点，可以广泛应用于饮料、糖果、饼干、面包、调味品、酒类、挂面及冷饮食品中。

(一) 大豆低聚糖在乳制品中的应用

大豆低聚糖在酸性条件下的稳定性优于蔗糖，可部分或全部替代蔗糖，以适于特殊人群需要，如在冰激凌和酸奶中应用。

1. 在酸奶中的应用

大豆低聚糖能促进双歧杆菌生长繁殖，同时对高血糖、高血脂具有较好的预防和缓解作用，价格相对低廉，是酸奶配料蔗糖理想替代品。适量的大豆低聚糖与酸奶结合不仅不影响酸奶的口味、稳定性和组织状态，而且还赋予酸奶具有低聚糖的功能特性。

将大豆低聚糖应用于酸奶时，必须考虑其是否会被微生物利用，以及在酸性条件下的稳定性，理论上大豆低聚糖在酸性条件下是比较稳定的，在 pH 值大于 4、100℃下加热杀菌没有损失。有研究表明，采用传统发酵工艺进行发酵时，酸奶中纯大豆低聚糖在发酵后第 7d 损失率仅为 9.8%，未被微生物利用，因此大豆低聚糖应用于酸奶行业具有可行性。大豆低聚糖添加量为 2%～2.5%，蔗糖添加量为 5.25%～5.4%的酸奶产品，其外观、质地与口感和普通酸奶相当，并具有更多的保健功能。

2. 在冰激凌中的应用

冰激凌是乳制品的传统产品之一，以其特有的适口性和清凉感风靡世界，但由于传统冰激凌中脂肪和糖的含量高，可能会引起心血管、动脉血管硬化及肥胖症等问题。因此，低糖（或无糖）和低脂肪保健冰激凌的研制显得越来越重要。冰激凌中的糖是其适口性的主要原因之一，含量为 14%左右，如果单方面降低糖的含量会影响冰激凌的适口性和组织状态。因此，只降低糖含量是不可行的，而大豆低聚糖因其甜味特性与蔗糖相近，不易被人体消化，所以可以用它替代部分蔗糖。经研究，用 3%～4%的大豆低聚糖替代部分蔗糖，不仅不会影响冰激凌口感，还能使其具有一定的保健功能。

（二）大豆低聚糖在饮料中的应用

由于大豆低聚糖在酸性条件下具有一定的稳定性，而且在低于 20℃条件下保存 6 个月完全不分解、几乎不着色，因此可应用于清凉饮料和需加热杀菌的酸性食品中，不必担心在酸化和加热条件下发生降解作用。用大豆低聚糖代替部分蔗糖既可以避免发胖和降低龋齿发病率，又能刺激体内双歧杆菌的生长和繁殖，使产品具有一定的保健功能。

（三）大豆低聚糖在粮油制品中的应用

大豆低聚糖可发生美德拉反应，特别在 pH 7～8 的碱性条件下，色素迅速加深，所以将其应用于面包、饼干、糕点等焙烤食品中，可使产品产生怡人的色泽。

大豆低聚糖还具有抗淀粉老化的作用，在面制品中适量添加大豆低聚糖能延续淀粉的老化，防止产品变硬，延长其保质期。大豆低聚糖也可应用于馒头和挂面的生产，大豆低聚糖替代部分蔗糖，增加产品的保健功能，避免因食糖过多造成肥胖和龋齿。

（四）大豆低聚糖在糖果制品中的应用

大豆低聚糖有良好的热稳定性，即使在140℃高温下也不分解，故可用于高温杀菌食品，如软罐头食品。大豆低聚糖甜度为蔗糖的70%～75%，是一种低甜度、低热量甜味剂，同时具有很强增殖肠内双歧杆菌的效果。大豆低聚糖可替代部分蔗糖用于生产果酱、果冻、蜜饯等，还可用于高档糖果、巧克力、胶姆糖等制品中。不仅可保持制品甜味，又能防治龋齿适于儿童食用，并且能增强产品营养保健功能，广受消费者欢迎。

（五）大豆低聚糖在果蔬制品中的应用

大豆低聚糖有良好的热稳定性，即使在140℃高温条件下也不分解，故可用于高温杀菌食品，如软罐头食品。大豆低聚糖的许多物理特性非常接近于蔗糖，甜味纯真，甜度为蔗糖的70%～75%。用蔗糖生产的果酱、果冻、蜜饯等因甜度太高，不受消费者欢迎，用大豆低聚糖替代部分蔗糖则可以降低制品的甜味。

（六）大豆低聚糖在其他食品中的应用

大豆低聚糖除以上应用外，还可应用于雪糕、布丁、沙司、甜味料等产品中，在许多食品中它已部分或全部替代蔗糖，以适于特殊人群的需要，替代部分蔗糖添加入咖啡伴侣、粉末调味料、粉末香料酱油等。日本已开发出大豆低聚糖食醋，大豆低聚糖可作为食品的保湿因子，用于需保湿的食品，以保证食品的货架期。大豆低聚糖可作为活菌制剂中双歧杆菌的培养基，现在市场上的活菌制剂中都含有大豆低聚糖或其他低聚糖类；还可作为钙、铁、锌补充剂的活化因子，加入补充微量元素的药品中；大豆低聚糖可作为新的甜味剂添加到天麻、三七、人参等药食同源的食品或其他保健食品中，既能促进原有功效成分的消化、吸收和利用，又具有新的保健功能。

第二节　大豆异黄酮

大豆异黄酮是大豆生长过程中形成的一类次生代谢产物，主要存在于大豆等豆科植物中，是一类重要的大豆生物活性成分，多以苷元和葡萄糖苷的形式存在。近年来许多研究表明，大豆异黄酮具有重要的生理活性，特别是在预防癌症、心血管疾病、骨质疏松症和降低妇女更年期综合征等方面有一定的保健和医疗作用。大豆异黄酮是一类具有营养学价值和治疗意义的非固醇类物质，它能与雌激素受体结合，具有雌激素效应，故也被称为植物雌激素。目前，国内外对大豆异黄酮的功能性进行了大量的研究，为大豆深加工和综合利用开拓了新的领域，该产品具有广阔的开发前景和应用价值。

一、大豆异黄酮的来源、组成及理化性质

（一）来源

大豆异黄酮含量受大豆品种、产地、生产年份、气候等因素影响差异较大。大豆异黄酮在大豆中主要分布于大豆种子的子叶和胚轴中，子叶中含量约为0.1%～0.3%；胚轴中所含异黄酮种类较多且含量较高，约为1%～2%，特别是含配糖体（葡萄糖苷）异黄酮比例较高，但是由于胚只占种子总质量的2%，因此尽管含量很高，所占比例却很少（10%～20%）；种皮中异黄酮含量极少。

（二）组成

大豆异黄酮是一种混合物，其结构主要有3种：葡萄糖苷配基、葡萄糖苷和结合葡萄糖苷，以游离型苷元和结合型糖苷两种形式存在，大部分以结合型糖苷的形式存在。葡萄糖苷配基以游离的形式存在于大豆中，在大豆籽粒中含量很少，约占异黄酮含量的2%～3%。大豆籽粒中有97%～98%的异黄酮是以葡萄糖苷和结合葡萄糖苷的形式存在。

（三）理化性质

1. 物理性质

大豆异黄酮在通常情况下为固体，熔点在100℃以上，常温下性质稳定，呈黄白色，粉末状，无毒，有轻微苦涩味。大豆异黄酮易溶于丙酮、甲醇、乙醇、乙酸乙酯等极性溶剂中。不溶于冷水，易溶于热水，在醇类、酯类和酮类溶剂中有一定溶解度，难溶于石油醚、正己烷等。

2. 化学性质

异黄酮分子中有酚羟基，显酸性，可溶于碱性水溶液及吡啶中。异黄酮具有抗氧化性，影响异黄酮类化合物抗氧化性的因素，最主要是羟基化的程度和羟基的位

置，但与黄酮、黄烷酮和查耳酮相比，异黄酮显示相对低一些的抗氧化性。另外，它还可发生显色反应：①钠汞齐还原反应使大豆或其制品的乙醇溶液显红色；②锆盐-柠檬酸显色反应，可用以区别金雀异黄素和大豆素；③醋酸镁显色反应，大豆或其制品的乙醇溶液加1%醋酸镁甲醇溶液，通过纸斑反应后异黄酮类化合物呈褐色。

二、大豆异黄酮的生理功能特性

大豆异黄酮是仅存在于自然界几种植物中、具有特殊结构的生物活性物质。近年研究发现，大豆异黄酮的生物学活性主要有植物雌激素样作用、抗癌、预防骨质疏松、调节血脂及预防心血管疾病等多种生理功能。大豆异黄酮独特的保健功能已受到世人的普遍关注，是一类颇具开发利用价值的天然活性物质。

（一）植物雌激素样作用

大豆异黄酮的化学结构式和体内雌激素极为相似，在体内发挥生物学作用时，可与雌激素受体结合，表现为类雌激素活性，是目前国际上被多数国家研究推崇的最安全、有效的天然植物雌激素。科学家们通过流行病学、临床实验、动物实验和体外实验等，对大豆异黄酮与心血管疾病、乳腺癌、绝经后骨质疏松和更年期潮热等疾病进行了研究，证明大豆异黄酮对上述激素依赖性疾病有预防作用。国内外临床实验研究表明：大豆异黄酮既能代替雌激素和雌激素受体（ER）结合发挥弱雌激素样作用，又能干扰雌激素和ER结合，表现抗雌激素样作用。其雌激素活性或抗雌激素活性主要取决于受试对象本身的激素代谢状态。对高雌激素水平者，如年轻妇女及年轻动物，显示抗雌激素活性；对低雌激素水平者，如自然绝经或手术绝经妇女、幼小动物和去卵巢动物，显示雌激素活性。大豆异黄酮具有较温和的生理活性，长期服用，在体内不仅不会产生游离性雌激素，堆积在雌激素受体和脂肪多的部位，诱发雌激素受体发生癌变，反而具有防癌、抗癌的作用。

（二）抗癌作用

与欧美国家相比，亚洲国家居民的乳腺癌、前列腺癌和大肠癌等的发病率和死亡率均较低，同时激素依赖性疾病的发病率也较低。研究发现，大豆的高消费量是亚洲居民这类癌症低发的主要原因。亚洲人移居美国并接受西方饮食方式后，其乳腺癌和前列腺癌的发病率都明显升高。体内外实验及流行病学研究均表明，大豆异黄酮对多种肿瘤有抑制作用，有抗恶性细胞增殖作用，能诱导恶性细胞分化，抑制细胞的恶性转化，抑制恶性细胞侵袭。

（三）预防骨质疏松

骨质持续丢失是衰老的自然过程，老年女性骨质疏松发病率较男性高，其主要原因是女性进入更年期后雌激素水平快速下降，从而加速骨质丢失。破骨细胞上有ER，雌激素可以与ER结合降低破骨细胞的活性，从而限制骨吸收，有利于绝经后骨质疏松的预防和治疗。WHO对日本和欧美绝经女性骨质疏松发病率进行比较，发现日本骨质疏松和椎骨骨折发病率明显低于欧美等国。大量研究表明异黄酮含量高的大豆蛋白能够提高股骨密度，而异黄酮含量低的大豆蛋白则无此作用，说明大豆蛋白对骨的保护与其中异黄酮含量相关。

（四）降低胆固醇和预防心血管疾病

女性进入更年期后，由于卵巢功能衰退，体内雌激素水平合成与分泌不足，雌激素的下降会导致脂肪和胆固醇代谢失常，使绝经女性体内脂肪和胆固醇含量升高，导致心血管疾病发病率和死亡率增加。据统计，绝经女性冠心病发病率较绝经前增加2～3倍，绝经女性使用雌激素替代疗法（ERT）后，心血管病的发病率下降35%～50%。临床实验、动物实验及体外实验的研究结果表明，具有雌激素活性的大豆异黄酮在预防女性心血管疾病中可能发挥重要作用。人群膳食干预试验发现血胆固醇正常的女性每天摄入45mg异黄酮后，可使血胆固醇下降。

（五）抗氧化、抗衰老作用

大豆异黄酮的抗氧化作用是多方面的，它能够抑制自由基的形成，减弱脂质氧化，刺激抗氧化酶合成等。大豆异黄酮的抗氧化作用是减少活性氧自由基对生物大分子，尤其是对DNA分子的损伤，从而可能减少肿瘤的发生。异黄酮的抗氧化功能还是保护神经的一个重要机制。脂质过氧化物是生物体细胞过氧化产物，在细胞内的含量与年龄正相关，是衰老的标志之一。有研究表明，较高剂量的大豆异黄酮可降低老龄小鼠全血脂质过氧化物含量。所以，大豆异黄酮对动物衰老有一定的抑制作用。

（六）提高机体免疫力作用

大豆异黄酮可提高机体非特异性免疫和特异性免疫功能。有研究给大鼠饲喂大豆苷，发现大豆苷可提高大鼠的脾重量，使其脾脏生成IgM的作用增强，外周血淋巴细胞含量增多，还能提高T细胞和NK细胞的活性，以此抑制肿瘤细胞的生长。有学者在体外培养脾淋巴细胞的试验中发现，大豆异黄酮能显著提高伴刀豆素A（ConA）或脂多糖（LPS）诱导的脾淋巴细胞增殖反应，与对照组相比，ConA诱导组提高了22%～49%，LPS诱导组提高了11%～27%。通过酶联免疫测定发现，大豆异黄酮还能促进ConA诱导T淋巴细胞产生白细胞介素2（IL-2）和白细胞介素3（IL-3）。IL-2在淋巴细胞的增殖过程中起轴心作用，可激发和维护淋巴细胞生长，最终导致淋巴细胞的分化和增殖，维护自身免疫稳定，IL-3则能刺激各类血细胞的增殖。

三、大豆异黄酮的分离纯化方法

目前最常见的异黄酮分离纯化方法有：溶剂萃取法、超声波辅助萃取法、酸解法、酶解法、大孔树脂吸附法、超临界萃取法、硅胶柱色谱法等。

（一）溶剂萃取法

大豆中大豆异黄酮的提取，主要根据被提取物的性质及伴存杂质的情况来选择合适的提取用溶剂。总的来说，对于糖苷类成分，一般可以用乙酸乙酯、甲醇、乙醇、丙酮、水等一些极性较大的混合溶剂，苷元用极性小的溶剂，如乙醚、氯仿等来提取。因为大豆中大豆异黄酮以苷元和糖苷两种形式存在，所以常采用综合提取，提取时一般采用甲醇水溶液、乙醇水溶液、丙酮酸性溶液和弱碱性水溶液等。

称取干燥脱脂豆粉，置于提取器中，加入体积分数为70%～75%的乙醇水溶液，70℃搅拌提取1～3h，对浸提后的混合物进行减压抽滤，得到淡黄色的澄清滤液；滤渣加入乙醇同法提取1次，合并滤液，减压蒸馏，温度控制在60℃左右，这样既可以蒸出乙醇，又可以蒸出水。将蒸馏后的粗品以每次1∶1（体积比）的乙酸乙酯萃取两次，异黄酮被富集于乙酸乙酯中，合并两次乙酸乙酯萃取液，减压蒸馏回收乙酸乙酯，得异黄酮浓缩液。

有研究表明，醇提法中乙醇提取效果优于甲醇，且在生产过程中可避免有毒、有害物质残留。在提取过程中浓度、温度、液料比、时间、次数均对提取率有较大影响。浓度过高过低，都与大豆异黄酮极性不一致，不利于其溶出。温度升高虽然容易使蛋白质变性，但同时高温使大豆异黄酮分解成其他物质，且这种转化和分解均随着温度的升高而加剧。提取时间和次数的增加使大豆异黄酮渗出量增大，但到一定程度变化不大，而且分解量增多。所以一般认为最佳工艺参数为：70%的乙醇溶液，在70℃下以液料比1∶5的形式抽提2次，每次3h左右，大豆异黄酮提取率较佳。

（二）超声波辅助萃取法

超声波辅助萃取法是利用超声波辐射压强产生的强烈空化效应、机械振动、扰动效应、高的加速度、乳化、扩散、击碎和搅拌作用等多级效应，增大物质分子运动频率和速度，增加溶剂穿透力，从而加速目标成分进入溶剂，促进提取的进行。

有研究表明，超声波提取是快速、可靠提取异黄酮糖苷的方法，其提取效果更好，但是其提取效果更依赖于提取的溶剂，采用50%乙醇在60℃下超声波辅助提取30min，与传统乙醇浸提2次240min的提取率相当。另一研究中，利用超声波辅助提取大豆异黄酮，当超声频率为25kHz，超声功率为160W，乙醇浓度为50%，固液比为1∶6，60℃超声处理60min时，大豆异黄酮得率可达4.23mg/g，较普通醇提法提高了3.93%。有学者对水酶法提取大豆油后的副产物进行研究，提取其生理活性物质大豆异黄酮。还有研究采用超声方法和酸水解方法相结合对水酶法提取大豆油后副产物进行异黄酮提取，采用固液比为1∶12.54，乙醇浓度为70.28%，盐酸浓度为2.6mol/L，水解提取时间为30min，提取温度为30℃，总异黄酮提取量为2.033mg，加入酸水解后大豆异黄酮总提取量较单纯70%乙醇提取法提高了42.55%。

超声波辅助萃取法快速、价廉、提取率高。在各种样品中，无论是对有机物还是无机物，超声波辅助萃取都有较广泛的应用。但这种应用目前还多是手工操作，而且主要用在小型实验室，应用于大规模的工业生产，尚需解决工业设备放大的问题。尽管超声波辅助萃取法的应用时间不长，但已受到广大科技工作者的关注。超声波辅助萃取可认为是一项符合可持续发展有利于环保的“绿色技术”。

（三）酸解法

利用大豆异黄酮糖苷和大豆异黄酮苷元在分子极性上的明显差异，采取非极性溶剂提取和酸水解相结合的方法选择性提取出低分子极性的大豆异黄酮苷元成分，可有效提高提取的专一性和产品纯度，为粗提产品的进一步分离纯化提供有利条件。有研究表明，采用硫酸-乙醇水溶液为酸水解溶剂，酸度0.9mol/L，60%乙醇在50℃下提取90min，酸水解法提取的提取率和产品纯度均高于常规的溶剂萃取法。另有研究通过正交实验确立了结合型大豆异黄酮转化为游离型大豆异黄酮的最佳酸水解工艺条件：盐酸甲醇溶液的浓度为2mol/L，水解温度为80℃，水解时间为60min，水解前后大豆黄素的含量由0.22%增加至14.01%，染料木素的含量由0.02%增加至23.45%。

（四）酶解法

能够水解大豆异黄酮糖苷的酶有β-葡萄糖苷酶、葡萄糖酸酶、α-半乳糖苷酶、真菌乳糖酶和乳糖酶等，研究最多的是β-葡萄糖苷酶。酶水解大豆异黄酮常采用β-葡萄糖苷酶，它是水解1,6-糖苷键的专用酶，可使大豆异黄酮由糖苷型转化为苷元型。自然界中β-葡萄糖苷酶广泛存在于人的消化道、植物（大豆、杏仁等）和400多种微生物中，大豆自身含有的内源性β-葡萄糖苷酶水解活性不强，水解效率只有22%～29%。采用微生物发酵法获得一类外源性的β-葡萄糖苷酶，它具有非常高的生物活性，用这种酶来水解大豆异黄酮糖苷，水解效率高达96%。通过酶或化学合成的方法生产苷元的成本都很高，而利用微生物发酵的方法直接生产大豆异黄酮苷元可大幅度降低成本。有研究表明，利用曲霉中产生的水解酶将大豆粉中的结合型大豆异黄酮水解为游离型大豆异黄酮，再用乙酸乙酯萃取后，经衍生化反应，气相色谱质谱联用进行定量，该法不仅效率高，也有利于大豆异黄酮的定量。

（五）大孔树脂吸附法

吸附树脂是近10年来发展起来的一类有机高分子聚合物吸附剂，它具有物理化学选择性高、吸附选择性独特、不受无机物存在影响、再生简便、解吸条件温和、使用周期长，节省费用等诸多优点，避免了有机溶剂提取分离而造成的有机溶剂回收难、损耗大、成本高等缺陷，可广泛用于异黄酮物质的提取。

（六）超临界萃取法

超临界萃取法是一种新兴的分离提取技术，它是利用超临界状态的流体及被萃取的物质在不同压力下具有不同化学亲和力及溶解能力所进行的分离纯化操作。异黄酮的超临界萃取以CO_2为溶剂，它的提取率往往与萃取温度、压力、CO_2消耗量、夹带剂的种类和使用量、原料的装填方式以及粒度大小等很多因素紧密相关。它与传统的溶剂萃取法相比有一系列优点：提取分离步骤简单、异黄酮得率和含量较高、提取条件温和、不会使异黄酮的生物活性成分发生变化、提取周期短、没有有机溶剂残留、对环境友好等。

（七）硅胶柱色谱法

硅胶柱色谱法是一种吸附柱色谱法。它是以有吸附能力的固体为固定相，以液体为流动相，利用不同溶质分子在吸附剂（固定相）和洗脱剂（流动相）之间的不同吸附和解吸能力而彼此分离。其吸附和解吸过程可视为是流动相的溶剂分子与溶质分子在争夺吸附剂上的位置。硅胶是一种具有中等吸附能力的吸附剂，适合分离大豆异黄酮这类具有中等极性的物质。硅胶吸附能力的强弱与其硅醇基的含量多少有关，硅醇基能够通过氢键吸附水分而丧失吸附力，因此硅胶在使用前必须在高温下除去水分活化。徐德平等从大豆中提取分离到大豆苷元糖苷、染料木素糖苷、大豆苷元、染料木素4种异黄酮单体。有研究表明，采用300～400目硅胶、洗脱体系为氯仿-甲醇（体积比为5∶1）、流速为1.0mL/min，可以使染料木素糖苷、大豆苷元糖苷、染料木素和大豆苷元4种主要单体组分得到分离。硅胶柱色谱对大豆异黄酮苷元的分离效果好。

四、大豆异黄酮的产品开发与应用

大豆异黄酮有苦涩味、口感差，以前在食品加工中尽量除去。近年来由于人们了解到大豆异黄酮有调理人体各种生理功能的作用，国内外相继开发了含量不同的大豆异黄酮制品及保健食品，应用于饮料、糕点、休闲食品、焙烤食品及制成胶囊、片剂等保健食品。

（一）国外大豆异黄酮的产品开发与应用

日本市场上已出现较多此类产品，但主要是用于调节骨代谢功能的保健食品，利用其预防骨质疏松症。日本一家公司开发了水溶性高、大豆异黄酮特有苦涩味非常小的制品——富士黄酮。日本另一公司开发了脱除苦涩味，纯度达80%以上的高纯度大豆异黄酮制品，并向市场推出“丰年大豆异黄酮”制品。日本还有公司开发出富含异黄酮的“大豆胚芽茶”功能饮料，被列入日本“保健用食品”名单，这是日本厚生省对食品中异黄酮的保健作用首次给予确定，饮一罐大豆胚芽茶，即可满足一名妇女一日所需40mg异黄酮的量。这类健康食品与矿物质、维生素等配合使用特别有效，对于绝经期女性来说，此类健康食品最适合，还可作为年轻女性的补钙食品。

各种富含大豆异黄酮大豆蛋白的开发，大大扩宽了大豆异黄酮在食品领域中的应用，人们平时就可以通过饮食摄入大豆异黄酮。特别是大豆分离蛋白或浓缩蛋白，在食品中应用很广泛，包括应用于饮料、冷冻食品、糕点等一般加工食品。美国有数十家公司生产了上百种含大豆蛋白粉、大豆卵磷脂和大豆异黄酮成分的保健食品，其中一些实力雄厚的公司纷纷加盟。美国市售的有“GNC”大豆异黄酮胶囊，每粒50mg，其中大豆异黄酮含量20mg；“Metagenics”大豆异黄酮复合片，每片大豆异黄酮含量25mg，并添加适量的维生素D_3。

澳大利亚开发了一种供中年妇女食用的大豆营养补充剂，每日食用5g，其中含异黄酮 50mg、大豆蛋白 4000mg、野生山药 250mg。澳大利亚 Novogen 公司用芒柄黄花素、大豆黄素、鹰嘴豆素和染料木黄酮 4 种异黄酮以特定的比例混合制成植物雌激素食品补充剂 Rimostil（P-081），这类产品大多数集中于对成人健康的研究。近年来，国外一些学者开始关注大豆类婴儿配方食品中的异黄酮含量和婴儿通过此类配方食品摄入异黄酮的量。专家们认为，大豆类婴儿配方食品中的异黄酮较食用大豆食品、乳母乳汁中异黄酮含量更丰富，婴儿也能吸收人乳和大豆食品中的异黄酮，但异黄酮含量较高的大豆类婴儿配方食品则有可能对婴儿生殖系统发育产生不利的影响。

（二）我国大豆异黄酮的产品开发与应用

我国也正在研究开发含大豆异黄酮的保健食品，但稍落后于发达国家。对大豆异黄酮的应用开发方面最早是中国医学科学院药物所研制的金转停胶囊，是以日本引进的天然异黄酮提取物为原料，从 1992 年起，历经 6 年研制成功。经功能试验证实，该产品能够抑制肿瘤的生长转移。上海天能生物保健品有限公司于 2000 年同科研院校专家合作研制了大豆异黄酮及其复配制品“天能中年宝片”，并于 2001 年 1 月经卫计委批准为保健食品。该产品以大豆异黄酮、碳酸钙、维生素 D 为主要原料，经功能试验证明其具有增加骨密度的保健功能。经临床应用，还具有缓解妇女更年期症状的作用。近年来，国内开发的大豆异黄酮保健产品已有数十个，只是配方不同，保健功能却大同小异。

我国是大豆的故乡，大豆资源丰富，怎样充分利用大豆异黄酮资源为国民的健康服务，具有重要的意义。

第三节　大豆皂苷

大豆皂苷是苷类物质的一种，是由糖和非糖物质结合而成。构成皂苷的苷元部分和糖基部分不同，使得形成皂苷的结构不一，其生理活性也多种多样，在心血管系统、呼吸系统、神经系统以及增强机体免疫力、抗肿瘤等方面具有不同的活性。国外的研究表明，大豆皂苷是一种具有广泛应用价值的天然生物活性物质，已经应用于医药、食品、化妆品、饲料等行业中。

一、大豆皂苷的性质、来源及结构

（一）性质

大豆皂苷分子量较大，不易结晶，为无色或者乳白色粉末，易溶于热水、含水烯醇、热甲醇和热乙醇中，难溶于冷乙醇、乙醚等极性小的有机溶剂，不溶于苯、氯仿和无水乙醇。大豆皂苷具有吸湿性、易潮解，具有苦味。大豆皂苷具有表面活性，能降低水溶液的表面张力，其水溶液振荡后能产生持久性泡沫。大豆皂苷有使红细胞破裂的作用，皂苷在高等动物的消化道中不被吸收，故口服无毒性，但鱼类对皂苷很敏感。皂苷能与胆固醇形成沉淀，因此，胆固醇能解除皂苷的溶血毒性。

（二）来源及其分布

大豆皂苷是从豆科植物中提取分离得到，主要集中分布于胚轴和子叶中，尤其是胚轴中。大豆胚轴中皂苷含量约为0.60%～6.12%，远高于子叶中的皂苷含量，其皂苷含量约为子叶的8～15倍。在大豆的其他器官中，如叶片、根、茎、豆节等都含有大豆皂苷，但是在大豆的种皮中几乎不含皂苷。就大豆皂苷的绝对含量而言，子叶中所含的大豆皂苷量要远高于胚轴中皂苷的含量，因为子叶几乎占据了整个大豆质量的92%。

（三）化学结构

大豆皂苷属于三萜类齐墩果酸型皂苷，是由三萜类同系物的羟基和糖分子环状半缩醛上的羟基失水缩合而成。大豆皂苷可以水解生成多种糖类和配糖体。目前已经确认的大豆皂苷大约有18种，是由5种皂苷元和糖基中的β-D-半乳糖、β-D-木糖、α-L-鼠李糖、α-L-阿拉伯糖、β-D-葡萄糖、β-D-葡萄糖醛酸6种单糖组成。大豆皂苷元结构如图7-8所示。

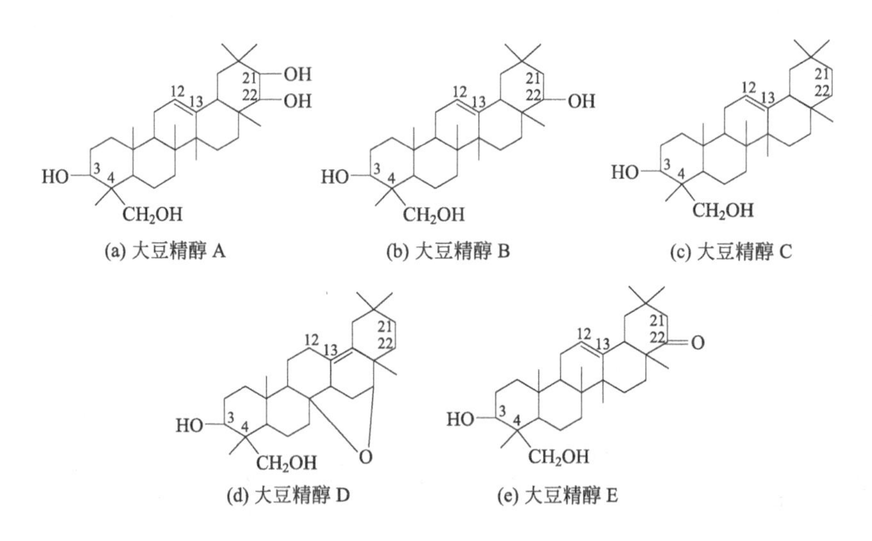

图7-8 大豆皂苷元结构

大豆精醇C、大豆精醇D是大豆精醇B酸解的衍生物

二、大豆皂苷的生理功能特性

人们对大豆皂苷的探究，随着时间流逝人们对它有了更深的认识。从20世纪70年代开始，大豆皂苷的研究方向主要是针对人的身体和饮食方面，很多专家认为在大豆制品的加工过程中不应该保留大豆皂苷。自20世纪80年代以来，许多专家发现了大豆皂苷的很多功能，使患有动脉粥样硬化、心肌梗死、脑血栓一类疾病的患者有了新的希望。到了90年代中期，大豆皂苷的组成、结构及化学性质被专家陆续发现，使得大豆皂苷的研究取得了突破性进展。最近，国内外大量实验都证实了大豆皂苷不仅不良反应微乎其微，而且它具有许多对人体健康有益的生理功能，使它在医学领域得到更广泛的应用。

随着近年来对大豆皂苷研究的不断深入，发现大豆皂苷对人体具有许多有益的生理功效。大豆皂苷能促进人体内胆固醇和脂肪代谢，降低体内过氧化脂质的生成，抑制甲状腺的疾病性肿大，镇咳、消炎、增强机体免疫力、改善心肌供氧、提高机体的耐缺氧能力。还能减少体内脂肪含量，起到抗衰老、减肥的保健作用。大豆皂苷对X射线具有防护作用，因而对放疗、化疗引起的不良反应有很好的抵抗作用。

（一）抗肝损伤作用

有学者通过建立四氯化碳（CCl_4）致小鼠急性肝损伤模型，观察大豆皂苷对CCl_4致急性肝损伤小鼠肝脏氧化应激的干预作用，研究结果表明，大豆皂苷能降低CCl_4致急性肝损伤小鼠肝脏及其线粒体氧化应激，对肝损伤具有保护作用。还有研究发现，大豆皂苷可减轻由酒精肝损伤造成的肝脏还原型谷胱甘肽（GSH）的耗竭，降低肝脏脂质过氧化物的生成和/或加速过氧化物的清除，提高机体的抗氧化能力；大豆皂苷可减缓酒精肝损伤造成的动物肝脏脂肪蓄积，即降低肝脏甘油三酯（TG）含量；大豆皂苷可减轻病理组织学所见的肝细胞脂肪变性程度。

（二）降脂减肥作用

大豆皂苷可降低血中胆固醇和甘油三酯的含量，同时抑制血清中脂类的氧化，抑制过氧化脂质的生成。大豆皂苷对高脂肪膳食所致的高脂血症具有预防降低作用，而对正常膳食动物血清中的胆固醇及甘油三酯可使其维持在正常水平。日本科学家通过临床观察研究证实，大豆皂苷对肥胖症也具有一定疗效。

（三）防癌抗癌作用

大豆皂苷是人们从食物中摄入的主要皂苷，它与肠上皮细胞作用可降低结肠癌发病率。结肠癌的发生与肠道中高浓度胆固醇代谢物和胆酸有关，体外研究表明，皂苷与胆酸形成大的混胶束，在消化道上部减少游离胆酸生成，同时减少下部肠黏膜对胆酸的吸收，因此具有抗癌作用。

大豆皂苷可通过增加超氧化物歧化酶的含量，清除自由基，具有抗氧化和降低过氧化脂质的作用，可以抑制血清中脂类的氧化，破坏肿瘤细胞结构或抑制 DNA 的合成，从而提高机体免疫力并抑制肿瘤细胞生长。

（四）抗病毒作用

大豆皂苷对被某些病毒感染的细胞有明显的保护作用，不仅可明显抑制单纯性疱疹病毒、腺病毒等病毒，而且对脊髓灰质炎病毒、柯萨奇病毒等也有明显的抑制作用，表现出广谱的抗病毒能力。用含大豆皂苷的霜剂治疗疱疹性口唇炎、口腔溃疡等，结果发现其止痛、消炎效果都十分明显，可使疱疹迅速破裂、收敛，并能进一步促进伤口的愈合。

（五）抗凝血、抗血栓及抗糖尿病的作用

大豆皂苷可激活纤维系统，增强纤维蛋白原降解产物，进而强烈抑制血小板的聚集，表现出较强的抗凝血作用。大豆皂苷可抑制血小板的聚集并使血纤维蛋白的含量减少；还可以抑制体内毒素引起纤维蛋白的凝聚作用，并可抑制凝血酶引起的血栓纤维蛋白的形成，具有抗血栓形成作用。大豆皂苷可降低血糖、提高胰岛素水平，从而表现出抗糖尿病的作用。

（六）免疫调节作用

大豆皂苷对细胞具有增强作用，特别是对细胞功能的增强，可保持细胞的活性与增殖，促进细胞产生淋巴因子，增强诱导杀伤性细胞以及提高细胞活性，从而表现出较强的免疫调节作用。

（七）钙离子通道阻滞作用

大豆皂苷具有钙离子通道阻滞作用，由于钙离子通道广泛分布于人体的各种组织，涉及神经兴奋、肌肉收缩、腺体分泌等多种功能，如将大豆皂苷的此种功能进行开发，预计在医药领域将具有非常广阔的应用前景。

对于大豆皂苷生物学功能的研究报道还有很多，如大豆皂苷可以加强中枢交感神经的活动，通过外周交感神经节后纤维释放去甲肾上腺素和肾上腺髓质分泌的肾上腺素作用于血管平滑肌的 α 受体，使血管收缩；作用于心脏的 β 受体，加快心率和增强心肌的收缩力而引起血压升高。此外，大豆皂苷还具有抗衰老、防止动脉粥样硬化等作用。

三、大豆皂苷的提取分离

随着技术的进步与发展，提取和分离皂苷已经实现，但大规模的工业化提取仍是一个难题，以下介绍大豆皂苷提取的一些方法。

（一）浸提法

提取皂苷的方法很多，大多是根据皂苷的溶解性来提取的。皂苷的提取方法按照其使用的溶剂不同可分为：甲醇或乙醇提取-丙酮或乙醚沉淀法、正丁醇提取法。

1. 甲醇或乙醇提取-丙酮或乙醚沉淀法

此法是根据大豆皂苷易溶于甲醇或乙醇，而难溶于丙酮或乙醚的性质，采用先进行醇液提取，而后加入丙酮或乙醚使产生沉淀的方法。这种方法简单易行，但提取的皂苷纯度及含量较低。

2. 正丁醇提取法

此法是将脱脂大豆用不同浓度的甲醇或乙醇冷浸萃取，提取过滤后浓缩，然后再用正丁醇与水（1∶1）溶解、萃取、静置，大豆皂苷主要留在正丁醇相中，真空蒸干溶剂即可得到粗提物。

豆粕中大豆皂苷的提取方法：用水或低级醇抽提经粉碎的豆粕，过滤，多次抽提，合并滤液。随后调滤液 pH 值到 8.0～9.0，沉降过滤。滤液浓缩，浓缩液以低级醇抽提过滤，滤液减压浓缩。浓缩液通过非离子型大孔树脂吸附柱，吸附分离洗脱，洗脱液真空浓缩后得到纯度为 70%左右的产品。

上述方法存在的共同缺点是真空干燥段的能耗大，皂苷的得率较低。此外，在用脱脂大豆（豆粕）为原料进行提取时，应将豆粕中的含油率降到最低，这样才有利于皂苷的提取。

经研究证明，采用这些方法提取大豆皂苷，其含量不高的原因是大豆皂苷中有很大一部分配糖体又与其他多糖或生物大分子结合吸附于纤维、果胶上，造成提取困难。若在豆粕液中添加内切糖苷酶混匀，进行适当水解，然后再用水、乙醇或甲醇浸提，则可明显提高大豆皂苷的提取率。

（二）膜分离法

采用超滤膜分离技术提取大豆皂苷，是近几年研制出的新方法，原理是利用萃取液中各物质分子量的差异，用膜过滤除去小于皂苷分子量的其他小分子物质，如游离糖、溶剂、盐类、色素等杂质。采用这种方法可以降低蒸发浓缩的能耗，提高产品的纯度和质量，提高皂苷的得率，改善产品的色泽。

（三）微波提取法

称取大豆豆渣2g，按1∶10料液比加入75%乙醇，在微波功率为270W条件下微波提取90s，真空抽滤，定容，得大豆皂苷溶液。

（四）超声波提取法

称取36目的大豆豆渣2g，按1∶30料液比加入75%乙醇溶剂，超声功率50W，超声处理25min，保持水温60℃。过滤，旋转蒸发仪蒸干，用甲醇溶解，过滤，定容，得大豆皂苷溶液。

四、大豆皂苷的纯化

由于皂苷易溶于热水、热甲醇和热乙醇中，因此常以甲醇或乙醇作为提取剂从原料中提取皂苷。回收溶剂后将剩余的提取物溶解于水中，过滤除去不溶物，水溶液用石油醚、苯或乙醚等有机溶剂萃取除去油脂、色素等亲脂性杂质，水溶性的皂苷则保留在水相中。除去脂溶性的杂质后，水相改用亲水性较强的丁醇为溶剂继续进行两相萃取，皂苷被转移到丁醇中，而一些亲水性强的杂质则仍保留在水相中，与皂苷分离。收集丁醇溶液，减压蒸干，即可制得粗制的总皂苷。由上述方法提取得到的粗皂苷，尚需进一步除去非皂苷类成分达到纯化。同时，根据总皂苷的组成，可选择下列一种或几种方法配合使用以实现皂苷的提纯与分离，从而达到最佳的分离纯化效果。

（一）溶剂沉淀法

利用皂苷难溶于乙醚和丙酮等溶剂的性质，将粗皂苷先溶于少量甲醇或乙醇中，然后逐滴加到数倍于甲醇或乙醇体积的乙醚、丙酮或乙醚-丙酮（1∶1）的混合溶剂中，混合均匀，皂苷即成粉质析出。反复处理数次，并逐渐降低溶剂极性，皂苷即可分级析出，然后经过抽滤、干燥即制得较纯的皂苷。此法操作简便，但皂苷不易分离完全，消耗溶剂较多。

（二）重金属盐沉淀法

利用皂苷与铅盐、钡盐或铜盐可形成沉淀的性质，可以提纯皂苷或将酸性皂苷和中性皂苷分离，其中尤以铅盐沉淀法最为常用。将粗皂苷溶于少量乙醇中，加入过量的中性醋酸铅溶液，搅拌均匀后使酸性皂苷沉淀完全，滤出沉淀，于滤液中再加入20%～30%的碱性醋酸铅溶液以沉淀中性皂苷。将所得的两种沉淀分别溶于水或烯醇液中进行常法脱铅处理，脱铅后的滤液经减压浓缩后用乙醇溶解，再加入乙醚析出沉淀，即可得到酸性和中性两部分皂苷，但产品颜色很深。

（三）柱色谱法

1. 大孔吸附树脂柱色谱法

大孔吸附树脂是一种人工合成的具有多孔立体结构的聚合物吸附剂，是在离子交换剂和其他吸附剂应用基础上发展起来的一类新树脂，是依靠它和被吸附分子之间的范德华引力，通过它巨大的比表面积进行物理吸附而工作，同时其本身的多孔结构又具有筛选作用。吸附和过筛作用以及本身的极性使得大孔吸附树脂具有吸附、富集、分离不同结构化合物的功能。大孔吸附树脂多为苯乙烯型或2-甲基丙烯酸酯型，理化性质稳定，不溶于水、酸、碱及常用有机溶剂。它对一些与其骨架结构相近的分子如芳香族环状化合物尤具有很强的吸附能力，已经广泛用于天然产物分离和中药生产中。可根据待分离化合物的性质选择树脂的孔径、比表面积和极性。大豆皂苷的苷元部分为憎水性，能被非极性和弱极性树脂所吸附，同时皂苷分子较大，故应选择孔径较大的非极性或弱极性吸附树脂。利用大孔吸附树脂色谱法纯化大豆皂苷工艺简单、产品纯度高，是目前国内外研究的重点。文献报道使用最多的是D101、XAD-2、AB-8、HP-20等型号树脂。

2. 硅胶柱色谱法

由于各类大豆皂苷之间所连糖链数目和官能团，特别是羟基个数的差异造成它们之间细微的极性差异，薄层色谱法（TLC）就是利用这种差异，通过展开剂在带动样品移动过程中硅胶对不同物质的吸附作用力不同而达到分离目的。它已经成功应用于大豆皂苷定性定量分析。在应用薄层色谱法分析时最重要的问题是展开剂的问题。文献应用最多的溶剂是氯仿∶甲醇∶水（65∶35∶10，取下层），而薄层板和显色剂的细微差别都会导致结果多样化。在定量分析时点样设备要求精确度高，且需要高速扫描薄层板表面以减少误差。有研究比较用溶剂沉淀法和各种柱色谱法分离纯化大豆皂苷和异黄酮，结果表明采用硅胶柱色谱法，用氯仿-甲醇-水（65∶35∶10，体积比，下层）为洗脱剂，可依次洗脱分别获得纯度优于90%总异黄酮和90%总皂苷。有研究表明，用硅胶柱色谱法，以氯仿∶甲醇∶水=65∶35∶10（取下层）来洗脱，依次得到大豆异黄酮、B组皂苷和A组皂苷。另一研究采用硅胶柱色谱法纯化大豆皂苷，分离效果好，且脱色明显。还有研究采用Sephadex G-25葡萄凝胶柱纯化大豆皂苷，其脱色和分离效果均较好。

（四）色谱分离法

利用以上几种方法，除了使一些比较简单的皂苷可以得到充分分离外，一般仍只能得到以总皂苷形式存在的一定纯度产品。因此，通常还要用色谱分离法来进一步分离纯化皂苷单体。与其他皂苷类一样，由于皂苷极性大，常用低活性的氧化铝或硅胶作吸附剂，再根据不同的皂苷用不同极性的溶剂进行洗脱。若先将皂苷乙酰化，则可用活性氧化铝作吸附剂进行色谱分离。

常用的色谱分离法有吸附色谱法、分配色谱法、高效液相色谱法、液滴逆流色谱法(DCCC)和大孔树脂吸附法，其中大孔树脂吸附法为工业化大规模生产提供了可能。

五、大豆皂苷在食品中的应用

虽然大豆皂苷在低等动物身上表现出了微弱的抗营养作用，如苦涩味、溶血性；但是近来的研究表明，大豆皂苷具有很强的生理功能，是阻止慢性病发生的天然抑制剂，如抑制血小板聚集、抑制肿瘤细胞的生长和防止动脉粥样硬化等，具有重要的药学价值。此外，大豆皂苷作为添加剂也常添加到食品和化妆品中，以改善产品的品质和功能。我国是大豆加工的大国，但是对大豆皂苷一直没有加以合理的利用，合理研究和开发大豆皂苷及其产品具有很重要的意义。

(一) 作为添加剂及开发保健食品

食品添加剂是指为改变食品品质、色、香、味及防腐和加工工艺的需要而加入食品中的化学合成物质或者天然物质。从食品添加剂的发展趋势来看，化学合成添加剂的使用将逐步减少，而天然食品添加剂的使用将逐步增加，并有取代前者的趋势。大豆皂苷具有某些特性，可用作食品添加剂，而且由于其直接来源于大豆，因此符合添加剂的发展趋势。大豆皂苷具有发泡性和乳化性，可作为添加剂应用于食品、药品以及化妆品中。向啤酒中添加大豆皂苷，可以增加啤酒中泡沫的体积，不仅保持啤酒泡沫的稳定性，还有利于改善啤酒的风味。日本科学家对大豆皂苷的研究较为深入，在开发和利用方面也捷足先登，目前已开发出含大豆皂苷的保健食品、减肥食品以及皂苷汁、皂苷饮料等，并申请了专利。国内开发出了具有调节血脂作用的保健食品，包括大豆皂苷胶囊和大豆皂苷冲剂等产品。

(二) 用于药品和保健品

由于大豆皂苷具有降血脂、抗氧化、抗动脉粥样硬化、抗病毒、免疫调节以及抗心血管系统疾病等作用，因此决定了它在医药领域具有广阔的应用前景，并已开始得到应用。在国外，早已有将大豆皂苷用作药物的报道，国内已用大豆皂苷制成霜剂，来治疗疱疹性口唇炎、口腔溃疡和带状疱疹，并取得满意的临床疗效。大豆皂苷的扩张冠状动脉作用、增加脑血流量的作用及抑制血栓形成、改善心率的功能可开发成为一种治疗心血管疾病的新型药物；利用其可降低血中胆固醇和甘油三酯含量这一特性，国外已有人将其作为减肥药，加以研制、开发，并取得了一定成效。国内将大豆皂苷与其他食物成分配伍，研制和开发出新的不良反应少的减肥保健药品。此外，应用其抗突变、抗癌、抗病毒等特性，可开发出新的抗癌、抗病毒药物，为攻克当今世界两大顽疾——癌症和艾滋病开辟出一条新的途径。

(三) 化妆品方面的开发与应用

大豆皂苷用作化妆品的理论依据在于其具有抗氧化作用，可延缓皮肤衰老和阻止由于脂质过氧化而引起的皮肤疾患，减少皮肤病的发生。大豆皂苷的不良反应极少，又容易获得，从而为开发物美价廉含大豆皂苷的化妆品提供了极大的可能性，具有广阔的应用前景。日本科学家已研究出含有大豆皂苷的化妆品，并申请了专利。

由于大豆皂苷具有防癌抗癌、抗氧化、降低胆固醇、抗血栓、抗病毒、调节免疫、减肥等作用，大豆皂苷的研究开发日益受到重视，目前国内已有一些企业生产的大豆皂苷供应市场。我国具有丰富的大豆资源，且大豆皂苷含量水平居于世界前列，开发生产大豆皂苷自然条件优越。企业在改进工艺技术、提高产品得率和产品纯度、保证产品生理活性的同时，应进一步降低生产成本、降低产品价格、做好宣传引导工作，实现企业效益最大化。

第四节　大豆多肽

大豆多肽是一种生物活性肽，它是以优质大豆蛋白为主要原料，应用现代生物工程技术，将大豆蛋白水解成小分子生物活性肽，其通常由3～6个氨基酸组成。大豆多肽作为生物活性肽的一种，其氨基酸结构几乎与大豆蛋白一样，具有很高的营养价值和独特的生理功能，在食品工业中具有广阔的开发应用前景。

一、大豆多肽的性质

(一) 组成

大豆多肽是指大豆蛋白经蛋白酶作用后，再经特殊处理而得到的蛋白质水解产物，它是一种大豆蛋白水解后许多种肽分子的混合物，产品中还含有少量游离氨基酸、糖类和无机盐等成分。

大豆多肽的蛋白质含量在85%左右，其氨基酸组成几乎与大豆蛋白完全一样，必需氨基酸的平衡性良好，含量也很丰富。

（二）理化性质

大豆多肽的理化性质直接影响其营养特性、加工特性、应用范围和生物活性。大豆多肽具有良好的溶解性，在广谱的pH值、温度、离子强度、氮浓度范围内都是可溶的，这就极大扩大了大豆多肽的应用范围。

大豆多肽的黏度随浓度升高加大的程度很有限，具有很好的流动性。大豆多肽这种黏度小、受热不凝固特性使得食物在胃肠道内能与各种消化酶均匀接触，有利于淀粉、蛋白质的酶解，使之更容易被肠细胞吸收。

小肽分子的乳化稳定性较差。一般来说，肽链长度至少应大于20个氨基酸残基，才能具有良好的乳化性。蛋白酶的选择对产物的乳化性及其乳化稳定性也有很大影响。

二、大豆多肽的营养与功能特性

大豆多肽的营养特性体现在“三高一低”，即高营养性、高吸收速度、高吸收率和低抗原性。

（一）药理功能

1. 降低血脂和胆固醇

大豆蛋白具有降低血脂和胆固醇的作用，其水解物大豆多肽同样具有此功能，且效果更佳。大豆多肽通过刺激体内甲状腺激素的分泌量增加，促进胆固醇的胆汁酸化，从而阻碍肠道内胆固醇的再吸收并促使其排出体外。

2. 降血压

血管紧张素转化酶（ACE）在人体血压调节过程中是至关重要的，通过抑制ACE的作用就会达到降低血压的目的。大豆多肽能抑制ACE的活性。大豆蛋白经特殊酶水解后得到大豆多肽可抑制ACE催化水解血管紧张素从而防止血管强烈收缩，达到降血压作用。而大豆多肽对正常血压没有降压作用，所以它对有心血管疾病的患者有显著疗效，而对正常人体又无害，且安全可靠。

3. 调节免疫功能

从大豆蛋白经酶解或微生物发酵的产物中可以得到两种肽，这两种肽可以通过鼠腹膜巨噬细胞激活具有吞噬作用的绵羊红细胞，增强动物的免疫功能。大豆多肽能提高中性白细胞的集成能力和促进肿瘤坏死因子的产生，从而起到抑制肿瘤的作用。

4. 抗血栓形成

大豆多肽经小肠吸收进入血液，能对血小板的聚集、纤维蛋白原与活化的血小板结合起到抑制作用，从而对动物的健康起到保护作用。

（二）生理保健功能

1. 易于消化和吸收

大豆多肽在肠道中的吸收率最好，体内蛋白质大部分是以多肽形式直接吸收的；与氨基酸和其他蛋白质相比，大豆多肽的吸收速率和吸收率是最高的。因此，大豆多肽可作为肠道营养剂和流态食品供康复期患者、消化功能衰退的老年人及消化功能未成熟的婴幼儿服用。

2. 促进矿物质的吸收

大豆多肽具有能与钙及其他微量元素有效结合的活性基团，可以形成有机钙多肽络合物，大大促进钙的吸收。大豆多肽也可以添加到普通食品中，使人在日常膳食中即可达到补钙的目的。此外，大豆多肽还可以与铁、硒、锌等多种微量元素结合，形成有机金属络合肽，是微量元素吸收和输送的很好载体，从而有利于机体的吸收。

3. 促进脂肪代谢的效果

摄食蛋白质比摄食脂肪、糖类更易促进脂肪代谢，而大豆多肽则具有更强的促进能量代谢的效果，这样大豆多肽可加速人体脂肪代谢，使之能量消耗更高。由于大豆多肽具有这样的特殊作用，可作运动员增强体质、减轻体重的食品，同时也可作为减肥的良好食品。

4. 降血糖作用

大豆多肽对α-葡萄糖苷酶有缓慢抑制作用。α-葡萄糖苷酶主要分布在肠微绒毛上，它的作用是迅速分解糖供体内葡萄糖。因此，大豆多肽单独使用或与糖类等混合使用时，不受胰岛素分泌量的影响，能起到抑制血糖急剧上升的作用，具有很好的降血糖效果。

5. 降血压作用

大豆多肽能够阻止肠道中胆固醇的重吸收并将其排出体外，还能使甲状腺激素分泌增加，促进胆汁酸化，使粪便胆固醇排泄量增加，进而降低血清胆固醇水平。另外，大豆多肽只对于胆固醇值高的人具有降低胆固醇作用，对胆固醇值正常的人，可以起到预防胆固醇升高的作用。更重要的是大豆多肽可以使血清中的总胆固醇（TC）和低密度脂蛋白胆固醇（LDIC）值降低，但不会使有益的高密度脂蛋白胆固醇（HDLC）值降低。

三、大豆多肽的生产方法

大豆多肽是大豆蛋白的水解产物，一般是以大豆或豆粕为原料，利用化学方法或酶法将大豆蛋白水解而制成。目前利用酶对大豆蛋白进行水解被认为是最有效的大豆多肽制备工艺，蛋白酶水解法成为当前最主要的大豆多肽制备方法。其工艺主要包括分离大豆蛋白溶液的制备、大豆蛋白的水解和大豆多肽的精制三大步骤。

（一）分离大豆蛋白溶液的制备

大豆蛋白溶液的制备一般是采用传统生产分离大豆蛋白的碱提酸沉法或水提酸沉法，这一工艺主要包括萃取、酸沉和离心甩干 3 个步骤。有资料报道，也可用超滤法生产分离大豆蛋白溶液，这种方法包括弱碱浸泡、磨浆分离、细磨、精滤和超滤等工序，该法所得大豆蛋白溶液的可溶性糖分、离子和灰分等杂质含量明显低于传统的碱提酸沉法。

（二）大豆蛋白的水解

蛋白酶水解条件温和，可控制水解度，因此现在多用蛋白酶水解法进行大豆蛋白的水解。大豆蛋白酶水解是大豆多肽制取的关键步骤。酶法水解大豆蛋白常用的蛋白酶有胰蛋白酶、胃蛋白酶等动物蛋白酶，木瓜蛋白酶、菠萝蛋白酶等植物蛋白酶以及放线菌 166、枯草杆菌 1398、栖土曲霉 AS 3.942、黑曲霉 AS 3.350、地衣型芽孢杆菌 2709 等微生物蛋白酶等。

酶解的工艺条件随蛋白酶选择的不同而不同。准确称取大豆蛋白，加缓冲液调至最适 pH 值，并配制成溶液。经预处理后，分别加入定量的酶，恒温振荡酶解。酶解的工艺条件一般选择 pH 值 7.0～8.0、温度 45～50℃、酶底比 2%～4%、反应时间 2～10h。大多采用单一酶制剂，也有采用双酶法的，而且实验证明双酶法能缩短酶解时间，减轻蛋白水解产物的苦味。酶的钝化一般采用热失活法，酶解结束，将酶解液迅速升温至 85～90℃，保持 20min，进行灭酶处理，然后迅速冷却至室温。

（三）大豆多肽的精制

大豆多肽的精制分为活性炭吸附或超滤处理、离子交换、浓缩或喷雾干燥 3 道主要工序。

1. 活性炭吸附或超滤处理

活性炭吸附法是常用的大豆多肽脱苦、脱色方法。活性炭用量采用料液比 1∶10、温度 40～50℃，进行搅拌吸附 30min，冷却后过滤，可得到较好的口味，溶液透明澄清。用超滤膜处理，可控制大豆多肽分子量在2000左右，对水解不到位大豆蛋白进行截留，同时进一步纯化大豆多肽。

2. 离子交换

进行离子交换处理的目的是脱盐，即脱除Na^+和Cl^-。将大豆蛋白酶解液以每1h 10倍柱体积的流速分别流经H^+型阳离子交换树脂和OH^-型阴离子交换树脂来脱除Na^+和Cl^-，脱盐率在85%以上。

3. 浓缩或喷雾干燥

分离精制后的大豆多肽溶液首先经135℃、5s的超高温瞬时杀菌，然后在86～89 kPa的真空度下进行真空浓缩，得到澄清的浅黄色溶液，固形物含量在25%～40%，即得成品大豆多肽浓缩液。大豆多肽浓缩液可直接作为流食食用，也可与果汁、糖、酸按一定比例制成酸甜适口的蛋白质类饮料。大豆多肽浓缩液也可进一步进行喷雾干燥，得成品粉末大豆多肽。喷雾干燥的条件为：进口温度125～130℃，塔内温度75～78℃，排风口温度80～85℃。

四、大豆多肽在食品中的应用

与传统大豆蛋白相比，大豆多肽具有易消化吸收、能迅速给机体提供能量、无蛋白质变性、无豆腥味、无残渣、分子量小、易溶于水、在酸性条件下不产生沉淀、溶液黏度低、受热不凝固等特性，可以广泛应用到食品加工业。在保健品中用于生产低过敏食品、运动食品、运动饮料、降压食品及恢复体力食品等。在食品饮料中用于生产酸性饮料、营养饮品、汽水、速溶固体饮品、豆奶粉、啤酒、雪糕及冰激凌等冷饮食品。在糕点和焙烤食品的加工过程中加入大豆多肽，可增加产品的风味和香气，使其质构疏松、口感好；在肉制品中添加大豆多肽，能突出肉类制品的风味，提高鲜香度，同时改善产品的弹性、质地、口感和风味；在糖果和巧克力生产中能降低甜度和黏度、增加香气、提高产品氨基酸的含量；大豆多肽在发酵工业可提高生产效率、稳定品质及增强风味等；还可应用于红薯保鲜中。

(一) 在病人营养食品中的应用

由于大豆多肽具有易消化、吸收快的营养特性，在医院里，大豆多肽可以作为肠吸收营养物和流态食物而直接被送入患者胃中，使患者迅速获得营养上的补充。这一特点使大豆多肽对那些做过肠道手术的、因疾病原因对蛋白质吸收及消化不良的、或因体内缺乏酶系统而不能分解和吸收蛋白质的患者来说，是很重要的蛋白质营养供应源。有些人（特别是婴幼儿）对牛乳蛋白或大豆蛋白易发生过敏反应，研究证明分子量在3400以下的肽类不会引起过敏反应，大豆多肽可以满足这些人对氨基酸的需要，保证他们的健康和成长。因此，大豆多肽可作为肠道营养剂和流态食品，对于处于恢复期的病人、消化功能衰退的老年人及消化能力未成熟的婴幼儿是非常有益的。

（二）大豆多肽在老年人保健食品中的应用

老年人常常由于疾病或衰老导致食欲缺乏，因而从食物中摄取的蛋白质数量往往低于生理需求量，这样更容易引起疾病和衰老。由于大豆多肽能很容易地被机体所吸收，因此大豆多肽是老年人及体弱的人补充体内蛋白质的理想选择。大豆多肽还能够阻碍肠道内胆固醇的再吸收，促使其排出体外，此外还具有降血压、防止血清胆固醇升高的作用，这一点对老年人来说也尤为重要。补充蛋白质最好的形式是以饮料的方式。因此，可以将大豆多肽添加到乳粉中，并对大豆多肽的限制性氨基酸——甲硫氨酸及重要维生素和矿物质元素铁、钙、锌等予以强化，生产出适合老年人生理需要的高蛋白质、低动物性脂肪、容易消化的老年人乳粉。

（三）用于双歧杆菌促进剂

大豆多肽对肠道内双歧杆菌和其他正常微生物菌群的生长繁殖具有促进作用，能保持肠道内有益菌群的平衡，对防止便秘和促进肠道蠕动具有显著作用，使排便顺畅。如果发生便秘，一些有毒害的物质就会在肠道内累积、浓缩被吸收进人体，对健康不利。有研究显示，便秘严重的人每天服用30g大豆多肽，连续服用7d便秘得到明显缓解，面部肤色也有明显改善，继续服用，便秘则完全消失。据统计，人群中便秘的人达到40%以上，如果利用大豆多肽的通肠润便排毒功能，制成防止便秘的产品，其市场前景非常可观。

（四）大豆多肽在饮料中的应用

一般蛋白质不能溶于酸性饮料中，大豆多肽却能在酸性（pH 3.5～4.0）饮料中溶解，因而可以开发出高蛋白质的酸性饮料，其具有黏度低、爽口的特点。根据大豆多肽的溶解性不受pH变化的影响，还可以开发出高蛋白质的果冻，而这些对大豆蛋白来说也是无法实现的。

大豆多肽饮料具有醒酒功能。大豆多肽能够通过提高血液中丙氨酸和亮氨酸的浓度产生稳定的NAD^+，有效降低血液中乙醇浓度。酒精通过减少从肌肉中释放出来的丙氨酸，从而抑制谷氨酸产生和降低血浆中丙氨酸浓度。提高丙氨酸浓度，可以使氨基和含碳物从肌肉转化到肝脏，要求有充足的NAD^+加以补充三羧酸循环。亮氨酸比丙氨酸更有效，亮氨酸是收缩骨骼肌的氨基酸，并产生丙氨酸作为肌肉中转化为丙酮酸的氨基。这说明摄入大豆多肽饮料对酒精代谢有积极影响。

（五）用于运动营养食品

在运动前或运动中，由于大豆多肽的迅速吸收和补充，减轻了肌蛋白的降解，可维护体内正常蛋白质合成，减轻和延缓由运动引发的一些生理方面的改变，从而起到增强运动员体力、耐力，迅速消除疲劳，恢复体力的作用。日本研究人员对柔道运动员进行大豆多肽饮服试验，每天除常规饮食外，再增加 20g 大豆多肽，连续进行 5 个月，结果发现试验组的体能明显好于对照组。有学者给竞走运动员进行大豆多肽饮服试验，在运动前饮服 20g 大豆多肽竞走 20km 后，测定血液中肌红蛋白的变化情况。结果发现，饮服大豆多肽的试验组肌红蛋白减少值比未服大豆多肽的要小，即肌肉细胞破坏得少。

（六）大豆多肽在发酵食品中的应用

大豆多肽对微生物有增殖效果，并可促进有益菌的代谢分泌，促进微生物的生长、发育和代谢，被广泛用于发酵工业。将其用于生产酸奶、干酪、醋、面包、酱油和发酵火腿等食品中，以提高生产效率，改善产品的稳定性、营养性及风味；还可以用于酶制剂的生产中。大豆多肽可满足微生物的生长需求，使微生物生长茁壮、活性提高。另外，酸奶中如果加入一定量的大豆多肽作为促进剂，乳酸菌则生长旺盛和健壮，菌种容易存活且口感较好。据统计，2000 年全国的酸奶产量 20 多万吨，需要大豆多肽作为发酵促进剂的量高达 5000 多吨，并且每年以 10％的速度在增长。

在谷氨酸发酵中，用大豆多肽替代等量的氮源，镜检菌种生长旺盛，发酵周期缩短 4～6h，产酸率也得到了相应提高，从而提高了生产率。在酸奶生产发酵剂的制备中，加入 1％的大豆多肽，不仅提高了产品的营养价值，而且在稳定产品质量方面也起到了积极的作用。

第五节　大豆磷脂

磷脂是含磷酸根的单酯衍生物，是一种成分复杂的甘油酯，水解后可得甘油、脂肪酸、磷酸和一种含氮化合物。磷脂广泛存在于人和动物的体、脑、神经系统、心和肝等器官、各种微生物、禽蛋类及大部分植物种子中，而大豆在植物中是磷脂含量最高的。因此，大豆是研究最多、使用价值最大的原料，其中所含的磷脂称为大豆磷脂。

大豆磷脂是指存在于大豆中各种磷酸甘油酯及其衍生物的总称，包括甘油醇磷脂和神经醇磷脂两大类。大豆磷脂由于其特殊的化学结构而具有乳化、软化、润湿、分散、渗透、增溶、消泡及抗氧化等作用，从而被广泛应用于医药、食品、化妆品、饲料、纺织、制革及其他行业。

一、大豆磷脂的来源、组成结构及理化性质

（一）来源

大豆种子中含有丰富的磷脂，通常随榨油或浸油一起产出，存在于粗制植物油中，这是大豆磷脂的主要来源。大豆中含磷脂量因品种、栽培条件、成熟程度不同而不同，一般含磷脂1.5%～3%。通常磷脂以盐形式存在，为非极性化合物，能与油脂完全混溶。但是磷脂极易吸潮，吸潮后可形成与油脂分离的极性化合物——磷脂水合物。所以，在粗制植物油中有水分存在时，可从油中沉淀出来，形成油脚。一般油脂精炼时，采用水法脱胶脱出的沉淀中除水分外，其主要成分就是磷脂。因此。磷脂又是榨油工业的副产物。我国大豆磷脂资源十分丰富，研究大豆磷脂的开发应用具有重要意义。

（二）组成结构

大豆磷脂是由卵磷脂、脑磷脂、肌醇磷脂、游离脂肪酸等成分组成的复杂混合物，其化学组成是由甘油分别与脂肪酸、磷酸以及取代磷酸混合形成的酯。大豆磷脂除含甘油和脂肪酸外，还含有磷酸、氨基酸等。磷脂是甘油三酯的一个脂肪酸被磷酸取代生成磷脂酸，然后再与其他基团酯化生成的物质。这些基团最常见的是胆碱、胆胺和肌醇等。磷脂酸与这些基团酯化，分别形成磷脂酰胆碱（卵磷脂）、磷脂酰胆胺（脑磷脂）和磷脂酰肌醇（肌醇磷脂）等。

大豆磷脂不是一个单纯物，而是多种磷脂的混合物，因而从生物体中萃取得到的磷脂其组成很复杂。正是由于磷脂组成复杂性，不同加工方法能得到不同组成的磷脂，从而使不同规格磷脂具有不同的功能性质。如大豆粉末磷脂是浓缩磷脂通过脱油粉末化再加工产品，使磷脂乳化性和乳化稳定性大大提高。

（三）理化性质

1. 物理性质

大豆磷脂是一种呈淡黄色至浅棕色粉末或半透明黏稠状液态物质，稍带有豆腥味，部分溶于水，在水中可膨胀成胶体溶液。易溶于苯、氯仿、乙醚、石油醚、二氯甲烷等溶剂，难溶于丙酮和乙酸酯。

2. 化学性质

(1) 氧化作用　大豆磷脂分子中存在大量不饱和脂肪酸，与空气接触极不稳定，易氧化酸败、色泽变深，而且温度越高氧化越容易。当温度在100℃时，制取的磷脂气味不佳；超过100℃时，磷脂逐渐分解；280℃时生成黑色沉淀。

(2) 水解反应

① 碱性水解。大豆磷脂在碱性条件下煮沸可发生皂化水解反应，生成脂肪酸钠盐、甘油磷酸酯、磷酸肌醇、有机胺和单甘油磷酸胆碱等复合物。如果延长水解时间，则可进一步分解生成甘油、肌醇、磷酸盐等小分子产物。

② 酸性水解。在酸性条件下加热，可使大豆磷脂完全水解，生成游离脂肪酸、甘油、肌醇和磷酸盐等小分子产物。

③ 酶促水解。磷脂可被磷脂酶水解。由于磷脂酶的专一性，已成为鉴定磷酸甘油结构的重要工具酶。

(3) 加成反应　大豆磷脂中含有的不饱和键可以发生各种加成反应。在酸、镍或过氧化物等催化剂存在下，大豆磷脂可与氢发生加成反应，生成饱和大豆磷脂。在一定条件下，大豆磷脂也可与卤素、氢卤酸等发生加成反应，生成相应的卤代大豆磷脂。

(4) 乙酰化反应　脑磷脂结构中的自由氨基，可与乙酸酐、乙酸乙酯等酰化剂发生反应，生成相应的乙酰化产物。

(5) 其他反应　在醛或酮存在下，大豆磷脂以硫酸或氯磺酸作硫化剂，可反应生成硫化磷脂。此外，大豆磷脂还可与Cd、Pt、Hg的氯化物及Ca^{2+}、Mg^{2+}等金属离子发生反应，生成相应的络合物。

二、大豆磷脂的生理功能

磷脂是生命细胞和所有活细胞的重要组成部分，也是构成神经组织特别是脑脊髓的主要部分，人的大脑、骨髓中干物质40%都是由磷脂组成的。同时磷脂也是血细胞及其他细胞膜的主要构成材料，它对人的正常活动和新陈代谢起着重要作用。

（一）调节代谢、增强体能

卵磷脂是构成细胞不可缺少的重要成分之一，能有效增强细胞功能，提高细胞的代谢能力，增强细胞消除过氧化脂质的能力，及时供给人体所需能量。

（二）健脑、补脑、消除大脑疲劳、增强智商、提高人体记忆力

磷脂是人体所需胆碱、肌醇的主要来源，胆碱可以随血液循环进入大脑，在人

体内乙酰化酶的作用下，与人体内的乙酰辅酶A反应，生成乙酰胆碱，可促使细胞活化，从而提高人体的反应能力、记忆和智力水平。卵磷脂可提高大脑中乙酰胆碱浓度，乙酰胆碱起着兴奋大脑神经细胞的作用。所以，大脑内乙酰胆碱的数量越多，记忆、思维的形成也越快，从而可使人保持充沛的精力和良好的记忆力。另外，脑磷脂可以促进神经细胞的活化，增强大脑功能。

（三）降低人体血液胆固醇、调节血脂、防治动脉粥样硬化

卵磷脂能溶解血液中和管壁上的脂溶性物质——甘油三酯及胆固醇硬块，增加血液的流动性和渗透性，降低血液黏度，使其顺利通过细胞的新陈代谢而排出体外，从而减少脂肪沉积在血管壁上造成动脉粥样硬化。卵磷脂富含的多不饱和脂肪酸可以阻断小肠对胆固醇的吸收，促进胆固醇排泄。卵磷脂可用来降低血液中的胆固醇和甘油三酯，有效防治动脉粥样硬化及高血脂引起的心血管疾病。

（四）保护人体肝脏、防治脂肪肝

磷脂中的胆碱对人体的脂肪代谢有着重要作用，若人体内胆碱不足，就会影响脂肪代谢，造成脂肪在肝脏内聚积，逐渐形成脂肪肝。人体食用足量的卵磷脂不但可以防治脂肪肝，而且还能促进肝细胞再生。卵磷脂可降低血清胆固醇含量，有助于肝功能的恢复，对于防治肝硬化有着较好辅助疗效作用。卵磷脂的这种调节血脂功能，对防治脂肪肝、保护肝脏以及防治过量饮酒造成的慢性肝脏病变也有良好的效果。

（五）防治胆石症

当人体胆汁中磷脂含量过低时，会造成胆囊内胆固醇沉淀而逐渐形成结石。食用足量富含磷脂的食品，不但能防止胆结石的形成，而且还能使已经形成的结石部分溶解，使胆囊恢复正常生理功能。

（六）防治老年骨质疏松症

卵磷脂在人体内释放的磷酸与人体内的钙结合可以形成磷酸钙，有利于人体骨质的生长。老年人经常食用足量富含磷脂的食品，可以促进钙质的吸收和利用，改善和防治老年骨质疏松症。

（七）对人体的健美、健体功能

卵磷脂可将人体内的多余脂肪溶解、氧化、分解排出体外，避免剩余脂肪堆积于皮下，以此来调节体重。体内有足量的卵磷脂能促使体内毒素经肝脏、肾脏排出，又能增加血红蛋白，使皮肤有充分的水分和氧气供应，使机体细胞能够获取充

足的营养，有助于皮肤细胞的发育和再生，达到健美、健体的目的。

三、大豆磷脂的生产

大豆加工豆油的油脚中含有40%～50%的磷脂，大豆磷脂中卵磷脂含量为16%～20%。通过分离提纯可将大豆加工豆油油脚中的油脂等杂质去除，从而得到丙酮不溶物含量达95%以上的纯净粉末状磷脂。

（一）工艺流程

大豆磷脂的生产工艺流程如图7-9所示。

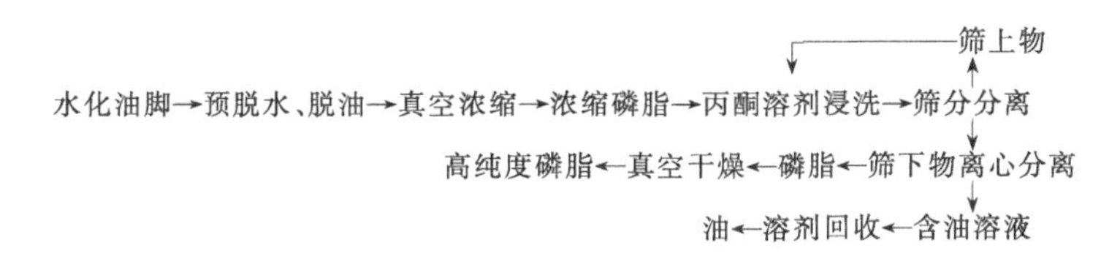

图7-9 大豆磷脂的生产工艺流程

（二）操作要点

1. 预脱水、脱油

水化油脚一般含有较高的水分和中性油，为保证后续操作和最终产品的质量不受影响，必须在浓缩前进行预脱水和脱油。一般通过盐析沉降或离心分离的方式除去油脚中大部分游离水和中性油，使其丙酮不溶物含量在50%左右，中性油含量在35%以下。若浓缩时采用连续真空浓缩工艺，油脚还需在温度为80～95℃、真空度为（9.0～9.1）$\times10^4$Pa下进一步真空脱水，保证油脚水分含量在35%以下、中性油含量在24%以下。

2. 真空浓缩

采用连续式浓缩工艺，应用薄膜蒸发的原理，粗磷脂以薄膜形式通过浓缩机，干燥时间通常只有十几秒，由于物料受热时间短，产品质量较好。连续式真空浓缩时，温度控制在110～120℃、真空度为95～96kPa。为获得色泽较浅的磷脂产品，在浓缩时可按粗磷脂体积的1%～4%加入浓度为50%的双氧水进行漂白。

3. 丙酮溶剂浸洗

浓缩磷脂中仍含有部分中性油、脂肪酸和其他杂质，必须利用丙酮溶剂将这部分有机杂质溶解去除，以达到提纯的目的。在浸洗时一般保证料温在50℃左右，磷脂与丙酮以一定的比例混合并不断搅拌，浸洗到丙酮溶剂呈棕黄色时进行筛分分离。筛下物主要成分是含油的丙酮溶剂和细化的磷脂，经离心分离后，含油的丙酮溶剂蒸馏回收，磷脂进入干燥工序。筛上物主要为不纯的磷脂，应返回溶剂浸洗工序继续进行搅拌浸洗，直到所有的磷脂呈细小粒状分散物，最后全部过筛成筛下物。

4. 真空干燥

离心分离出的高纯度磷脂内部丙酮溶剂含量较高，应采用真空干燥脱溶剂。此时真空度达到 100kPa 时再升温，最终温度控制在 65～70℃、真空度为 92～97kPa，干燥时间约 4h 即可获得高纯度粉末状磷脂产品。

四、大豆磷脂在食品中的应用

大豆磷脂具有乳化、润湿、稳定、脱模、分散、抗氧化和防止淀粉老化等作用，因而可作为食品添加剂用于烘焙食品，增大面团体积及其均一性和起酥性，并能延长食品的保存期；用于糖果、速溶食品、人造奶油和冷饮食品等，可起到乳化、润湿和分散等作用；此外还用于肉类和禽蛋类食品、乳制品及各种方便食品。卵磷脂用于巧克力以降低黏度，用于人造奶油的乳化；其次，它还用于制作许多粉末状食品，以使产品迅速溶解和润湿。含有卵磷脂的速溶蛋白粉能与肉类迅速彻底地混合，某些水解胶体也能较容易地被迅速掺入食品中。卵磷脂还具有抗氧化、催长及包埋等作用。卵磷脂可作为乳化剂、润湿剂，主要用于蛋糕、点心、饼干、乳制品等食品，提高食品的软绵性、酥松性等。

（一）在焙烤食品中的应用

磷脂的乳化性，可以改善面团的吸水作用和面团的加工过程，使亲水性物质与油脂易于均匀混合，增加起酥性，使产品细腻不老化，延长食品的保存期。大豆磷脂与谷物、淀粉和蛋白质相结合，可大大改良食品的物理性质和质量指标。在焙烤食品中，与蛋白质结合能力是调制质量较好面团的基础。面筋与磷脂结合对焙烤高质量面包起着关键作用。大豆磷脂与淀粉结合能力是保鲜剂发挥作用的基础，在糕点中大豆磷脂可使糕点非常松软。大豆磷脂作为食品添加剂用于烘焙食品，可增大面团体积及其均一性和起酥性，并能延长食品的保存期，使产品松软可口。

1. 面包

在面包中加大豆磷脂可使面包体积增大，面包密度增加，能与淀粉结成亲水性基团，防止老化发硬。在面包制作中，每 100 份小麦粉中添加 0.1～1 份大豆磷脂，可使面团内的水分均匀分散，并与小麦蛋白形成蛋白质复合体，给面包的加工带来很大方便。增加了面团的延伸性、弹性和膨胀性，水分不易散失，保持了面包的柔软性，软化了面包表皮，保持了面包光泽。面包心的气孔均匀细小而膨胀，使面包更加松软，起到延缓面包硬化的作用。

2. 糕点

大豆磷脂添加在糕点中，具有防淀粉老化作用，能与淀粉结成亲水性基团，防止老化发硬；使蛋糕具有脱膜作用，易于在焙烤中与加热器分离，防止焦煳炭化。在糕点焙烤中，每100份小麦粉中添加0.3～0.5份的大豆磷脂，可使糕点非常松软，减少脂肪用量。

（二）在面制品中的应用

在面制品中，每100份小麦粉中添加0.5份大豆磷脂，所制作的通心粉和鸡蛋面条特别长而直，大大减少鸡蛋的用量，而且不易煮碎、不易变形。其原因就是卵磷脂的吸附作用而形成了复合胶状物，有效防止了胶体因水的吸入而膨胀。

面条中加入磷脂后，可以防止在水中煮断以及淀粉溶出产生混汤现象，还可使面条柔软，改良面条的口感。加入卵磷脂后，由于糊化温度降低，应缩短面条的煮制时间。另外把煮过的面条在卵磷脂水溶液中浸渍或把卵磷脂水溶液喷在面条表面，可防止面条表面之间的黏结，且可使面条的光泽保持较长的时间。但在国内的面条行业中，应用磷脂制备各种营养面很少，主要原因是磷脂的某些气味有待脱除。

（三）在巧克力和冰激凌中的应用

大豆磷脂添加在巧克力中，具有乳化作用，可防止微粒凝聚和砂糖析出，增强光亮度。因可可脂在巧克力生产中不溶于水和糖，很难均匀地分布在糖中，加入大豆磷脂克服了这些缺点，同时黏度降低50%以上，使加工操作便于进行，也防止因蒸发结晶而起霜。此外，大豆磷脂可改变巧克力水分含量，使巧克力口感爽滑而不粘牙，保持一定的表面光泽和触感。实践证明：生产巧克力时添加0.3%的大豆磷脂，可节约约5%价格昂贵的可可脂用料。

在冰激凌等冷饮食品生产中加入适量卵磷脂，能使油和水形成均匀稳定的乳浊液，增加产品的光滑性，同时又可以防止产品发生“起沙”现象，减少蛋黄用量使奶油性能稳定，提高质量和使用效果。

（四）在乳制品中的应用

大豆磷脂能改善食品的润湿性能，具有很好的分散性，可增加粉状食品的速溶性。目前，市场所售速溶乳粉，是一种大颗粒乳粉，其分散度和冲调能力虽优于普通乳粉，但在30℃时分散度仅为37%左右，冲调性能也下降。而添加了0.2%卵磷脂的乳粉，溶解能力显著增加，分散度达到97%。

大豆磷脂可用于人造奶油生产，通常使用大豆磷脂作乳化剂，可使脂肪混合均匀。同时大豆磷脂又具有抗氧化性，使人造奶油不致酸败，延长保存期。国内生产人造奶油的经验：添加磷脂可起乳化剂作用，一般加0.1%～0.3%的磷脂，可使人造奶油在煎炸时减少喷溅，在小包装成品中可以更好地保持水分和盐分，特别是能起到助消化作用。

（五）在糖果中的应用

在奶油糖果（如酥糖、奶油花生糖、太妃糖等）的制造中，卵磷脂起着非常有益的作用。糖和奶油混合非常困难，即使混合均匀了，糖冷却之后又和奶油分离开来，加0.3%～0.5%的大豆磷脂作乳化剂，使糖和奶油可迅速均匀混合，冷却后也不会分离，还可防止起纹、粒化和走油等现象发生。奶油不能渗透到表面，从而保持了糖果的鲜艳、不变味。磷脂加在糖果中，不仅使成品细腻柔软，而且呈淡乳黄色，外观十分淡雅。

（六）用作食品脱模剂

大豆磷脂的独特作用是有防粘效果，这是各种合成卵磷脂所不具备的作用。在制作糕点、面包、焙烤制品、炒制品时，使用复合卵磷脂，可防止食品与托盘之间粘连，防止托盘或铁板上产生污物，方便操作，且可节约用油，减少食品在加工过程中吸附的油脂量，使产品更容易脱去并保持产品表面光滑，保证外观质量。其用量一般为0.1%～2%。

（七）在保健食品中的应用

20世纪70年代以来，在美国、日本等发达国家相当流行大豆磷脂保健食品。首先发展磷脂保健食品的国家是美国，然后是日本和其他国家。如前所述，大豆磷脂对动脉硬化、高血压、心脏病、糖尿病、癌症及由血中胆固醇和甘油三酯过高引起的心肌梗死、脑栓塞、脑出血、缺血性心脏病等起着治疗作用。世界卫生组织推荐，每日食用22～83g大豆磷脂，连续食用2～4个月，可降低血中胆固醇，且无副作用。

随着新技术的不断引入，功能各异、形态不一的大豆磷脂产品不断问世。目前市场上出现的大豆磷脂保健品就有液态磷脂、粒状磷脂、胶囊磷脂、磷脂口服液和卵磷脂片等多种剂型。运用现代工艺手段把大豆磷脂制作成功能性食品进行销售是当下非常流行的做法。例如，国内研制出一款口服液，它是以精制大豆卵磷脂、刺五加为原料，辅以其他成分研制的大豆卵磷脂口服液，有较高的营养价值和药用价值，该产品为深褐色半透明液体，具有保健和药疗的双重功效。

总之，大豆磷脂具有多种特性和功能，因此在食品领域有着不可估量的发展前景。我国盛产大豆，具有丰富的原料资源。在以往研究的基础上，还应继续在大豆磷脂的特性与应用、制备工艺的改进、改性产品的研制等方面深入开展研究，进一步开发大豆磷脂在有关行业中的新用途，尤其是食品领域，使之更好地服务大众，为国民创造更好的收益。

第六节 大豆膳食纤维

膳食纤维是指“不能被人消化道所消化吸收的植物成分”，主要包括多糖类与木质素部分。在某些情况下，也将那些不被人体消化吸收、在植物体内含量较少的成分，如糖蛋白、角质素、蜡质、多酚酯等包括在广义的膳食纤维内。

大豆膳食纤维主要成分是大豆中非淀粉多糖类不溶性成分，包括纤维素、半纤维素、木聚糖、甘露聚糖、果胶及树胶等。大豆膳食纤维对人体有很多重要的生理功能，主要包括降低血浆胆固醇水平、改善血糖生成反应及改善大肠功能等。

一、大豆膳食纤维的来源、组成及物化特性

（一）来源与组成

大豆膳食纤维主要存在于大豆种皮中，大豆加工过程的副产品——豆渣也是很好的膳食纤维源。大豆种皮约占全豆总重的8%，豆皮中膳食纤维的含量约为77.1%（以干基计），主要成分是半乳糖、甘露聚糖、杂聚糖、糖蛋白、纤维素和聚糖木质素复合物等；豆渣中膳食纤维的含量约为67.8%（以干基计），主要成分是阿拉伯半乳聚糖、酸性阿拉伯半乳聚糖、杂聚糖、阿拉伯半乳聚糖-蛋白质复合物、阿拉伯木聚糖-酚酸-蛋白质复合物、木葡聚糖、纤维素等。

（二）物化特性

大豆膳食纤维化学结构中含有很多亲水性基团，因此具有很强的保水性。保水能力大致为自身重量的1.5～2.5倍。膳食纤维化学结构中包含一些羧基和羟基侧链基团，呈现一个弱酸性阳离子交换树脂的作用，可与阳离子特别是有机阳离子进行可逆交换。大豆膳食纤维表面带有很多活性基团，可以螯合吸附胆固醇和胆汁酸之类有机分子，还能吸附肠道内的有毒物质（内源性有毒物）、化学药品和有毒医药品（外源性有毒物）等，并促进它们排出体外。

大豆膳食纤维的体积较大，缚水之后体积更大，对肠道产生容积作用，易引起饱腹感；同时由于膳食纤维的存在影响了机体对食物其他成分（可利用糖类等）的消化吸收。大豆膳食纤维不能被肠道消化酶所分解，但大肠内的某些微生物会降解其部分组分，其产物会改变肠道菌群的构成与代谢，利于益生菌的生长与繁殖。

大豆膳食纤维中可溶性纤维具有良好的乳化性、悬浮性及增稠性，能形成高黏度的溶液，将其添加到食品中还能提高食品的保水性与保形性，提高冷冻-融化稳定性等。

二、大豆膳食纤维的生理功能

大豆膳食纤维是纯天然的膳食纤维，由于具有以上物化特性，大豆膳食纤维对人体具有以下明显的营养与生理功能特性，是一种理想的功能性食品。

（一）预防心血管疾病、降血脂

大豆膳食纤维促进了体内血脂和脂蛋白代谢的正常进行，抑制或延缓了胆固醇与甘油三酯在淋巴中的吸引，增加了胆固醇的排出量，降低了血清胆固醇浓度，从而可预防胆石症、高脂血症、冠状动脉硬化等心血管系统疾病。

（二）预防治疗糖尿病

糖尿病是由于体内胰岛素相对或绝对不足引起糖类、脂肪和蛋白质代谢紊乱，其特点是高血糖及糖尿。大豆膳食纤维可降低餐后血糖生成和升高血浆胰岛素，起到防治糖尿病的作用。

（三）预防结肠癌、痔疮

大豆膳食纤维可以改善大肠功能，抑制腐生菌的生长，减少次生胆汁酸的生成，促进肠蠕动，使粪便变软并增加粪便体积，缩短排空时间，降低结肠压力，促进肠道内致癌物及一些有毒物质随粪便排出，减少致癌物与结肠的接触机会，从而起到预防、治疗结肠癌、便秘及痔疮的功效。

（四）排毒养颜、减肥瘦身

大豆膳食纤维能被肠内细菌部分选择性地分解与发酵，从而改变肠内菌群的构成与代谢，诱导大量有益菌的繁殖，增强机体的免疫力而延缓衰老，且能有效吸附体内毒物并迅速排出体外，从而达到排毒养颜的功效。膳食纤维还能增加胃部饱腹感，减少食物摄入量，具有减肥瘦身的功效。

（五）解毒作用和降血压作用

膳食纤维可与 Ca^{2+}、Zn^{2+}、Cu^{2+}、Pb^{2+} 等阳离子进行可逆性交换，并优先交换 Pb^{2+} 等有害离子，所以吸附在膳食纤维上的有害离子可随粪便排出，从而产生解毒作用。膳食纤维能与胃肠道中的 Na^+、K^+ 进行交换，可使尿中的 K^+ 和粪便中的 Na^+ 大量排出，从而降低血液中的 Na^+ 与 K^+ 之比，产生降血压作用。

（六）其他生理功能

膳食纤维的缺乏还与间歇式疝、阑尾炎、静脉血管曲张、肾结石和膀胱结石、十二指肠溃疡、溃疡性结肠炎、胃食管反流、痔疮和深静脉管血栓形成等疾病的发病率与发病程度有很大关系，摄入高膳食纤维可保护机体免受这些疾病的侵害。另外，膳食纤维能减少体内某些激素而具有防治乳腺癌、子宫癌和前列腺癌的作用。

三、大豆膳食纤维的分离制备方法

大豆膳食纤维的分离制备方法可分为：粗分离法、化学分离法、化学分离结合酶处理分离法等。

（一）粗分离法

悬浮法又叫粗分离法，这类方法所得的产品不纯净，但它可以改变原料中各成分的相对含量，如可减少植酸、淀粉含量，增加膳食纤维等含量，本方法适合于原料的预处理。

1. 豆皮膳食纤维的提取

将豆皮用水洗除去杂质，然后烘干，粉碎之后加入 20℃的水，使固形物的浓度保持在 8%左右，使蛋白质和部分糖类溶解。过滤、干燥后粉碎并过 80 目筛，得到纯天然的豆皮纤维添加剂。若考虑到产品的颜色，可加入双氧水进行漂白脱色，得到白色产品，成品得率约为 65%。

2. 豆渣膳食纤维的提取

先将豆渣挤压脱水，然后进行高温热处理，使豆渣中的抗营养因子失效，再进行干燥，经粉碎后过 80～100 目筛，根据用途可漂白，即可得到外观呈乳白色类似面粉的多功能复合膳食纤维。其中总膳食纤维含量在 60%以上，同时含有大约 20%的大豆优质蛋白。

（二）化学分离法

化学分离法是指将粗产品或原料干燥、磨碎后，采用化学试剂提取而制备各种膳食纤维，有碱法、酸法、絮凝剂法等。酸法通常会使大豆纤维色泽加深、纤维成分分解损失严重，一般较少使用，以碱法较为普遍。工艺流程为：原料经过干燥、磨碎、过筛处理后，按原料质量的5.5%加入5% NaOH溶液，加热、保温，随后过滤处理，过滤所得残渣即为水不溶性膳食纤维，将所得滤液pH值调在4.0～4.5后离心处理，其沉淀物为蛋白质，将所得上清液的pH值调至6.0～7.0，并用乙醇沉淀，沉淀物即为水溶性膳食纤维。

（三）化学分离结合酶处理分离法

采用化学分离方法制备的膳食纤维还含有少量的蛋白质和淀粉，要制备高纯净的膳食纤维，必须结合酶处理。

1. 生产工艺流程

化学分离结合酶处理制备大豆膳食纤维的工艺流程如图7-10所示。

豆渣→真空浓缩→蛋白酶水解→漂洗→脂肪酶水解→漂洗→过滤脱水
↓
成品←粉碎、改性←干燥←过滤脱水←漂洗←漂白←过筛←粉碎←干燥

图7-10　化学分离结合酶处理制备大豆膳食纤维的工艺流程

2. 操作要点

（1）蛋白酶水解　水解条件是温度50℃、保持pH值8.0（加缓冲剂）、固液比1∶10、反应时间8～10h。

（2）脂肪酶水解　水解条件是温度40℃、保持pH值7.5（加缓冲剂）、固液比1∶10、反应时间6～8h。

（3）过滤脱水　用板框过滤机将漂洗后的豆渣纤维进行过滤脱水。

（4）干燥、粉碎、过筛　将经板框过滤机过滤脱水后的豆渣纤维均匀置于烘盘中，放入鼓风干燥箱中以105～110℃烘4～5h，直至豆渣纤维干透为止，然后粉碎过40目筛。

（5）漂白　称取粉碎至40目的豆渣纤维，按料液比1∶8加入浓度为4%的双氧水，水浴加热至60℃，恒温脱色1h。

（6）粉碎、改性　用粉碎机将烘干的豆渣进行粉碎，过80目筛，得到豆渣纤维粉。通过挤压手段，使豆渣粉在各种强作用力下，部分半纤维素（如阿拉伯木聚糖）及不溶性的果胶类物质会发生熔融现象或断裂部分连接键，转变成水溶性聚合物，采用超微粉碎增加膳食纤维的保水力和膨胀力。还可以对豆渣纤维粉进行钙、锌等营养元素的强化。

四、大豆膳食纤维在食品中的应用

大豆膳食纤维作为一种纯天然膳食纤维，由于其本身的特性以及对人体所具有的生理效应，从而决定了它在食品中的应用极为广泛。它可以添加到面包、饼干、面条、糕点、饮料、糖果及各种小食品中。又因它的高保水性，有利于形成产品的组织结构，以防止产品脱水收缩，可用在肉制品加工、鱼罐头制品中，它能使肉汁中的香味成分发生聚集作用而不逸散。此外，高保水性可在焙烤食品中减少水分损失而延长产品的货架期，不仅能提高产品的纤维含量，还能提高产品的蛋白质含量。大豆膳食纤维除作为食品添加剂外，还可作为特殊群体的保健食品。

（一）在焙烤食品中的应用

焙烤食品是膳食纤维最常应用的方向，因为其对膳食纤维的特性要求并不高，添加 3%以下的膳食纤维都不会影响焙烤食品的质构。近年来，由于民众对膳食纤维接受度的提升，很多产品还特别标注“添加有膳食纤维”以促进产品销售。

面包是世界性的大众食品，销售量很大，是最便于强化添加膳食纤维的食品。在欧美，对大部分面包都不同程度地添加了大豆膳食纤维。适量添加，既增加了膳食纤维的含量，也提高了面包中蛋白质的含量，对提高面包的营养、保健功能及保存性有促进作用，特别是明显改善了面包蜂窝状组织和口感。但用量过大会导致面包结构粗糙无弹性、颜色深、密度小，降低产品的感官质量。在烘焙中不能简单替代面粉，需同时添加活性面筋来保持产品应有的体积。

蛋糕生产中也可用大豆膳食纤维。将大豆膳食纤维替代 5%面粉，同时对戚风蛋糕的生产工艺和配方进行调整，改变加水量和泡打粉用量，可以获得外观与质构均理想的戚风蛋糕。有研究发现，大豆膳食纤维可以弱化面筋，且在蛋糕制作中可以添加 12%的大豆膳食纤维粉，以提高蛋糕的膳食纤维含量。

膳食纤维也可以直接添加至饼干面团中，但是由于膳食纤维吸水性较强，经焙烤所得的饼干产品会出现口感过硬的现象。为了达到普通饼干的口感，添加膳食纤维的饼干往往需要在面团中添加更多的油脂以产生酥脆的口感，这反而使饼干的脂肪含量更高。有研究发现，豆渣粉的添加量超过面粉重量的 15%时会影响饼干面团的形成，为了调整饼干的口感，饼干配方中的油脂含量从 20%提高至 25%。高油脂饼干是否与高纤维饼干的健康目的相悖有待科学论证。

（二）在饮料中的应用

将膳食纤维应用于饮料产品是另一种趋势。随着可溶性大豆多糖、β-葡聚糖、果胶、菊粉等膳食纤维的引入，饮料行业未来必将朝向更加健康、更加美味的方向发展，通过低黏度所得清爽的口感也使得消费者更容易接受这种类型的产品。多家乳饮料公司都开始引进膳食纤维于产品中，不仅为其营养性和洁净的标签做了改观，像可溶性大豆多糖、果胶等还可在酸乳饮料中起到稳定酪蛋白的作用，以其为稳定剂的酸乳饮料还具有较好的贮藏稳定性。

（三）在肉制品中的应用

大豆膳食纤维因具有高保水性而被广泛应用于肉制品的加工。肉的保水性与肉制品的出品率、嫩度和风味直接相关，因此提高肉的保水性对肉制品工业生产具有十分重要的意义。目前工业上生产肉制品常用大豆分离蛋白、酪蛋白作为保水剂，但是这些都不及大豆膳食纤维的保水性更加突出，且成本更加合理。目前，德国、西班牙等欧洲国家常将大豆膳食纤维添加至肉制品中，以提高其保水性。添加膳食纤维的肉制品还能降低热量，增加营养功能，改善肉制品的质构。

（四）在乳制品中的应用

乳制品几乎含有除膳食纤维外人体所需的全部营养物质，因此添加膳食纤维的乳制品将有利于其营养更加均衡，对人体健康的益处也是显而易见的。各大型乳品企业都开始将其乳制品中加入膳食纤维以平衡营养，配合谷物纤维、果蔬纤维产生的不同风味乳品也备受消费者喜爱。膳食纤维可以改进乳酪制品的口感，防止酸奶等类似产品的黄浆水析出。添加至冰激凌中，膳食纤维还能提供均一光滑的膨胀体系，同时抑制在冰激凌储存时由于温度波动而产生的结晶现象。

（五）在馅料、汤料食品中的应用

馅料、汤料中可添加大豆膳食纤维作为呈味分子和色素分子的载体。大豆膳食纤维具有中性的口感和白色到微黄的外观，因而是各种馅料、汤料的理想配料。添加有大豆膳食纤维的馅料还具有改善食品风味的作用。有研究发现，在果酱中添加膳食纤维后，纤维可以替代工业果胶，同样具有假塑性，同时纤维含量越高果酱的黏度越大；感官评定的结果也表示添加膳食纤维替代果胶的果酱可以被消费者所接受，从而不仅提高了果酱的营养价值，还降低了果酱的生产成本。

（六）在休闲食品中的应用

在经挤压膨化或油炸的休闲食品中添加大豆膳食纤维，可以改善小食品的持油保水性，增加其蛋白质和纤维的含量，提高其保健性能。在国际上较为流行的大豆纤维小食品有大豆纤维片、大豆纤维奶酪、乳皮及美味大豆纤维酥等。

（七）在保健食品中的应用

大豆膳食纤维在保健食品领域的应用较广泛。大豆膳食纤维的多种生理功能，如降低血清胆固醇、预防便秘与结肠癌、防治糖尿病等，决定了它在保健食品方面应用的广泛前景。如日本和美国将水不溶性的膳食纤维做成减肥食品或预防便秘的食品，将水溶性的膳食纤维做成功能性饮料。

膳食纤维被人们誉为“新的营养”，随着科学技术的发展和人们生活水平的提高，大豆膳食纤维在食品中的应用会越来越广泛，大豆膳食纤维也必将在人们的生活中发挥更大的作用。

第八章　大豆加工副产物的综合利用

大豆加工副产物的综合利用，主要是指豆渣与黄浆水的综合利用。我国传统豆制品在生产的同时产生大量豆渣与黄浆水；此外，在豆乳的生产过程中，虽然不产生黄浆水，但也有大量的豆渣产生。

第一节　豆渣的综合利用

一、豆渣的组成成分

豆渣是生产豆浆、豆乳、豆腐等豆制品主要的副产物。豆渣占全豆质量的16%～25%，粗纤维的含量高达55%。豆渣口感粗糙，消费者较难接受，一般情况下，豆渣被当作废物直接作饲料或生产发酵饲料，在民间，用豆渣可做成“霉豆渣”或“豆渣丸子”，总体上，豆渣的利用和开发程度比较低。随着科学技术的发展，经现代科学研究表明，豆渣营养价值较高，含有丰富的蛋白质、脂肪、纤维素、维生素、微量元素、磷脂类化合物、甾醇类化合物、大豆多糖和大豆异黄酮等，具有较高的保健价值。不仅如此，近年来研究还发现，发酵豆渣具有抗氧化、降低血液中胆固醇含量、减少糖尿病患者对胰岛素的消耗等功效，是不可多得的好食品原料或食品。在当今时代，人们对健康的高度关注，豆渣将会获得社会高度的认同，蕴含巨大的开发利用潜力。

豆渣的组成成分取决于大豆品种、豆制品加工工艺、豆制品种类等多个方面，大豆品种是决定豆渣组成成分的基础因素。一般来说，大豆品种不同，豆渣的组成成分存在较大差别。而豆制品的加工工艺是决定豆渣组成成分最主要的因素，如豆腐生浆工艺（先分离豆渣再煮浆）与豆腐熟浆工艺（先煮浆再分离豆渣）得到的豆渣组成成分存在明显差异。

有报道，100g干豆渣中含粗蛋白13～20g、粗脂肪6～19g、碳水化合物及粗纤维60～70g、可溶性膳食纤维5～8g、灰分3～5g、锌2.263mg、锰1.511mg、铁10.690mg、铜1.148mg、钙210mg、镁39mg、钾200mg、磷380mg、维生素B_1 0.272mg、维生素B_2 0.976mg。100g豆渣蛋白中含赖氨酸5.86g、苏氨酸3.94g、缬氨酸4.72g、亮氨酸9.25g、异亮氨酸4.68g、甲硫氨酸1.24g、色氨酸1.48g、苯丙氨酸5.97g、精氨酸7.57g、组氨酸2.91g。

通过对豆渣蛋白氨基酸组成的分析看出，豆渣蛋白的氨基酸比值与联合国粮农组织提出的参考值接近。联合国粮食及农业组织提出的最佳蛋白质模式，是评价蛋白质营养价值的方法之一，即必需氨基酸总量E和非必需氨基酸总量N之比值应达0.6，必需氨基酸总量E与总氨基酸量$E+N$之比值应接近0.4。豆渣蛋白的必需氨基酸总量E和非必需氨基酸总量N之比值为0.58，必需氨基酸总量E与总氨基酸量$E+N$之比值为0.37，均与参考值接近，同时支链氨基酸（亮氨酸、异亮氨酸、缬氨酸）含量较高，而芳香族氨基酸（苯丙氨酸、酪氨酸、色氨酸）含量较低，刚好与动物性蛋白的氨基酸组成互补，所以豆渣蛋白的使用价值较高。

豆渣因其所含能量低，且口感粗糙，往往被人们用作饲料或干脆废弃，没有很好地被开发利用。经常食用豆渣，能降低血液中的胆固醇含量，还有预防肠癌及减肥的功效，它是一个新的保健食品。因此，豆渣的开发与利用受到了极大的重视。

二、提取豆渣蛋白

（一）生产工艺流程

提取豆渣蛋白工艺流程如图8-1所示。

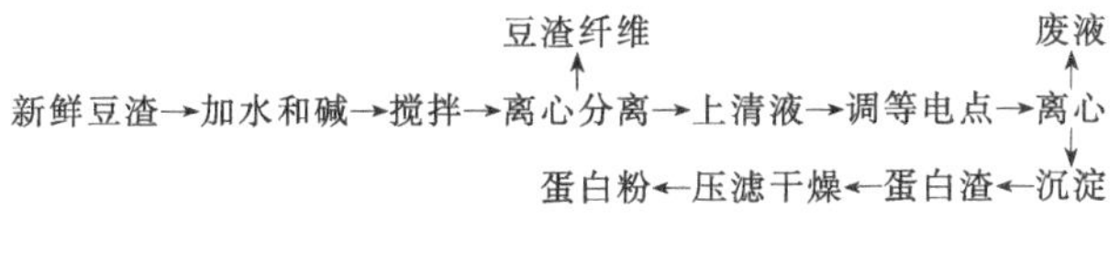

新鲜豆渣→加水和碱→搅拌→离心分离（→豆渣纤维）→上清液→调等电点→离心（→废液）→沉淀→蛋白渣→压滤干燥→蛋白粉

图8-1 提取豆渣蛋白工艺流程

（二）操作要点

1. 加水和碱

酸碱度对蛋白质得率的影响较大，一般随pH值增大，蛋白质的得率升高。由于提取蛋白质后的剩余部分还可提取淀粉或作他用，因此提取液pH值要严格控制，碱度太小，蛋白质分离不完全；碱度太大，导致淀粉糊化，降低蛋白质、淀粉和其他物质的纯度和得率，适宜的 pH 值在 11～12。

2. 搅拌

搅拌的目的是促进蛋白质溶解，提高蛋白质得率，搅拌时间长短对结果有一定影响，一般以 30min 为宜。

3. 调等电点

采用等电点沉淀法分离豆渣蛋白，由豆制品生产工艺可知生产中被利用的是大豆中的水溶性蛋白质，水不溶性蛋白质及少量水溶性蛋白质则留在豆渣中。大豆蛋白等电点已有报道，但豆渣蛋白与大豆蛋白在性质上有一定区别，因此有必要对豆渣蛋白等电点进行测定。在 pH 值 4.0～6.0 范围内，豆渣蛋白溶解度呈最低点时所对应的 pH 值为 5.4，即豆渣蛋白等电点为 5.4。

三、豆渣生产水解植物蛋白

（一）原料

1. 豆渣

豆渣含水量 78.90%，蛋白质 6.45%，粗淀粉 4.20%。

2. 工业盐酸

盐酸＞30%。

3. 纯碱

Na_2CO_3＞98%。

（二）设备

搪玻璃反应釜，板框过滤机，真空蒸发罐，喷粉塔。

（三）生产工艺流程

豆渣生产水解植物蛋白工艺流程如图 8-2 所示。

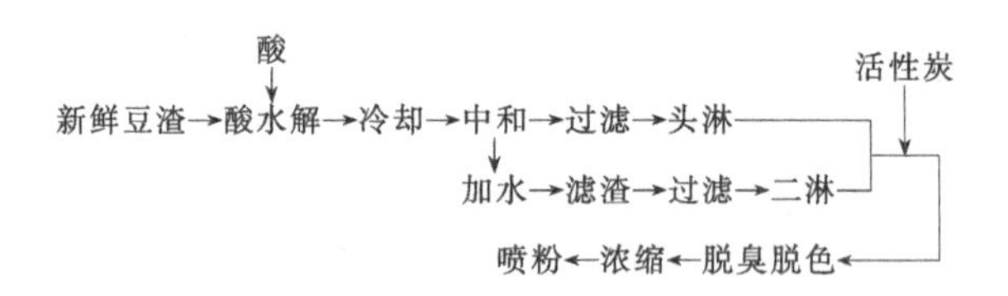

图 8-2　豆渣生产水解植物蛋白工艺流程

（四）操作要点

操作要点主要涉及“酸水解”步骤，具体体现在以下四个方面：

1. 配料比

蛋白质水解程度、水解速度与料液酸浓度成正比，而产品中盐含量与加酸量成正比。当加酸量一定时，料液中含水量越高，酸浓度越低，水解程度越低。豆渣中含水量高达80%，因此在豆渣中直接加酸水解比较合理。

2. 配料中酸最低用量

酸最低用量确定的依据是水解液颜色鲜艳、色泽光亮、透明度好。水解时间、温度一定，加酸量不同，酸与豆渣比为0.2∶1时，水解液质量符合要求。酸与豆渣比小于0.2∶1时，豆渣蛋白水解难度大，水解不到位，水解液色暗、混浊、无光泽、味道不鲜，且带有不同的苦味，表现为氨基态氮含量低。故利用豆渣生产水解蛋白，盐酸添加量为酸与豆渣比不小于0.2∶1。

3. 盐酸最佳用量

在水解液色泽鲜艳、有光泽、味鲜而无苦味的基础上，力求氨基态氮含量高即氨基态氮利用率高，而氯化钠含量低为最佳。同样水解时间、水解温度确定最佳加酸量，酸与豆渣比在（0.2～0.28）∶1时，氨基态氮利用率明显提高。当加酸量再增加时，氨基态氮利用率提高很小，而产品中氯化钠含量增加幅度加大，超过质量要求，同时原料消耗费用明显提高。因此，配料中盐酸的最佳用量范围为酸∶豆渣＝（0.2～0.28）∶1。

4. 水解时间

在一段时间内，氨基态氮利用率与水解时间成正比。在相同水解温度和加酸量情况下，根据氨基态氮利用率及生产周期确定最佳水解时间。当水解时间小于20h时，水解程度低，蛋白质水解中间产物肽较多，终产物氨基酸较少，水解液不鲜，有苦味，色泽混浊、无光泽。故以豆渣为原料生产水解蛋白时，水解时间应不得低于20h。

四、豆渣发酵调味品

（一）原料

豆渣，花生饼，面粉，辅料包括麸皮、小茴香、八角、蒜头、胡椒、桂皮、香菇干，菌种用米曲霉AS 3.951。

（二）工艺流程

1. 原料处理和制曲

豆渣发酵调味品原料处理和制曲工艺流程如图8-3所示。

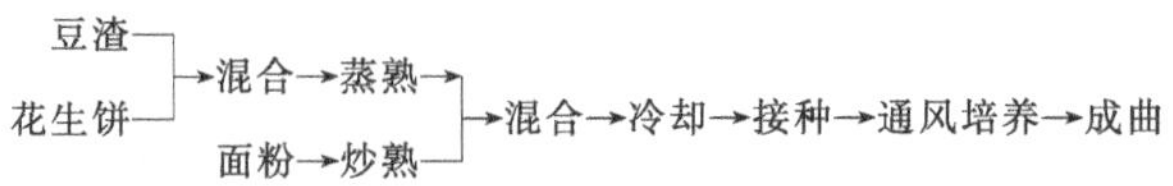

```
豆渣──┐
      ├→混合→蒸熟─┐
花生饼─┘          ├→混合→冷却→接种→通风培养→成曲
      面粉→炒熟──┘
```

图 8-3　豆渣发酵调味品原料处理和制曲工艺流程

2. 发酵

(1) **固态无盐发酵**　豆渣固态无盐发酵调味品工艺流程如图 8-4 所示。

成曲→粉碎→入容器→加热开水→加盖面料→保温发酵→成熟酱醅

图 8-4　豆渣固态无盐发酵调味品工艺流程

(2) **固态低盐发酵**　豆渣固态低盐发酵调味品工艺流程如图 8-5 所示。

成曲→粉碎→入容器→拌食盐水→保温发酵→成熟酱醅

图 8-5　豆渣固态低盐发酵调味品工艺流程

3. 后发酵

豆渣发酵调味品后发酵工艺流程如图 8-6 所示。

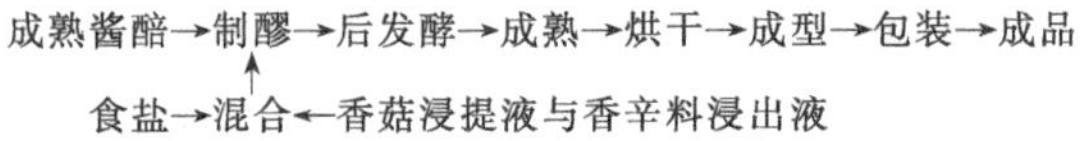

```
成熟酱醅→制醪→后发酵→成熟→烘干→成型→包装→成品
          ↑
食盐→混合←香菇浸提液与香辛料浸出液
```

图 8-6　豆渣发酵调味品后发酵工艺流程

(三) 操作要点

1. 原料处理

将豆渣与适量花生饼充分混匀，在 121℃下蒸 40min。取面粉适量，将其炒成黄色、有浓香味即可。

2. 制曲

取约 1/10 已炒熟的面粉，按原料总重的 1/100 加入事先用麸皮培养基制好的 AS 3.951 曲种，混匀并捣碎。

取已蒸熟的豆渣、花生饼混合料放在盘中，待品温降至 40℃时，加入炒熟面粉混匀，然后再加曲种混匀，铺成约 2cm 厚，再划几条小沟，使其通气。放入培养箱，箱温 28℃，经 10～12h，曲霉孢子开始萌发，菌丝逐渐生长，曲温开始上升。进曲 16h 后，菌丝生长迅速，呼吸旺盛，曲温上升很快，此时要保持上层、中层和下层曲温大体一致。培养到 22h 左右，曲温上升至了 8～40℃，白色菌丝清晰可见，酱曲结成块状，有曲香，此时可进行第一次翻曲。翻曲后，曲温下降至 29～32℃。第一次翻曲后，将曲盘叠成“X”形，经 6～8h，品温又升至 38℃左右，此时可进行第二次翻曲，此期间菌丝继续生长，并开始着生黄色孢子。全期经 60h 左右，酱曲长成黄绿色、有曲香味时即可使用。

3. 发酵（固态低盐发酵）

将酱曲捣碎，表面扒平并压实，自然升温至 40℃左右，再将准备好的 12°Bé 热盐水（60～65℃）加至面层，其加入量为无水酱曲的 90%，拌匀，面层用薄膜封闭，加盖保温。在发酵期，保持酱醅品温 45℃左右。发酵 10d 后，酱醅初步成熟。

4. 制醪

在发酵完成的酱醅中，加入香菇浸提液、香辛料浸出液和酱醅质量 5%的食盐，充分拌匀，于室温下发酵 3d 即成酱。

香菇浸提液、香辛料浸出液的配制方法如下。

（1）香辛料浸出液的配制　小茴香 7g、八角 8g 、胡椒 4g、桂皮 6g、蒜头 5g，加水 500mL，熬煮 1h，补水至 500mL 煮沸，过滤，置阴凉处备用。

（2）香菇浸提液的配制　50g 香菇干加入 500mL 水浸渍 3h 后，熬煮 1h，补水到 500mL 煮沸，过滤，置阴凉处备用。

采用酱醅∶香辛料浸出液∶香菇浸提液的最佳配方比为 40∶6∶12。

5. 烘干、成型、包装

将酱平铺于瓷盘上于 75℃烘箱中烘 12h 后，用模具成型，再烘 12h，冷至室温，最后使用食品包装袋抽真空包装。

五、豆渣焙烤食品

（一）豆渣饼干

饼干是焙烤类的方便食品，品种和花样极其繁多，消费量大，已经形成了大规模工业化生产。豆渣饼干不仅营养丰富，而且富含豆渣，具有较高的保健功能，所以其不仅有效增加豆渣的消耗量，而且能给消费者带来新的体验和享受。

相对面包而言，饼干对原料面粉中面筋数量与质量的要求相对较低，因此豆渣可以大量地添加在饼干（包括酥性与韧性饼干）中，不影响其生产性能。研究表明，当添加量达到 20%时，对饼干工艺操作和产品质量没有表现出显著影响，但是对面粉筋力的要求增加，同时由于豆渣的保水性强，在调制面团时，需适当多加水并延长和面时间。

1. 豆渣粉在饼干中的作用

（1）强化饼干的营养和功能　高纤维、低糖、低油、低能量，可预防“三高”

(高血脂、高血压、高血糖)、肥胖等现代文明病。

(2) 影响面团的特性　较多量的豆渣粉加入、使面团的可塑性增加、弹性降低，因而面团易成型，且纹理清晰；同时，产品的咀嚼感好，酥脆性增加。

(3) 影响饼干的风味　在焙烤过程中由于豆渣粉中的一些成分会发生变化，产生挥发性物质，因而增进饼干的风味，使之具有特有的豆香味。

(4) 影响饼干的色泽　豆渣粉的添加提高了面团中蛋白质的含量，饼干中的含糖量较多，在烘烤时由于美拉德反应会使产品表面的色泽加深。

2. 豆渣饼干生产实例

(1) 豆渣曲奇饼干

① 配方。黄油 750g，糖粉 300g，中筋面粉 864g，豆渣粉 180g。

② 生产工艺流程。豆渣曲奇饼干的生产工艺流程如图 8-7 所示。

原料处理→面糊调制→挤浆成型→焙烤→冷却→包装→成品

图 8-7　豆渣曲奇饼干的生产工艺流程

③ 操作要点。

a. 原料处理。黄油放常温下软化，糖粉、面粉过筛处理，蛋液充分搅散后，过粗筛备用。

b. 面糊调制。将糖粉加入黄油拌和，至颜色发白，约 4min；然后分次加入蛋液，每次搅拌均匀后再加入下一次蛋液，全过程约 1.5min；最后将过筛后的粉料(面粉和豆渣粉) 加入拌匀，约 0.5min，即成面糊。

c. 挤浆成型。将面糊装入裱花袋，挤浆成型，要求大小、厚薄均匀，且间距合适。也可使用曲奇饼干自动成型机。

d. 焙烤、冷却、包装。入炉以设定温度（面火 180℃、底火 160℃）烘烤 12min，冷却，包装。

(2) 豆渣酥性饼干

① 配方。豆渣粉和低筋面粉的用量比为 2∶5，以豆渣粉和面粉的总量为基数，油 50%、糖 40%、水 10%、小苏打 1.0%、NH_4HCO_3 0.6%、葡萄糖酸内酯 2.0%、CSL/SSL（硬脂酰乳酸钙/硬脂酰乳酸钠）0.3%、食盐 0.3%。

② 生产工艺流程。豆渣酥性饼干的生产工艺流程如图 8-8 所示。

原辅料预处理→面团调制→辊印成型→焙烤→喷油→冷却→包装→成品

图 8-8　豆渣酥性饼干的生产工艺流程

③ 操作要点。

a. 原辅料预处理。将小苏打、碳酸氢铵用少量冷水溶解，过滤，滤液备用。鸡蛋搅拌均匀，熔化人造奶油，加入以上辅料搅匀，乳化成乳浊液，可再加入香精。

b. 面团调制。将辅料和豆渣粉、面粉混合，控制温度为20～26℃，即采用冷粉工艺调粉。为降低温度，可加冰水调制，调制时间约10min。调制时间不宜过长，防止面筋过度形成。另外要注意的是，酥性饼干面团调制时，加水不能过多，加水量太多，面筋蛋白质会大量吸水，容易形成较大的弹性。最好是在开始调粉时，一次加水适当，不要在调粉中间特别是在调粉结束时加水，以免面团起筋或黏附工具。

c. 辊印成型。采用辊印成型机成型，饼坯厚度以2～3mm为宜。

d. 焙烤。200℃下焙烤8min。也可采用分段式焙烤，入炉采用250℃高温焙烤2min，迫使其凝固定型。在焙烤的后半部分，饼坯处于脱水上色阶段，由于酥性饼干面团调制时加水量很少，焙烤失水不多，因此烤炉后半段多采用低温200°C焙烤4min。

（3）豆渣咸香饼干

① 配方。豆渣粉添加量为25％，食盐添加量为1.6％，酵母添加量为0.5％，其余以辅料（标准面粉、海苔、蜂蜜、鸡蛋、起酥油、脱脂奶粉、砂糖、柠檬酸、香料、水、小苏打）补充至100％。

② 生产工艺流程。同豆渣酥性饼干。需要注意的是，添加酵母时不能与糖和盐直接接触，以免失去活性。

（4）豆渣发酵饼干

① 配方。豆渣粉40％，小麦粉35％，食用植物油14.6％，酵母2.5％，食盐0.3％，水7.6％。

② 生产工艺流程。豆渣发酵饼干的生产工艺流程如图8-9所示。

原辅料预处理→第一次发酵→第二次发酵→辊压成型→焙烤→冷却→包装→成品

图8-9　豆渣发酵饼干的生产工艺流程

③ 操作要点。

a. 原辅料预处理。将粉碎的豆渣粉、小麦粉、食盐、6％水进行充分搅拌混合均匀，用1.6％水将酵母在容器中彻底溶化好，倒入上述混合均匀的物料中进行充分搅拌。

b. 第一次发酵。将原辅料混合物转入发酵容器内，放置在温度28℃、相对湿度70%～80%的发酵室发酵6～8h。

c. 第二次发酵。第一次发酵后取出物料放入搅拌机内加入食用植物油进行充分搅拌使各物料能充分黏合在一起，手握成团即可，然后在温度28℃、相对湿度70%～80%的发酵室进行第二次发酵，发酵2～4h后成型。

其余操作同豆渣酥性饼干。

（二）豆渣面包

作为一种方便食品，面包具有多种营养强化的潜力，添加豆渣粉的面包即是强化了膳食纤维的优质食品。

1. 豆渣粉对面包品质的作用

(1) 强化面包的营养与功能特性　将豆渣粉添加到面包中，不仅可强化面包中的膳食纤维含量，改善面包的营养品质，而且可以赋予面包以良好的功能特性。据报道，食用大量强化膳食纤维的面包可使体内胆固醇含量下降12%～17%。

(2) 延缓面包老化速率　面包在储存过程中发生的最显著变化是“老化”。老化以后，面包风味变劣、由软变硬、易掉渣、消化吸收率降低等，大大降低了面包的食用价值。面包的老化是面包中所有成分共同作用的结果。据研究，豆渣粉可以有效延缓面包的老化速率，主要是因为纤维具有高的保水性，可以增加面团的含水量，起到延缓老化的作用；豆渣粉中的凝胶能形成稳定的、具有三维结构的凝胶网络，同时含有的不溶性戊聚糖能通过酚酸的活性双键与面粉蛋白质结合成更大分子的网络结构，包围部分淀粉和水，延缓淀粉凝胶的老化速率，从而延缓面包的老化速率。

(3) 对面包体积的影响　对以富强粉为原料制作的面包，添加少量豆渣粉能增加产品体积。如添加量为3%时，能使面包体积增加7.5%；但当添加量超过4%时，面包体积开始下降。因此，在不考虑使用其他品质改良剂的情况下，在以富强粉为原料的面包生产中，豆渣粉添加量不宜超过4%。对高筋面粉来说，添加豆渣粉可能会造成负面影响。

为了不使面包品质因豆渣粉的大量添加而大幅度下降，在使用豆渣粉的同时，可适当添加一些品质改良剂，如用可溶性纤维（胶质）来改善粗糙的质感和咀嚼时的砂粒感，增加制品弹性，乃至延长产品保质期。

2. 生产实例

(1) 配方　面包基础配方：面粉100g、干酵母1.5g、盐2g、糖5g、油脂2g，水的添加量可以视面团的吸水性酌情加入。使用高筋面粉为原料时，以2%的豆渣粉替代面粉；使用富强粉为原料时，添加量为5%。

(2) 生产工艺流程（以二次发酵法为例）　豆渣面包的生产工艺流程如图8-10所示。

面粉(30%～70%)、全部酵母液、40%左右水→第一次调制面团→第一次发酵→加入剩余原辅料
↓
成品←包装←冷却←焙烤←醒发←整形←静置←分块、搓圆←第二次发酵←第二次调制面团

图8-10　豆渣面包的生产工艺流程

(3) 操作要点

① 第一次调制面团与第一次发酵。把30%～70%的面粉、40%左右的水和全部酵母液加入调粉机，搅拌混合均匀。于28℃左右、湿度80%的环境中开始第一次发酵，时间为2～3h。其目的是使酵母扩大培养，完成种子面团的制备。

② 第二次调制面团与第二次发酵。将第一次发酵成熟的面团和4%左右的豆渣粉及剩余除油脂以外的原辅料在调粉机内搅拌，混合均匀后再加入油脂，继续搅拌，直到面团温度合适、不粘手、均匀有弹性，进行第二次发酵，时间为2～3h，使面团充分膨胀、面筋充分扩散并增加面包中的香味物质。

③ 分块、搓圆、静置。将发酵好的大块面团分切成一定重量的小块，进行撒粉、搓圆、静置。撒粉的目的是排出过剩的二氧化碳，供给新鲜的空气以利于进一步的发酵和防止产酸。搓圆的目的是使面团表面光滑、组织均匀，能保住内部气体。静置的目的是使面团在27～30℃的温度、70%左右相对湿度的环境中轻微发酵，使面包坯恢复弹性。

④ 整形。将静置后的圆形面团按照要求，制成各种形状。

⑤ 醒发。将整形后的面包坯放在醒发室内，于38～40℃、85%～90%湿度下醒发发酵，使面包坯膨大到适当体积，具有松软的海绵状组织。

⑥ 焙烤。分为三个阶段进行，第一阶段炉温宜低，底火在250～260℃，使面包体积迅速增加，面火在120～160℃，以避免面包表面很快固结造成体积不足；第二阶段炉温宜高，面火为250℃，底火为270℃，使面包坯定型；第三阶段炉温中等，面火降至180～200℃，底火为140～160℃，有利于表皮上色，增加面包香味。

⑦ 冷却、包装。冷却的作用是减少面包表皮的破裂和压伤，并防止霉变。面包冷却以后应及时包装，以防止内部水分的散失而引起面包老化和满足卫生的

要求。

在实际生产时，可用低能量及与胰岛素代谢无关的甜味剂替代蔗糖，这样就可更大限度地发挥豆渣粉的生理功能。可选用的甜味剂包括低甜度甜味剂，如纯结晶果糖、木糖醇、低聚糖和帕拉金糖（异麦芽酮糖）；强力甜味剂，如甜菊苷、二肽甜味剂和三氯蔗糖等。

（三）豆渣桃酥

桃酥是高糖、高油的传统糕点食品，消费者较为喜欢，但与当代人们的健康饮食要求不相适应。降低桃酥中的油、糖量，添加豆渣粉，增加蛋白质和膳食纤维的含量是必要的。

1. 配方

面粉 85g，豆渣粉 15g，糖粉 24g，花生油 17g，起酥油 18g，发酵粉 4g，单甘酯 0.5g，饴糖 10g，核桃仁 10g，水适量。

2. 生产工艺流程

豆渣桃酥的生产工艺流程如图 8-11 所示。

原辅料调配→乳化→调粉→模具成型→焙烤→冷却→包装→成品

图 8-11 豆渣桃酥的生产工艺流程

3. 操作要点

（1）原辅料调配 将发酵粉、单甘酯、面粉、糖粉、饴糖、豆渣粉混合，搅匀。

（2）乳化 将花生油、起酥油和水混合搅拌 10min，使油乳化。

（3）调粉 将搅匀的粉倒入乳化油中，揉搓 3～5min。

（4）模具成型 将搅拌好的面团分成 40g，按模具压制成各种形状，撒上核桃仁。

（5）焙烤、冷却、包装 170～220℃，焙烤 15～20min，冷却后再包装。

（四）豆渣蛋糕

传统蛋糕是一种高糖、高能量的食品，长期食用或过量摄入会诱发肥胖症、心血管系统疾病，对人体健康造成威胁。将蛋糕作为豆渣的载体，生产适量添加豆渣的蛋糕，能有效降低人体糖和能量的摄入。

1. 配方

面粉 100g，豆渣粉 30g，蛋糕油 1.9g，泡打粉 0.7g，白糖 25g，鸡蛋 35g，香

精适量。

2. 生产工艺流程

豆渣蛋糕的生产工艺流程如图 8-12 所示。

原辅料调配→打发→搅拌→模具成型→焙烤→冷却→包装→成品

图 8-12 豆渣蛋糕的生产工艺流程

3. 操作要点

(1) 打发 将鸡蛋、白糖放入打蛋机内，用高速挡打发，并加入蛋糕油、水、香精等，打发约 50 min，体积膨胀至原来的 3 倍左右，蛋液呈淡乳白色蓬松泡沫状时，此刻达到“最适状态”。

(2) 搅拌 将豆渣粉、泡打粉和面粉混合均匀加入打蛋机内，用慢速挡打发至起发均匀，面糊细腻而不起筋。

(3) 模具成型 调面糊后应立即入模成型，浇注入烤模，浇模量为烤模体积的 3/5 左右。浇模前先将烤模内壁均匀涂上植物油。

(4) 焙烤 浇模后应立即进行焙烤。一般初入炉时温度应控制在 180℃左右，先用底火升温，当面糊胀到成品要求的体积后再加面火，保持 2～5min，去底火，焙烤至表面呈金黄色至棕红色为止。

六、豆渣膨化食品

由于豆渣含有大量的纤维素，并有豆腥味，用普通方法加工的食品可食性差，采用膨化技术，将豆渣与淀粉一同膨化，可得到口感很好的豆渣膨化食品。

(一) 生产技术一

1. 原料

豆渣 30%～70%，淀粉 30%～70%，调味品及食油适量。

2. 生产工艺流程

豆渣膨化食品生产技术一的工艺流程如图 8-13 所示。

淀粉
↓
豆渣→蒸熟→粉碎→配料→高压蒸→低温冷却→切片→干燥→破渣→调节水分
↓
成品←装袋←干燥←调味←膨化

图 8-13 豆渣膨化食品生产技术一的工艺流程

3. 操作要点

先蒸豆渣，蒸熟后加入适量的水，用胶体磨粉碎三遍，拌入淀粉、食油后放入压力锅中蒸 30min，蒸后把其倒入平盘中，晾凉后放入冰箱的冷藏室中冷却 8～12h，待其完全硬化时，从冰箱中取出，切片。将切好的片放到盘上，用烘箱烘干，烘箱的温度控制在 105℃，烘 5～6h。烘干后，用粉碎机破碎，将水分含量调整到 15%左右，加入适量的香精，待 2h 后，用膨化机膨化，然后调味、烘干，立即装袋封口。

(一) 生产技术二

1. 配方

豆渣粉 20%，玉米粉 30%，大米粉 50%，调味料适量。

2. 生产工艺流程

豆渣膨化食品生产技术二的工艺流程如图 8-14 所示。

原料粉碎→混料→调配→预热→喂料→挤压膨化成型→冷却→包装→成品

图 8-14 豆渣膨化食品生产技术二的工艺流程

3. 操作要点

(1) *原料粉碎* 将豆渣干燥、粉碎、过筛制成豆渣粉，大米粉、玉米粉粉碎过筛。

(2) *混料和调配* 按照豆渣粉 20%、玉米粉 30%、大米粉 50%为主料进行混合，根据要求的口味添加调味料，用搅拌机混匀，然后加入主料含量 14%的水分。

(3) *预热与喂料* 喂料前先预热膨化机腔体三个区域的温度分别为 1 区 80℃、2 区 115℃、3 区 150℃，调整膨化机螺杆的转速为 130r/min，然后将混合好的物料均匀连续地送入进料口。

(4) *挤压膨化成型* 物料在双螺杆挤压膨化机中熔融后被挤压至常温常压下，水分迅速蒸发，经过不同的模具口，体积迅速膨胀后，即可得到球形、圆柱形、米粒形等不同形状的膨化产品。

(5) *冷却、包装* 对成型后的膨化产品在鼓风机下冷却 10～20min，装袋，进行密封、防潮包装，入库储存。

七、豆渣发酵食品

豆渣发酵食品是一种传统食品，中国、印度尼西亚、日本等国均有较多的豆渣发酵食品。我国典型的传统豆渣发酵食品是霉豆渣。霉豆渣是武汉的传统产品，它是以豆渣为原料，在一定工艺条件下发酵而制成的一种副食品，其发酵菌种是毛霉菌。霉豆渣游离氨基酸含量高，味道鲜美，是营养丰富的风味豆制品。将霉豆渣切成 $1cm^3$ 的小块，置热油锅中煎炒，适当蒸发水分。然后按食用的习惯加入佐料，配上食盐或辣椒等，炒后即可食用。另外，还可用豆渣发酵制成调味品。

（一）豆渣发酵调味品

1. 原料

豆渣、花生饼、面粉、麸皮、小茴香、八角、蒜、胡椒、桂皮、香菇、米曲霉 AS3.951 各适量。

2. 生产工艺流程

（1）原料处理和制曲　豆渣发酵调味品原料处理和制曲的工艺流程如图 8-15 所示。

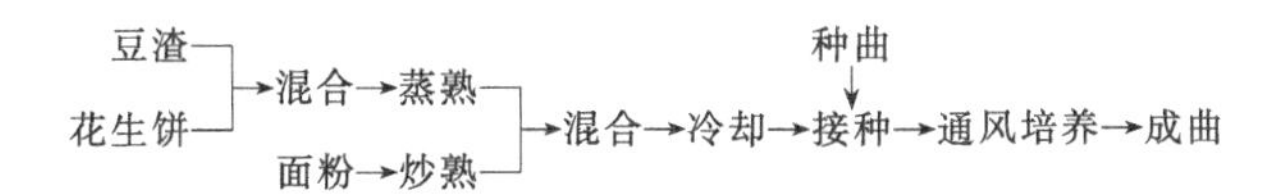

图 8-15　豆渣发酵调味品原料处理和制曲的工艺流程

（2）发酵

① 固态无盐发酵。固态无盐发酵工艺流程如图 8-16 所示。

成曲→粉碎→入容器→加温开水→加盖面料→保温发酵→成熟酱醅

图 8-16　固态无盐发酵工艺流程

② 固态低盐发酵。固态低盐发酵工艺流程如图 8-17 所示。

成曲→粉碎→入容器→拌食盐水→保温发酵→成熟酱醅

图 8-17　固态低盐发酵工艺流程

（3）后发酵　后发酵工艺流程如图 8-18 所示。

成熟酱醅→制醪→后发酵→成熟→烘干→成型→包装→成品
↑
食盐→混合←香菇浸提液与香辛料浸出液

图 8-18　后发酵工艺流程

3. 操作要点

（1）原料处理　将豆渣与适量花生饼充分混匀，在 121℃下蒸 40min。取面粉适量，将其炒成黄色、有浓香味即可。

（2）制曲　取约 1/10 已炒熟的面粉，按原料总重的 1/100 加入事先用麸皮培养基制好的 AS 3.951 曲种，混匀并捣碎。

取已蒸熟的豆渣、花生饼混合料放在盘中，待品温降至 40℃时，加入炒熟面粉混匀，然后再加曲种混匀，铺成约 2cm 厚，再划几条小沟，使其通气。放入培养箱，箱温 28℃，经 10～12h，曲霉孢子开始萌发，菌丝逐渐生长，曲温开始上升。进曲 16h 后，菌丝生长迅速，呼吸旺盛，曲温上升很快，此时要保持上、中、下层曲温大体一致。到 22h 左右曲温上升至 38～40℃，白色菌丝清晰可见，酱曲结成块状，有曲香，此时可进行第一次翻曲。翻曲后，曲温下降至 29～32℃。第一次翻曲后，将曲盘叠成“X”形，经 6～8h，品温又升到 38℃左右，此时可进行第二次翻曲，此期间菌丝继续生长，并开始着生黄色孢子。全期经 60h 左右，酱曲长成黄绿色、有曲香味时即可使用。

(3) 发酵（固态低盐发酵） 将酱曲捣碎，表面扒平并压实，自然升温至 40℃左右，再将准备好的 12°Bé 热盐水（60～65℃）加至面层，其加入量为干曲质量的 90%，拌匀，面层用薄膜封闭，加盖保温。在发酵期，保持酱醅品温 45℃左右。发酵 10d 后，酱醅初步成熟。

(4) 制醪 在发酵完成的酱醅中，加入香菇浸提液、香辛料浸出液。酱醅∶香辛料浸出液∶香菇浸提液配方比为 40∶6∶12。另外，加入酱醅质量 5%的食盐，充分拌匀，于室温下后发酵 3d 即成酱。

香菇浸提液、香辛料浸出液的配制方法如下：

① 香辛料浸出液的配制：小茴香 7g、八角 8g、胡椒 4g、桂皮 6g、蒜 5g，加水 500mL，熬煮 1h，补水至 500mL 煮沸，过滤，置阴凉处备用。

② 香菇浸提液的配制：香菇 50g，加 500mL 水浸渍 3h 后，熬煮 1h，补水到 500mL 煮沸，过滤，置阴凉处备用。

(5) 烘干、成型、包装 将酱平铺于瓷盘上于 75℃烘箱中烘 12h 后，用模具成型，再烘 12h，冷至室温，最后用食品袋抽真空包装。

（二）霉豆渣

霉豆渣在湖南和湖北等地均有制作，但文献中只有武汉霉豆渣的介绍。武汉霉豆渣的生产始于何时，无史可查，但从传统的师傅那里得知，霉豆渣的历史比较悠久，生产工艺也无文字记载，它是由一代代言传身教传下来的。它的霉制过程跟腐乳前期发酵基本一致，由此可以推测，可能是先有腐乳的生产然后有霉豆渣的生产。

1. 原料

新鲜豆渣。

2. 生产工艺流程

霉豆渣生产工艺流程如图8-19所示。

豆渣→清浆→压榨→蒸料→摊晾→成型→霉制→成品

图8-19　霉豆渣生产工艺流程

3. 操作要点

(1) 清浆　取新鲜豆渣100g约加水200g，并加少量做豆腐的黄浆水，在木桶或大缸中搅拌均匀，使呈粗糊状，置常温浸泡（酸化），直至豆渣表面出现清水纹路，挤出水来不混浊为止。浸泡时间、浸泡用水量与气温有关，气温高，时间短；气温低，时间长，一般在24h左右。气温高，加水多；气温低，加水少，一般为豆渣质量的2倍左右。

(2) 压榨　将已清浆的豆渣装入麻袋中，送进压榨设备，压榨出多余水分。经过压榨的豆渣，用手捏紧，可见少量余水流出。

(3) 蒸料　将经过压榨的豆渣放入蒸锅，底锅水沸腾后，将豆渣搓散，疏松地倒在篦子上，加盖，用旺火蒸料。开始，蒸汽有轻微酸味逸出，上大汽后酸味逐渐消失。从上大汽算起，再蒸20min，直至有热豆香味逸出为止。

(4) 摊晾　熟豆渣出锅，置干净竹席上摊晾至常温。

(5) 成型　将散豆渣装入木制小碗（碗需用桐油浸刷过），呈凸尖状，手工加压至与碗口平止，然后碗口朝下，轻轻扣出。

(6) 霉制　霉箱大小、形状如腐乳霉箱。霉箱无底，每隔3～5cm有固定竹质横条，横条上竖放干净稻草一层，再将豆渣把排列在稻草上，每块间距2cm左右，每箱装80～90个豆渣把，霉箱重叠堆放，每堆码10箱，上下各置空霉箱一只，静置霉房保温发酵。早春、晚秋季节，在霉房常温中霉制；冬天霉房里生炉火保温，室温在10～20℃。从发酵算起，隔1～3d（室温高，时间短；室温低，时间长）堆垛上层的豆渣把，隐约可见白色茸毛。箱内温度上升到20℃以上时，进行倒箱。倒箱是将上下霉箱颠倒堆码。豆渣把全部长满纯白色茸毛，箱温如再上升，可将霉箱由重叠堆垛改为交叉堆垛，以便降温。再过1～2d茸毛由纯白色变成淡红黄色，可出箱，即制成霉豆渣。霉制周期：冬季5～6d，早春、晚秋3～4d。

第二节　大豆黄浆水的综合利用及相关食品的生产

在豆腐制作过程中有大量废水产生，主要来自浸泡大豆的废水和压榨豆腐产生的黄浆水。在压榨到成型过程中，为了使豆腐产品保持特定的含水量、弹性特征等，必须施加一定的压力把内部多余的水分通过布包排出，豆浆中的蛋白质被凝固剂凝结成固体豆腐，豆腐与水分开，分离出来的即为大豆黄浆水。据统计每加工1t大豆将排放2～5t大豆黄浆水。

大豆黄浆水中含有大分子蛋白质、小分子寡糖、色素类和盐类等物质，极易腐败，而且BOD（生物需氧量）、COD（化学需氧量）值严重超标。另外还有很多有益的生物活性成分，如大豆异黄酮、皂苷、大豆低聚糖、胰蛋白酶抑制剂等。有研究表明，大豆黄浆水中含有0.4%～0.5%的大豆乳清蛋白、1%～2%的总糖和0.02%～0.2%的大豆异黄酮。

通过一定的技术手段将黄浆水充分利用起来，变废为宝，将会获得更大的社会效益和经济效益。

一、黄浆水制备酵母

（一）生产工艺流程

黄浆水制备干酵母粉和药用干酵母工艺流程如图8-20所示。

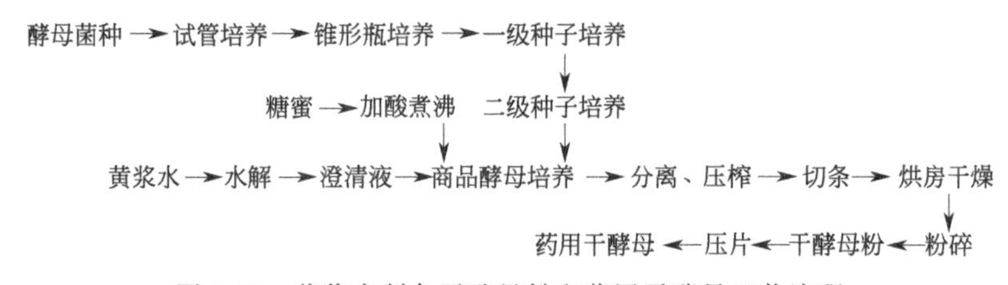

图8-20 黄浆水制备干酵母粉和药用干酵母工艺流程

（二）操作要点

1. 黄浆水水解

黄浆水中含有0.1%还原糖和一定量的氮源、磷源和多糖等，为了增加糖分，可以采用水解的方法，使多糖类水解。水解时采用工业硫酸调节pH值至2～3，煮沸15min。澄清6～8h后，使残渣沉降，上面澄清的黄浆水通过冷凝管冷却至30℃备用。分析水解后黄浆水中的主要化学成分，发现其中含有还原糖0.4%～0.5%、总氮0.2%、总磷0.54%，其中无机磷含量为0.2%。

以葡萄糖废蜜和麦芽糖废蜜为原料，其中除含有能被酵母菌利用的还原糖、蔗糖等碳源外，还含有大量的无机盐和胶体杂质等物质。如果缺乏整套的糖蜜处理设备，也可将葡萄糖废蜜放在大木桶内煮沸，灭菌后送往高位槽备用。葡萄糖废蜜所含杂质较少，所制成的酵母颜色较好。麦芽糖废蜜则除含蔗糖40%～50%外，还含有较多的非糖有机物（胶体杂质和含氮物等）和灰分，使用前先加入硫酸调节pH值为3左右，煮沸备用。

2. 菌种的扩大培养

采用上海酵母厂的菌种，在麦芽汁琼脂固体培养基上培养。每支菌种同时移植10支试管，在无菌条件下接种，于28～30℃恒温箱中培养2～3d，待斜面长好后，即可移到4℃冰箱内保藏。

摇瓶培养：取8支试管斜面分别接于40只摇瓶中，每只摇瓶中装有300mL培养基，在28～30℃下振荡培养24h，然后接入一级种子罐。

根据酵母生长时可以利用葡萄糖、麦芽糖等为碳源，利用硫酸铵、尿素、酵母浸膏、蛋白胨等为氮源，利用磷酸盐和镁盐以供应磷和镁，少量锌离子能刺激生长的原则，在摇瓶培养时可利用四种不同的培养基进行试验。

配方1：糖蜜3％，硫酸铵0.5％，磷酸二氢钾0.2％，硫酸镁0.02％，硫酸锌0.01％，蛋白胨1％。

配方2：葡萄糖3％，硫酸铵0.5％，磷酸二氢钾0.2％，硫酸镁0.02％，硫酸锌0.01％，蛋白胨1％。

配方3：饴糖4％，硫酸铵0.5％，磷酸二氢钾0.2％，硫酸镁0.02％，硫酸锌0.01％，蛋白胨1％。

配方4：葡萄糖3％，氯化铵0.5％，磷酸二氢钾0.2％，硫酸0.02％，硫酸锌0.01％，酵母浸膏0.5％。

在酵母生产过程中，具体采用哪种配方，应根据实际情况灵活掌握。

(1) 一级种子培养　根据选择发酵原料要价格低廉、容易购买的原则，在实际生产中利用糖蜜替代葡萄糖，利用氨水调节pH值并代替硫酸铵等。由于制作豆腐时黄浆水中含有少量的镁离子，故在扩大培养时只添加0.2％的磷酸二氢钾。摇瓶培养最初是扩大到50L不锈钢桶，内装30kg黄浆水，利用环形带孔不锈钢管通风。在陶瓷缸中用蒸汽加热以保温，接种量为8％～12％，培养12h共耗糖蜜2452g（纯度37.6％），相当于纯糖922g，得到鲜酵母1200g（含水70％），折合1kg纯糖得到1.30kg鲜酵母。

通过不锈钢桶试验，证明可以顺利培养酵母，所以扩大培养采取摇瓶种子直接扩大到350L陶瓷缸中（内盛200kg黄浆水）。缸内有直接蒸汽管供加热使用，利用环形带孔不锈钢管来进行通风培养。培养温度为28～30℃，pH值用氨水调节为4.5～5.0，接种量为5％～6％（相当于每300mL的锥形瓶30～40个），培养24h。每小时测定残糖量（流加糖液维持还原糖含量为0.5％）、糖度、pH值，并取样观察酵母的繁殖情况。一般酵母细胞大而健壮，芽孢较多，即可作为种子用。

(2) 二级种子培养　二级种子罐是由不锈钢板制成的圆锥形敞口罐，罐高1.5m，内径1.24m，内有6个小通风管和冷却管。在缸内补加2t黄浆水，并加氨水调节pH值为4.5～5.0，将一级种子在缸内接入，进行通风培养。温度为28～31℃，用氨水调节pH值为4.4～5.1，培养16h，每小时测残糖量（流加糖液维持还原糖含量为0.14%）、糖度、pH值等，并取样观察酵母繁殖情况以及有无杂菌等。

3. 商品酵母培养

商品酵母是在4个容积为20t的培养桶中轮流培养，桶内衬薄不锈钢板，桶直径2.32 ～2.7m、高3.8m。

先在桶内加7.2t黄浆水，调节pH值至5.1，接入1.5t种子（由二级种子罐接入），维持温度在27～33℃，培养8～10h。在培养过程中添加糖液和氨水，考虑到黄浆水中含有磷源，故不用额外添加磷酸。

由于发酵过程中温度不断上升，在第6h加冷水至最大品温不下降，于第7h加冷水到大罐中，所得糖度虽然降到4.0，但实际菌体是增殖的。

此例共得压榨酵母300kg，耗糖蜜600kg（含糖34%），加上培养种子耗糖蜜90kg，共用纯糖234kg，共耗氨水102.5L，每千克纯糖得酵母1.28kg。

培养商品酵母时接种量可加大到15%～20%，水解后黄浆水中通常含有0.4%～0.5%的还原糖，为维持酵母繁殖所必需的糖量，每小时测定残糖量来决定流加速度，可以避免较高残糖量。此外添加糖量多，则发热量大，培养温度上升快，不利于酵母菌的繁殖。采用黄浆水流加废蜜的方法，也可以得到合乎质量标准的产品，并节约粮食。

干酵母菌体中含40%～50%蛋白质，如果大量繁殖菌体，必须供应较多的氮源，以合成蛋白质，组成新菌体。国内采用添加硫酸铵和尿素作氮源，也可以采用氨水补充氮源，既可使酵母菌顺利繁殖，又可替代培养过程中调节pH值所需的磷酸钠。

酵母菌为了呼吸和合成细胞，在繁殖过程中需要吸收大量的氧气，若氧气供应不足，则会有部分糖消耗于酒精发酵。在第一小时内通风量可小，以后随菌体增大应加大通风量，培养液和每分钟通入空气体积的比例为1∶(1.2～1.6)，培养到最后一小时为酵母的成熟阶段，通风量也可减少。酵母最适的繁殖温度为28～30℃，酵母每消耗1g糖要放出5024kJ的热量，故使培养基温度升高。若需控制品温不高于32℃，就需要良好的冷却设备，一般100m^3有效容积需要30m^2

冷却面积。

酵母菌生长的最适 pH 值为 4.5～5，可利用碳酸钠调节。培养酵母时，通风使蛋白质液体产生泡沫，需加消泡剂，可用豆油或米糠油。

4. 酵母的分离和压榨

酵母培养结束后，将其送往高速酵母分离机，在转速为 5000r/min 下将废水和酵母乳分开，所得酵母乳加清水洗涤后重复分离，通常经二次洗涤后，酵母浓度已经达到 10°Bé 以上，鲜酵母 420g/L，即可送去压榨。压榨后的酵母含水 70%。

5. 干燥、粉碎和压片

鲜酵母送入电动机压条，压成直径为 3mm 圆条，将它平放在烘筛上，送入隧道式蒸汽干燥室内，维持 68～70℃，干燥 6h，水分含量达到 6%～8%。

干燥好的酵母送入封闭的钢磨粉碎机中粉碎，并通过 100 目筛孔的筛子，得到淡黄色的干酵母粉，也可将其制成片，即为药用干酵母。

二、黄浆水酿造白酒

（一）生产工艺流程

黄浆水酿造白酒工艺流程如图 8-21 所示。

曲种斜面培养→锥形瓶培养→种曲

酵母菌斜面培养→锥形瓶培养→大锥形瓶培养→酒母

大豆黄浆水→接种→上缸→发酵→蒸馏→白酒

图 8-21　黄浆水酿造白酒工艺流程

（二）操作要点

1. 酒母的培养

麦芽汁 100mL，加琼脂 2g，调和溶解为菌种培养基。分别装入玻璃试管，塞上脱脂棉塞，放蒸汽或于消毒器 200kPa 压力下灭菌 0.5h。冷却至 35℃后，在无菌箱内接种酒精酵母菌，放至细菌培养箱 30～34℃培养 24h，再接入二级菌种锥形瓶培养。用 1000mL 的锥形瓶，装入 400mL 米曲汁塞上棉塞，200kPa 压力下灭菌 1h，冷却至 35℃后，由试管菌种取出接种，再置于 30～34℃细菌培养箱内培养 24h。进一步按 1∶10 扩大锥形瓶培养，用豆腐废水 3kg、葡萄糖废液 1.5kg、红曲（和做豆腐乳的红曲一样）0.4%、黑曲（乌衣曲的分离菌种）0.3%～0.4%，高压消毒后，再置于细菌培养箱内 30～34℃培养 24h 即为酒母。

2. 酒母的发酵

酒母 15kg、黄浆水 100kg、葡萄糖废液 50kg、红曲 0.6kg、黑曲 0.5kg，装入陶瓷小缸内混合均匀，盖上木盖置室温 32℃下发酵 24h，可再倒入大缸深层发酵。发酵时间一般为 6d 左右，品温要控制在 28～33℃。

发酵成熟后，再进行蒸馏。一般出酒率可达 35%左右，酒精度可达 55°～60°。

参考文献

[1] 迟玉森．新编大豆食品加工原理与技术［M］．北京：科学出版社，2014.

[2] 沈群．豆腐制品加工技术［M］．北京：化学工业出版社，2011.

[3] 于新，吴少辉，叶伟娟．豆腐制品加工技术［M］．北京：化学工业出版社，2012.

[4] 邓林．豆制品加工实用技术［M］．成都：四川科学技术出版社，2018.

[5] 李晓东．功能性大豆食品［M］．北京：化学工业出版社，2006.

[6] 姚茂君．实用大豆制品加工技术［M］．北京：化学工业出版社，2009.

[7] 马涛，张春红．大豆深加工［M］．北京：化学工业出版社，2016.

[8] 江连洲．大豆加工新技术［M］．北京：化学工业出版社，2016.

[9] 赵齐川．豆制品加工技艺［M］．北京：金盾出版社，2013.

[10] 张振山．中式非发酵豆制品加工技术与装备［M］．北京：中国农业科学技术出版社，2018.

[11] 李杨．传统豆制品加工工艺学［M］．北京：中国林业出版社，2017.

[12] 王凤忠，来吉祥．豆制品工业化加工技术与设备［M］．北京：科学出版社，2016.

[13] 杜连启．豆腐生产新技术［M］．北京：化学工业出版社，2018.

[14] 赵良忠，刘明杰．休闲豆制品加工技术［M］．北京：中国纺织出版社，2015.

[15] 赵良忠，尹乐斌．豆制品加工技术［M］．北京：化学工业出版社，2019.

[16] 曾学英．经典豆制品加工工艺与配方［M］．长沙：湖南科学技术出版社，2014.

[17] 付有利．现代豆制品加工技术［M］．北京：科学技术文献出版社，2011.

[18] 华景清，何文俊．HACCP 在苏州卤汁豆腐干生产中的应用［J］．现代食品科技，2013，29（02）：448-451.

[19] 乔明武，田洁，宋莲军．北豆腐加工中浸泡与磨浆工艺的优化［J］．中州大学学报，2013，30（04）：110-113.

[20] 韩智，石谷孝佑，李再贵．不同豆浆浓度和浆液深度对腐竹生产的影响［J］．农业工程学报，2005，21（11）：179-181.

[21] 范柳，刘海宇，赵良忠，等．不同制浆工艺对豆浆品质的影响［J］．食品与发酵工业，2020，46（07）：148-154.

[22] 万茵，余新金，冯思麟，等．采用核酸酶酶解联合离子交换树脂吸附开发低嘌呤腐竹［J］．食品与发酵工业，2021，47（01）：165-171.

[23] 张佰荣，程曼．超声波法提取大豆豆渣中大豆皂苷的工艺研究［J］．吉林化工学院学报，2014，31（09）：6-9.

[24] 徐渐，江连洲，穆莹．超声波酸水解法提取豆渣中异黄酮条件优化［J］．食品工业科技，2012，33（13）：253-256.

[25] 李华，李丹．超声辅助法提取分离大豆皂苷的实验研究［J］．食品工业科技，2007（05）：168-171.

[26] 苏适，黎莉，王双侠，等．超声辅助离子液体提取黑豆异黄酮及其抑菌活性研究［J］．食品研究与开发，2020，41（04）：32-37.

[27] 张倩瑶，梁世君．超声辅助提取大豆糖蜜沉淀中异黄酮和皂苷的工艺研究［J］．食品安全导刊，2020（30）：129-132.

[28] 张伟，邱楠，杨红萍，等．成膜条件对腐竹品质的影响研究［J］．食品科技，2021，46（01）：105-112.

[29] 蒋珍菊，邢亚阁，许青莲，等．传统特色休闲豆腐干碱嫩化关键技术的研究［J］．食品工业科技，2012，33（16）：312-314，367.

[30] 杨继远，袁仲．大豆低聚糖保健功能及其在食品工业中的应用［J］．食品工业科技，2008（10）：291-294.

[31] 杨闯，李勃，王俊波，等．大豆低聚糖的功能特性及其应用［J］．农业与技术，2015，35（21）：19-20.

[32] 蔡琨，苏东海，陈静，等．大豆低聚糖的生理功能研究进展［J］．中国食物与营养，2012，18（12）：56-61.

[33] 黄思满，钟机，陈丽娇．大豆低聚糖的生理功能与研究进展［J］．现代食品，2016（01）：110-111.

[34] 唐春江，邓放明，王乔隆，等．大豆低聚糖的研究进展［J］．农产品加工（学刊），2008（02）：33-37.

[35] 闫静弋，张俊黎．大豆低聚糖生理保健功能研究进展［J］．预防医学情报杂志，2004（03）：267-269.

[36] 田颖．大豆低聚糖研究进展［J］．饮料工业，2008（07）：3-6.

[37] 佟献俊，孙洋，钱方．大豆黄浆水中乳清蛋白和低聚糖制备研究进展［J］．中国酿造，2009（12）：3-5.

[38] 李云捷，周哲，刘志，等．大豆黄浆水综合利用研究进展［J］．科技与创新，2016（05）：9-10.

[39] 贾建波．大豆胚芽经微波和超声波前处理提取皂苷和异黄酮研究［J］．江苏农业科学，2004（05）：105-108.

[40] 曾仕晓，年海，程艳波，等．大豆品种特性对腐竹产量及品质的影响［J］．中国农业科学，2021，54（02）：449-458.

[41] 宋莲军，杨月，乔明武，等．大豆品种与腐竹品质之间的相关性研究［J］．食品科学，2011，32（07）：65-68.

[42] 雷海容，张枫燃．大豆膳食纤维豆腐脑的制备工艺研究［J］．长春大学学报，2018，28（10）：41-45.

[43] 陈姿含，管骁．大豆膳食纤维对面团流变学特性及面制品品质影响的研究进展［J］．大豆科学，2011，30（05）：869-873.

[44] 佐兆杭，王颖，宫雪，等．大豆膳食纤维对糖尿病大鼠胰腺氧化损伤修复作用［J］．中国粮油学报，2018，33（08）：13-18.

[45] 郭丽娟．大豆膳食纤维提取工艺研究进展［J］．大豆科技，2014（03）：28-31.

[46] 李翠芳，张钊，王才立．大豆膳食纤维在面包中的应用［J］．大豆科技，2018（03）：17-25.

[47] 姚磊，王振宇，赵海田，等．大豆纤维多糖降解技术研究进展［J］．东北农业大学学报，2012，43（04）：155-160.

[48] 张青，洪青．大豆异黄酮的产品开发与应用前景［J］．江苏科技信息，2002（01）：23-24.

[49] 宋国安．大豆异黄酮的功能及开发应用前景［J］．农牧产品开发，1999（11）：4-5.

［50］ 唐传核，彭志英．大豆异黄酮的开发及应用前景［J］．西部粮油科技，2000（04）：35-39.

［51］ 陈霞．大豆异黄酮生理功能及其应用前景［J］．黑龙江农业科学，2002（06）：35-38.

［52］ 李雪莹，王铎，范素杰，等．大豆异黄酮的提取优化与测定［J］．大豆科学，2018，37（02）：303-309.

［53］ 李南薇，唐晓恩，钟银链．大豆异黄酮提取和应用研究进展［J］．广东农业科学，2010，37（05）：118-120.

［54］ 张荣泉．大豆异黄酮在保健食品中的应用［J］．食品研究与开发，2011，32（05）：3.

［55］ 邵剑钢，段奇，李晓莉．大豆异黄酮在军用功能食品中的应用［J］．食品研究与开发，2015（1）：145-147.

［56］ 梁海燕，刘昕，古德祥．大豆异黄酮作为功能性保健品的应用开发前景［J］．食品工业科技，2000（06）：12.

［57］ 吴素萍，田立强．大豆皂苷的生理功能及其提取纯化的研究现状［J］．大豆科学，2008（05）：883-887.

［58］ 徐龙权，韩颖，田晶，等．大豆皂苷的提取［J］．大连轻工业学院学报，2000（01）：51-53.

［59］ 李雅晶，吴建阳，郑雅婷．大豆皂苷的微波辅助提取工艺及对酪氨酸酶活性影响的研究［J］．大豆科学，2012，31（01）：112-114，118.

［60］ 尹明．大豆皂苷研究进展［J］．齐鲁工业大学学报，2018，32（06）：34-38.

［61］ 沈玥．大豆皂苷的研究进展［J］．食品研究与开发，2006（10）：164-167.

［62］ 陈曾三．大豆皂苷功能性［J］．粮食与油脂，2000（02）：48-50.

［63］ 薛鹏，赵雷，郑星，等．大豆皂苷化学结构及分析方法的研究进展［J］．现代食品科技，2018，34（09）：291-297.

［64］ 李华．大豆皂苷提取方法的比较［J］．食品科技，2008（01）：122-125.

［65］ 李向群，宋冰，王丕武，等．大豆皂苷提取工艺的优化［J］．吉林农业科学，2014，39（02）：93-96.

［66］ 尹明．大豆皂苷研究进展［J］．齐鲁工业大学学报，2018，32（06）：34-38.

［67］ 王秋霜，应铁进．大豆制品生产废水综合开发研究进展［J］．食品科学，2007（09）：594-599.

［68］ 刘中华，葛红莲，田珊珊．低温豆粕中大豆皂甙的微波提取工艺优化［J］．大豆科学，2013，32（02）：254-256.

［69］ 刘振蓉，吴妮，赵武奇，等．豆腐干超声卤制的响应面试验及工艺优化［J］．核农学报，2021，35（02）：414-423.

［70］ 李宏亮，蒋云升．豆腐干类风味制品试制与质量控制技术的研究［J］．安徽农业科学，2011，39（13）：7718-7720.

［71］ 孙绮遥，赵忠良，郭顺堂．豆腐黄浆水蛋白制备鲜味基料工艺的研究［J］．食品工业，2016，37（10）：139-143.

［72］ 王宸之，陈宇，万重，等．豆腐凝胶成型机理研究进展［J］．东北农业大学学报，2017，48（10）：88-96.

［73］ 孙冰洁，王爱伟，鲍雪红，等．豆腐酸浆中白地霉发酵条件的探讨［J］．中国酿造，2009（09）：118-121.

[74] 谢灵来，赵良忠，尹乐斌，等．豆清发酵液点浆工艺研究 [J]．食品与机械，2017，33 (01)：184-189，194.

[75] 孔彦卓，尹乐斌，雷志明，等．豆清液综合利用研究进展 [J]．现代农业科技，2017 (01)：247-249.

[76] 吴剑，唐会周，褚伟雄．豆渣中大豆异黄酮和膳食纤维的提取分离与活性研究进展 [J]．河南工业大学学报 (自然科学版)，2013，34 (01)：114-118.

[77] 张焕焕，徐雅芫，李婷婷，等．豆制品黄浆水综合利用研究现状及发展趋势 [J]．农产品加工，2021 (02)：79-83，86.

[78] 唐鑫，陈卓然，黄薪安，等．豆制品生产中黄浆水的综合应用 [J]．农产品加工，2010 (06)：67-68，70.

[79] 巩宝亮．豆制品煮浆工艺要点概述 [J]．农产品加工，2019 (07)：76-77，80.

[80] 刘丽莎，彭义交，任丽，等．分步酶解法制备黄浆水活性肽 [J]．中国酿造，2015，34 (10)：13-17.

[81] 宋莲军，杨月，乔明武，等．腐竹感官评定预测模型的建立 [J]．大豆科学，2011，30 (03)：502-506.

[82] 李永吉，曾茂茂，何志勇，等．腐竹加工技术及品质影响因素的研究进展 [J]．食品科学，2013，34 (23)：333-337.

[83] 崔春，赵谋明，赵强忠．腐竹揭皮过程中理化参数变化趋势研究 [J]．现代食品科技，2007 (03)：11-13.

[84] 许富荣，华欲飞，孔祥珍．腐竹热干燥特性及工艺优化研究 [J]．食品工业科技，2011，32 (12)：331-334，337.

[85] 苏宝根，马杰，吴彩娟，等．高含量大豆皂苷的制备工艺研究 [J]．农业工程学报，2007 (10)：241-245.

[86] 王双侠，苏适，柴宝丽．黑豆中大豆异黄酮超声波法提取工艺优化 [J]．齐齐哈尔大学学报 (自然科学版)，2021，37 (02)：70-72.

[87] 邓丽华，梁钰莹，周红丽，等．黄浆水醋酿制工艺研究 [J]．核农学报，2014，28 (05)：883-889.

[88] 谢国排．黄浆水的综合利用探索 [J]．酿酒，2010，37 (01)：53-54.

[89] 杨伟，刘静，芦菲，等．黄浆水红枣复合饮料的研制 [J]．河南科技学院学报 (自然科学版)，2016，44 (02)：21-25，31.

[90] 刘璐，王君高，隋祎，等．黄浆水在白酒生产中的应用 [J]．中国酿造，2012，31 (03)：153-156.

[91] 王聃．黄浆水在酸菜腌制过程中的应用 [J]．中国调味品，2011，36 (09)：65-67，93.

[92] 刘海宇，范柳，赵良忠，等．基于豆清发酵液点浆的二次浆渣共熟生产豆腐的工艺优化 [J]．食品工业科技，2020，41 (08)：189-195，209.

[93] 杨倩，张慜，李瑞杰．加工条件对豆干质构的影响 [J]．食品与生物技术学报，2011，30 (05)：683-686.

[94] 林洪斌，贾春，张琦，等．碱与高温处理对豆腐干物性及品质的影响 [J]．食品科技，2013，38 (01)：84-87，91.

[95] 赵秋艳，张平安，宋莲军，等．揭竹过程中浆液成分与腐竹品质的变化及其相关性研究 [J]．食品与发酵工业，2011，37 (09)：157-160.

［96］ 白卫东，曾晓房，赵文红，等．均匀设计在腐竹品质优化中的应用［J］．现代食品科技，2007（09）：21-25.

［97］ 黎莉，于德涵，苏适，等．离子液体-超声波协同法提取黑豆异黄酮及抗氧化性研究［J］.2020，48（12）：73-76.

［98］ 刘平，李晓峰，谭新敏．利用大豆黄浆水发酵生产维生素 B_{12} 的工艺探索［J］．陕西科技大学学报（自然科学版），2003，21（4）：83-85.

［99］ 王薇，马波，许云华，等．利用豆腐黄浆水发酵红曲色素的研究［J］．中国调味品，2017，42（1）：44-46.

［100］ 宋德贵，卫军，杨生玉．利用豆渣黄浆水发酵生产核黄素的研究［J］．广西科技大学学报，2005，16（4）：73-77.

［101］ 王建明，王健．萌发技术改善豆干感官品质的研究［J］．食品工业科技，2014，35（13）：124-128.

［102］ 侯临平，闫可婧，董蕾，等．南瓜核桃复合酸浆豆腐的制作工艺优化［J］．食品工业，2020，41（08）：165-169.

［103］ 胡井祥，王建光，成玉梁，等．凝固条件对全豆豆腐干质构特性的影响［J］．食品工业科技，2015，36（19）：229-232.

［104］ 赵贵丽，罗爱平，宋志敏，等．乳酸菌在大豆黄浆水中发酵条件的优化［J］．食品与机械，2014，30（2）：216-218，225.

［105］ 肖少香．三种发酵豆渣产品的研制［J]，食品科技，2009，034（011）：87-90.

［106］ 肖付刚，井璐楠，魏泉增，等．食品添加剂提高腐竹产率研究［J］．粮食与油脂，2020，33（8）：95-97.

［107］ 陈聪，赵建新，范大明，等．熟浆工艺豆浆煮浆和分离环节的研究［J］．食品工业科技，2012，33（19）：259-262.

［108］ 吕博，黎晨晨，刘宁，等．双菌发酵黄浆水制备豆腐凝固剂培养条件优化［J］．食品工业科技，2015（2）：212-216.

［109］ 乔支红，闫佳，陈虹，等．酸浆标准化生产工艺的研究［J］．食品工业科技，2015（12）：157-159，164.

［110］ 张影，刘志明，刘卫，等．酸浆豆腐的工艺研究［J］．农产品加工·学刊（下），2014（4）：26-28，31.

［111］ 高若珊，孙亚东，张光，等．酸浆豆腐研究进展［J］．大豆科技，2020（1）：32-37.

［112］ 李杨，胡淼，孙禹凡，等．提取方式对大豆膳食纤维理化及功能特性的影响［J］．食品科学，2018，39（21）：25-31.

［113］ 杨月，乔明武，宋莲军，等．添加剂对腐竹色泽及其质构特性的影响研究［J］．食品工业科技，2011，32（11）：371-373.

［114］ 李华，孙江伟．微波辅助法从大豆废料中提取分离大豆皂苷的实验研究［J］．食品科技，2007，32（4）：230-233.

［115］ 周泉城，区颖刚，申德超．微波辅助提取挤压后大豆皂苷工艺研究［J］．中国粮油学报，2008（05）：49-52.

[116] 刘中华，胡春红，田珊珊．微波提取低温豆粕中大豆皂甙 [J]．粮油食品科技，2013 (02)：26-28.

[117] 苏适，赵东江，王喜庆，等．响应面法优化超声辅助离子液体提取黑豆异黄酮及其抗氧化活性研究 [J]．中国粮油学报，2019，34 (11)：36-40.

[118] 车颖洁，郝林．响应面法优化黄浆水发酵生产单细胞蛋白的工艺参数研究 [J]．中国酿造，2016，35 (010)：91-94.

[119] 张瑞，李丽梅，张新，等．新型黄浆水配制酱油的研制 [J]．食品研究与开发，2017 (01)：37-41.

[120] 斯波．休闲豆腐干的现状 [J]．中国调味品，2015，40 (9)：88-89.

[121] 卜宇芳，李文强，谢灵来．休闲豆腐干贮藏过程中品质变化研究 [J]．食品与机械，2016，32 (02)：115-118.

[122] 周小虎，赵良忠，卜宇芳，等．休闲卤豆干开发 [J]．安徽农业科学，2015，43 (4)：289-291.

[123] 刘丽莎，金杨，张小飞，等．盐卤豆腐与内酯豆腐质构与分子间作用力比较研究 [J]．食品科技，2020，45 (10)：70-74.

[124] 王朴．一种富含大豆蛋白白干的制作方法，CN107318996A [P]，2017.

[125] 乔明武，田洁，赵秋艳，等．用响应曲面法优化发酵黄浆水制备豆腐凝固剂的工艺 [J]．江西农业学报，2014 (3)：85-89.

[126] 蓝伟杰，林莹，康庆，等．原料组分与工艺条件对腐竹品质的影响 [J]．食品科学，2014，41 (16)：252-258.

[127] 谢丽燕，林莹，谭瑶瑶，等．正交试验优化传统腐竹制作工艺 [J]．食品科学，2014，35 (2)：36-40.

[128] 王玉娇，赵文玺，金梅花，等．大豆皂苷对四氯化碳致肝损伤小鼠肝脏氧化应激的干预作用 [J]．食品与生物技术学报，2013，32 (6)：633-638.

[129] 徐德平，江汉湖，肖凯，等．大豆异黄酮的分离鉴定与抗氧化作用的研究 [J]．南京农业大学学报，2001 (03)：92-95.